Creo 6.0 工程应用精解丛书

Creo 6.0 快速入门教程

北京兆迪科技有限公司　编著

机 械 工 业 出 版 社

本书是学习 Creo 6.0 的快速入门与提高教程，内容包括 Creo 功能模块和特性概述、软件安装、系统配置与环境设置方法、二维草图的创建、零件设计、曲面设计、装配设计、工程图的制作和钣金设计等。

　　在内容安排上，为了使读者更快地掌握该软件的基本功能，本书结合大量的范例对 Creo 软件中一些抽象的概念、命令和功能进行讲解；另外，书中以范例的形式讲述了一些实际生产一线产品的设计过程，能使读者较快地进入产品设计实战状态；在写作方式上，本书紧贴软件的实际操作界面，采用软件中真实的对话框、操控板和按钮等进行讲解，使初学者能够直观、准确地操作软件进行学习，从而尽快地上手，提高学习效率。本书在主要章节中还安排了习题，便于读者进一步巩固所学的知识。读者在系统学习本书后，能够迅速地运用 Creo 软件来完成一般产品的零部件设计（含曲面、钣金）、装配设计、制作工程图等设计工作。

　　书中所选用的范例、实例或应用案例覆盖了不同行业，具有很强的实用性和广泛的适用性。本书附带 1 张多媒体 DVD 学习光盘，制作了大量 Creo 设计技巧和具有针对性实例的教学视频并进行了详细的语音讲解，光盘还包含本书所有的素材源文件、范例文件以及 Creo 6.0 软件的配置文件。本书可作为工程技术人员的 Creo 6.0 快速自学教程和参考书籍，也可作为大中专院校学生和各类培训学校学员的教材。

图书在版编目（CIP）数据

Creo 6.0 快速入门教程/北京兆迪科技有限公司编著. —5 版.—北京：机械工业出版社，2020.3
(2022.9 重印)
(Creo 6.0 工程应用精解丛书)
ISBN 978-7-111-64694-5

Ⅰ. ①C…　Ⅱ. ①北…　Ⅲ. ①计算机辅助设计—应用软件—教材　Ⅳ. ①TP391.72

中国版本图书馆 CIP 数据核字（2020）第 018959 号

机械工业出版社（北京市百万庄大街 22 号　邮政编码 100037）
策划编辑：丁　锋　　　　　责任编辑：丁　锋
责任校对：张晓蓉　王明欣　封面设计：张　静
责任印制：郜　敏
北京富资园科技发展有限公司印刷
2022 年 9 月第 5 版第 5 次印刷
184mm×260 mm・29.5 印张・545 千字
标准书号：ISBN 978-7-111-64694-5
　　　　　　ISBN 978-7-89386-228-1（光盘）
定价：79.90 元（含多媒体 DVD 光盘 1 张）

电话服务　　　　　　　　网络服务
客服电话：010-88361066　　机 工 官 网：www.cmpbook.com
　　　　　010-88379833　　机 工 官 博：weibo.com/cmp1952
　　　　　010-68326294　　金 书 网：www.golden-book.com
封底无防伪标均为盗版　　机工教育服务网：www.cmpedu.com

前　言

  Creo 是由美国 PTC 公司推出的一套博大精深的机械三维 CAD/CAM/CAE 参数化软件系统，它整合了 PTC 公司三个软件的技术，即 Pro/ENGINEER 的参数化技术、CoCreate 的直接建模技术和 ProductView 的三维可视化技术。Creo 内容涵盖了产品从概念设计、工业造型设计、三维模型设计、分析计算、动态模拟与仿真、工程图输出，到生产加工的全过程，应用范围涉及航空航天、汽车、机械、数控（NC）加工以及电子等诸多领域。Creo 6.0 是美国 PTC 公司目前推出的最新版本，它构建于 Pro/ENGINEER 野火版的成熟技术之上，新增了许多功能，使其技术水准又上了一个新的台阶。本书是学习 Creo 6.0 的快速入门与提高教程，其特色如下。

- 内容全面，涵盖了产品设计的零件创建（含曲面和钣金）、产品装配和工程图制作的全过程。
- 实例丰富，对软件中的主要命令和功能，先结合简单的范例进行讲解，然后安排一些较复杂的综合范例帮助读者深入理解、灵活运用。
- 讲解详细，条理清晰，保证自学的读者能独立学习和运用 Creo 软件。
- 写法独特，采用 Creo 6.0 软件中真实的对话框、操控板和按钮等进行讲解，使初学者能够直观、准确地操作软件，从而大大提高学习效率。
- 附加值高，本书附带 1 张多媒体 DVD 学习光盘，制作了大量知识点、设计技巧和具有针对性实例的教学视频并进行了详细的语音讲解，可以帮助读者轻松、高效地学习。

  本书由北京兆迪科技有限公司编著，参加编写的人员有詹友刚、王焕田、刘静、詹路、冯元超。本书经过多次审校，但仍不免有疏漏之处，恳请广大读者予以指正。

  本书随书光盘中含有本书"读者意见反馈卡"的电子文档，请认真填写本反馈卡，并 E-mail 给我们。E-mail: 兆迪科技 zhanygjames@163.com，丁锋 fengfener@qq.com。

  电子邮箱：zhanygjames@163.com 咨询电话：010-82176248，010-82176249。

编　者

读者回馈活动：

  为了感谢广大读者对兆迪科技图书的信任与支持，兆迪科技针对读者推出"免费送课"活动，即日起读者凭有效购书证明，即可领取价值 100 元的在线课程代金券 1 张，此券可在兆迪科技网校（http://www.zalldy.com/）免费换购在线课程 1 门。活动详情可以登录兆迪科技网校或者关注兆迪公众号查看。

兆迪网校   兆迪公众号

本 书 导 读

为了能更好地学习本书的知识，请您先仔细阅读下面的内容。

读者对象

本书可作为工程技术人员的 Creo 自学入门教程和参考书，也可作为大中专院校学生和各类培训学校学员的 Creo 课程上课或上机练习教材。

写作环境

本书使用的操作系统为 64 位的 Windows 7，系统主题采用 Windows 经典主题。本书采用的写作蓝本是 Creo 6.0 版。

光盘使用

为方便读者练习，特将本书所有素材文件、已完成的实例文件、配置文件和视频语音讲解文件等放入随书附带的光盘中，读者在学习过程中可以打开相应的素材文件进行操作和练习。在光盘的 Creo 6.1 目录下共有 3 个子目录。

（1）Creo 6.0_system_file 子目录：包含一些系统配置文件。

（2）work 子目录：包含本书讲解中所用到的文件。

（3）video 子目录：包含本书讲解中所有的视频文件（含语音讲解），学习时，直接双击某个视频文件即可播放。

光盘中带有"ok"扩展名的文件或文件夹表示已完成的实例。

相比于老版本的软件，Creo 6.0 在功能、界面和操作上变化极小，经过简单的设置后，几乎与老版本完全一样（书中已介绍设置方法）。因此，对于软件新老版本操作完全相同的内容部分，光盘中仍然使用老版本的视频讲解，对于绝大部分读者而言，并不影响软件的学习。

本书约定

● 本书中有关鼠标操作的简略表述说明如下。

　☑ 单击：将鼠标指针移至某位置处，然后按一下鼠标的左键。

　☑ 双击：将鼠标指针移至某位置处，然后连续快速地按两次鼠标的左键。

　☑ 右击：将鼠标指针移至某位置处，然后按一下鼠标的右键。

　☑ 单击中键：将鼠标指针移至某位置处，然后按一下鼠标的中键。

　☑ 滚动中键：只是滚动鼠标的中键，而不能按中键。

　☑ 选择（选取）某对象：将鼠标指针移至某对象上，单击以选取该对象。

- ☑ 拖动某对象：将鼠标指针移至某对象上，然后按下鼠标的左键不放，同时移动鼠标，将该对象移动到指定的位置后再松开鼠标的左键。
- 本书中的操作步骤分为 Task、Stage 和 Step 三个级别，说明如下。
  - ☑ 对于一般的软件操作，每个操作步骤以 Step 字符开始。例如，下面是绘制样条曲线操作步骤的表述。

    Step1. 单击样条曲线按钮～。

    Step2. 选取一系列点，可观察到一条"橡皮筋"样条附着在鼠标指针上。
  - ☑ 每个 Step 操作视其复杂程度，其下面可含有多级子操作。例如 Step1 下可能包含（1）、（2）、（3）等子操作，（1）子操作下可能包含①、②、③等子操作，①子操作下可能包含 a）、b）、c）等子操作。
  - ☑ 如果操作较复杂，需要几个大的操作步骤才能完成，则每个大的操作冠以 Stage1、Stage2、Stage3 等，Stage 级别的操作下再分 Step1、Step2、Step3 等操作。
  - ☑ 对于多个任务的操作，每个任务冠以 Task1、Task2、Task3 等，每个 Task 操作下则可包含 Stage 和 Step 级别的操作。
- 由于已建议读者将随书光盘中的所有文件复制到个人计算机的 D 盘中，书中在要求设置工作目录或打开光盘文件时，所述的路径均以"D:"开始。

技术支持

本书主要参编人员均来自北京兆迪科技有限公司，该公司专门从事 CAD/CAM/CAE 技术的研究、开发、咨询及产品设计与制造服务，并提供 Creo、Ansys、Adams 等软件的专业培训及技术咨询。读者在学习本书的过程中如果遇到问题，可通过访问该公司的网站 http://www.zalldy.com 来获得技术支持。

为了感谢广大读者对兆迪科技图书的信任与厚爱，兆迪科技面向读者推出免费送课、光盘下载、最新图书信息咨询、与主编在线直播互动交流等服务。

- 免费送课。读者凭有效购书证明，可领取价值 100 元的在线课程代金券 1 张，此券可在兆迪科技网校（http://www.zalldy.com/）免费换购在线课程 1 门，活动详情可以登录兆迪网校查看。
- 光盘下载。本书随书光盘中的所有文件已经上传至网络，如果您的随书光盘丢失或损坏，可以登录网站 http://www.zalldy.com/page/book 下载。

  咨询电话：010-82176248，010-82176249。

目　　录

第1章 Creo 功能概述

本章提要 随着计算机辅助设计（Computer Aided Design，CAD）技术的飞速发展和普及，越来越多的工程设计人员开始利用计算机进行产品的设计和开发，Creo 作为一种当前较流行的高端三维 CAD 软件，越来越受到我国工程技术人员的青睐。本章内容主要包括：

- 用 CAD 工具进行产品设计的一般过程。
- Creo 主要功能模块简介。
- Creo 推出的意义。

1.1 CAD 产品设计的一般过程

应用计算机辅助设计（Computer Aided Design，CAD）技术进行产品设计的一般流程如图 1.1.1 所示。

具体说明如下。

- CAD 产品设计的过程一般是从概念设计、零部件三维建模到二维工程图。有的产品，特别是民用产品，对外观要求比较高（汽车和家用电器），在概念设计以后，往往还需进行工业外观造型设计。

- 在进行零部件三维建模时或三维建模完成以后，根据产品的特点和要求，要进行大量的分析和其他工作，以满足产品结构强度、运动、生产制造与装配等方面的需求。这些分析工作包括应力分析、结构强度分析、疲劳分析、塑料流动分析、热分析、公差分析与优化、NC 仿真及优化、动态仿真等。

- 产品的设计方法一般可分为两种：自底向上（Down-Top）和自顶向下（Top-Down），这两种方法也可同时进行。

    自底向上：这是一种从零件开始，然后到子装配、总装配、整体外观的设计过程。

    自顶向下：与自底向上相反，它是从整体外观（或总装配）开始，然后到子装配、零件的设计方式。

● 随着信息技术的发展，同时为应对日益激烈的市场竞争，企业采用并行、协同设计势在必行，只有这样，企业才能适应迅速变化的市场需求，提高产品竞争力，解决所谓的 TQCS 难题，即以最快的上市速度（T——Time to Market）、最好的质量（Q——Quality）、最低的成本（C——Cost）以及最优的服务（S——Service）来满足市场的需求。

图 1.1.1　CAD 产品设计一般流程

1.2　Creo 功能模块简介

美国 PTC 公司（Parametric Technology Corporation，参数技术公司）于 1985 年在美国波士顿成立。自 1989 年上市伊始，就引起机械 CAD/CAE/CAM 界的极大震动，销售额及净利润连续 50 个季度递增，每年以翻倍的速度增长。PTC 公司已占全球

CAID/CAD/CAE/CAM/PDM 市场份额的 43%以上，成为 CAID/CAD/CAE/CAM/PDM 领域最具代表性的软件公司。

　　Creo 是美国 PTC 公司于 2010 年 10 月推出的 CAD 设计软件包。Creo 是整合了 PTC 公司的 Pro/Engineer 的参数化技术、CoCreate 的直接建模技术和 ProductView 的三维可视化技术三个软件的新型 CAD 设计软件包，是 PTC 公司闪电计划所推出的第一个产品。

　　作为 PTC 闪电计划中的一员，Creo 具备互操作性、开放、易用三大特点。在产品生命周期中，不同的用户对产品开发有着不同的需求。不同于目前的解决方案，Creo 旨在消除 CAD 行业中几十年迟迟未能解决的问题。

- 解决机械 CAD 领域中未解决的重大问题，包括基本的易用性、互操作性和装配管理。
- 采用全新的方法实现解决方案（建立在 PTC 的特有技术和资源之上）。
- 提供一组可伸缩、可互操作、开放且易于使用的机械设计应用程序。
- 为设计过程中的每一名参与者适时提供合适的解决方案。

Creo 主要应用模块

　　Creo 通过整合原来的 Pro/Engineer、CoCreate 和 ProductView 三个软件后，重新分成各个更为简单而具有针对性的子应用模块，所有这些模块统称为 Creo Elements。而原来的三个软件则分别整合为新的软件包中的一个子应用。

- Pro/Engineer 整合为 Creo Elements/Pro。
- CoCreate 整合为 Creo Elements/Direct。
- ProductView 整合为 Creo Elements/View。

　　整个 Creo 软件包将分成 30 个子应用，所有这些子应用被划分为四大应用模块，分别是：

- AnyRole APPs （应用）：在恰当的时间向正确的用户提供合适的工具，使组织中的所有人都参与到产品开发过程中。最终结果：激发新思路、创造力以及个人效率。
- AnyMode Modeling（建模）：提供真正的多模型设计平台，使用户能够采用二维、三维直接或三维参数等方式进行设计。在某一个模式下创建的数据能在任何其他模式中访问和重用，每个用户可以在所选择的模式中使用自己或他人的数据。此外，Creo 的 AnyMode 建模将让用户在模式之间进行无缝切换，而不丢失信息或设计思路，从而提高团队效率。
- AnyData Adoption（采用）：用户能够统一使用任何 CAD 系统生成的数据，从而实现多 CAD 设计的效率和价值。参与整个产品开发流程的每一个人，都能够获取并重用 Creo 产品设计应用软件所创建的重要信息。此外，Creo 将提高原有系统数据的重用率，降低了技术锁定所需的高昂转换成本。

- AnyBOM Assembly（装配）：为团队提供所需的能力和可扩展性，以创建、验证和重用高度可配置产品的信息。利用 BOM 驱动组件以及与 PTC Windchill PLM 软件的紧密集成，用户将开启并达到团队乃至企业前所未有的效率和价值水平。

注意：以上有关 Creo 功能模块的介绍仅供参考，如有变动应以 PTC 公司的最新相关正式资料为准，特此说明。

1.3 Creo 推出的意义

Creo 在拉丁语中是创新的含义。Creo 的推出，是为了解决困扰制造业在应用 CAD 软件中的四大难题。CAD 软件已经应用了几十年，三维软件也已经出现了二十多年，似乎技术与市场逐渐趋于成熟。但是，目前制造业在 CAD 应用方面仍然面临着四大核心问题。

（1）软件的易用性。目前 CAD 软件虽然在技术上已经逐渐成熟，但是软件的操作还很复杂，宜人化程度有待提高。

（2）互操作性。不同的设计软件造型方法各异，包括特征造型、直觉造型等，二维设计还有广泛的应用。但这些软件相对独立，操作方式完全不同，对于客户来说，鱼和熊掌不可兼得。

（3）数据转换的问题。这个问题依然是困扰 CAD 软件应用的大问题。一些厂商试图通过图形文件的标准来锁定用户，因而导致用户有很高的数据转换成本。

（4）装配模型如何满足复杂的客户配置需求。由于客户需求的差异，往往会造成由于复杂的配置，而大大延长产品交付的时间。

Creo 的推出，正是为了从根本上解决这些制造企业在 CAD 应用中面临的核心问题，从而真正将企业的创新能力发挥出来，帮助企业提升研发协作水平，让 CAD 应用真正提高效率，为企业创造价值。

说明：

为了回馈广大读者对本书的支持，除随书光盘中的视频讲解之外，我们将免费为您提供更多的 Creo 学习视频，内容包括各个软件模块的基本理论、背景知识、高级功能和命令的详解以及一些典型的实际应用案例等。

由于图书篇幅和随书光盘的容量有限，我们将这些视频讲解制作成了在线学习视频，并在本书相关章节的最后对讲解的内容做了简要介绍，读者可以扫描二维码直达视频讲解页面，登录兆迪科技网站免费学习。

第 **2** 章 Creo 6.0 软件的安装

本章提要　　本章将介绍 Creo 6.0 安装的基本过程和相关要求。本章内容主要包括：

- 使用 Creo 6.0 的硬件要求。
- 安装 Creo 6.0 软件前 Windows 操作系统的设置。
- Creo 6.0 安装的一般过程。

2.1　Creo 6.0 安装的硬件要求

Creo 6.0 软件系统可在工作站（Work Station）或个人计算机（PC）上运行。如果在个人计算机上安装，为了保证软件安全和正常使用，计算机硬件要求如下。

- CPU 芯片：一般要求 Pentium3 以上，推荐使用 Intel 公司生产的奔腾双核处理器。
- 内存：一般要求 1GB 以上。如果要装配大型部件或产品，进行结构、运动仿真分析或产生数控加工程序，则建议使用 2GB 以上的内存。
- 显卡：一般要求支持 Open_GL 的 3D 显卡，分辨率为 1024×768 像素以上，推荐至少使用 64 位独立显卡，显存 512MB 以上。如果显卡性能太低，打开软件后，会自动退出。
- 网卡：使用 Creo 软件，必须安装网卡。
- 硬盘：安装 Creo 6.0 软件系统的基本模块，需要 6.0GB 左右的硬盘空间，考虑到软件启动后虚拟内存及获取联机帮助的需要，建议在硬盘上准备 8.0GB 以上的空间。
- 鼠标：强烈建议使用三键（带滚轮）鼠标，如果使用二键鼠标或不带滚轮的三键鼠标，会极大地影响工作效率。
- 显示器：一般要求使用 15in 以上显示器。
- 键盘：标准键盘。

2.2　安装前的计算机设置

为了更好地使用 Creo，在软件安装前应对计算机系统进行设置，主要是操作系统的虚拟内存设置。设置虚拟内存的目的是为软件系统进行几何运算预留临时存储数据的空间。各类操作系统的设置方法基本相同，下面以 Windows 7 操作系统为例说明设置过程。

Step1. 选择 Windows 的 开始 ➡ 控制面板 命令，系统弹出"所有控制面板项"对话框，如图 2.2.1 所示。

Step2. 在"所有控制面板项"对话框的 类别 ▼ 下拉列表中选择 小图标(S) 选项，结果如图 2.2.1 所示；单击 系统 选项。

图 2.2.1 "所有控制面板项"对话框

Step3. 在系统弹出的图 2.2.2 所示的"系统"对话框中单击 高级系统设置 选项，此时系统弹出"系统属性"对话框。

图 2.2.2 "系统"对话框

Step4. 在"系统属性"对话框中单击 高级 选项卡，在 性能 区域中单击按钮 设置(S) 。

Step5. 在图 2.2.3 所示的"性能选项"对话框中单击 高级 选项卡，在 虚拟内存 区域中单击 更改(C) 按钮，系统弹出"虚拟内存"对话框。

Step6. 在该对话框中取消选中 □ 自动管理所有驱动器的分页文件大小(A) 复选框，然后选中单选项，如图 2.2.4 所示；可在 后的文本框中输入虚拟内存的最小值，在 最大值(MB)(X)： 后的文本框中输入虚拟内存的最大值。虚拟内存的大小可根据计算机硬盘空间的大小进行设置，但初始大小至少要达到物理内存的 2 倍，最大值可达到物理内存的 4 倍以上。例如，用户计算机的物理内存为 256MB，初始大小一般设置为 512MB，最大值可设置为 1024MB；如果装配大型部件或产品，建议将初始值设置为 1024MB，最大值设置为 2048MB。单击 设置(S) 和 确定 按钮后，计算机会提示用户重新启动计算机后设置才生效，然后一直单击 确定 按钮，重新启动计算机后，完成设置。

图 2.2.3　"性能选项"对话框　　　图 2.2.4　"虚拟内存"对话框

2.3　查找计算机（服务器）的网卡号

在安装 Creo 系统前，必须合法地获得 PTC 公司的软件使用许可证，这是一个文本文件，该文件是根据用户计算机（或服务器，也称为主机）上的网卡号赋予的，具有唯一性。下面以 Windows 7 操作系统为例，说明如何查找计算机的网卡号。

Step1. 选择 Windows 的 开始 ➡ 所有程序 ➡ 附件 ➡ 命令提示符 命令，如图 2.3.1 所示。

图 2.3.1　Windows 菜单

Step2. 在 C:\>提示符下，输入 ipconfig /all 命令并按 Enter 键，即可获得计算机网卡号。
图 2.3.2 中的 00-24-1D-52-27-78 即为网卡号。

图 2.3.2　获得网卡号

2.4　单机版 Creo 6.0 软件的安装

单机版的 Creo 6.0(中文版)在各种操作系统下的安装过程基本相同,下面仅以 Windows XP Professional 为例,说明其安装过程。

Stage1. 进入安装简介

Step1. 首先将合法获得的 Creo 的许可证文件 ptc_licfile.dat 复制到计算机中的某个位置,例如 C:\Program Files\Creo5_license\PTC_D_SSQ.dat。

Step2. Creo 6.0 软件有一张安装光盘,先将安装光盘放入光驱内(如果已将系统安装文件复制到硬盘上,可双击系统安装目录下的 setup.exe 文件),等待片刻后,会出现图 2.4.1 所示的系统安装提示。

Step3. 在图 2.4.1 所示的选择任务选项卡中选中 安装新软件 单选项,在该对话框中单击 下一步(N) 按钮。

图 2.4.1　系统安装简介

Step4. 在系统弹出的对话框中选中 ⊙ 我接受软件许可协议(A) 单选项,然后单击按钮。

Stage2. 安装许可证项目

Step1. 在系统弹出的图 2.4.2 所示的对话框中，将许可文件 C:\Program Files\Creo5_license\PTC_D_SSQ.dat 拖放到图 2.4.3 所示的地方。

图 2.4.2 安装许可证

Step2. 单击 按钮。

Stage3. 安装应用程序

Step1. 在系统弹出的"安装应用程序"对话框中设置图 2.4.3 所示的参数。

图 2.4.3 安装应用程序

Step2. 单击 安装 按钮。

Stage4. 安装

Step1. 此时系统弹出"安装"对话框。

Step2. 过一段时间后，系统安装完成，系统弹出"安装完成"对话框；在此对话框中单击 完成 按钮即可。

学习拓展： 扫码学习更多视频讲解。

讲解内容： 主要包含软件安装、基本操作、二维草图、常用建模命令、零件设计案例等基础内容的讲解。内容安排循序渐进，清晰易懂，讲解非常详细，对每一个操作都做了深入的介绍和清楚的演示，十分适合没有软件基础的读者。

注意：

为了获得更好的学习效果，建议读者采用以下方法进行学习。

方法一： 使用台式机或者笔记本电脑登录兆迪科技网校，开启高清视频模式学习。

方法二： 下载兆迪网校 App 并缓存课程视频至手机，可以免流量观看。

具体操作请打开兆迪网校帮助页面 http://www.zalldy.com/page/bangzhu 查看（手机可以扫描右侧二维码打开），或者在兆迪网校咨询窗口联系在线老师，也可以直接拨打技术支持电话 010-82176248，010-82176249。

第3章　Creo 6.0 的工作界面与基本设置

本章提要 为了正常、高效地使用 Creo 软件，同时也为了方便教学，在学习和使用 Creo 软件前，需要先进行一些必要的设置。本章内容主要包括：

- 创建 Creo 用户文件目录。
- Creo 系统配置文件 config.pro 的设置。
- Creo 软件的启动。
- Creo 6.0 工作界面的简介与定制。
- Creo 当前环境的设置。
- Creo 工作目录的设置。

3.1　创建用户文件目录

使用 Creo 软件时，应该注意文件的目录管理。如果文件管理混乱，会造成系统找不到正确的相关文件，从而严重影响 Creo 软件的安全相关性，同时也会使文件的保存、删除等操作产生混乱，因此应按照操作者的姓名、产品名称（或型号）建立用户文件目录，如本书要求在 D 盘上创建一个名为 Creo-course 的文件夹作为用户目录。

3.2　设置系统配置文件

用户可以利用一个名为 config.pro 的系统配置文件进行 Creo 软件工作环境的预设和全局设置。例如：Creo 软件的界面是中文还是英文（或者中英文双语）由 menu_translation 选项来控制，这个选项有三个可选的值，即 yes、no 和 both，它们分别可以使软件界面为中文、英文和中英文双语。

本书附赠光盘的 config.pro 文件中对一些基本的选项进行了设置，强烈建议读者进行如下操作，使该 config.pro 文件中的设置有效，这样可以保证后面学习中的软件配置与本书相同，从而提高学习效率。

将 D:\creo6.1\Creo 6.0_system_file\下的 config.pro 复制到 Creo 安装目录的\text 目录下。

假设 Creo 6.0 的安装目录为 C:\Program Files\PTC\Creo 6.0.0.0，则应将上述文件复制到 C:\Program Files\PTC\Creo 6.0.0.0\Common Files\text 目录下。退出 Creo，然后再重新启动 Creo，config.pro 文件中的设置将生效。

3.3　设置工作界面配置文件

用户可以利用一个名为 creo_parametric_customization.ui 的系统配置文件预设 Creo 软件工作环境的工作界面（包括工具栏中按钮的位置）。

本书附赠光盘中的 creo_parametric_customization.ui 对软件界面进行了一定的设置，建议读者进行如下操作，使软件界面与本书相同，从而提高学习效率。

Step1. 进入配置界面。选择"文件"下拉菜中的 文件 ➡ 选项 命令，系统弹出"Creo Parametric 选项"对话框。

Step2. 导入配置文件。在"Creo Parametric 选项"对话框中单击 功能区 区域，单击 导入 按钮，系统弹出"打开"对话框。

Step3. 选中 D:\creo6.1\ Creo 6.0_system_file\文件夹中的 creo_parametric_customization.ui 文件，单击 打开 ▼ 按钮。

3.4　启动 Creo 6.0 软件

一般来说，有两种方法可以启动并进入 Creo 软件环境。

方法一：双击 Windows 桌面上的 Creo 软件快捷图标。

说明：只要是正常安装，Windows 桌面上都会显示 Creo 软件快捷图标。对于快捷图标的名称，可根据需要进行修改。

方法二：从 Windows 系统的"开始"菜单进入 Creo，操作方法如下。

Step1. 单击 Windows 桌面左下角的 开始 按钮。

Step2. 选择 所有程序 ➡ PTC ➡ Creo Parametric 6.0.0.0 命令，如图 3.4.1 所示，系统便进入 Creo 软件环境。

图 3.4.1　Windows"开始"菜单

3.5　Creo 6.0 工作界面

3.5.1　工作界面简介

在学习本节时，请先打开目录 D:\creo6.1\work\ch03.05 下的 socket.prt 文件。

Creo 6.0 用户界面包括快速访问工具栏、功能区、视图控制工具条、标题栏、智能选取栏、消息区、图形区及导航选项卡区，如图 3.5.1 所示。

图 3.5.1　Creo 6.0 界面

1. 导航选项卡区

导航选项卡包括三个页面选项："模型树或层树""文件夹浏览器"和"收藏夹"。

● "模型树"中列出了活动文件中的所有零件及特征，并以树的形式显示模型结构。根对象（活动零件或组件）显示在模型树的顶部，其从属对象（零件或特征）位于根对象之下。例如：在活动装配文件中，"模型树"列表的顶部是组件，组件下方是每个零件的名称；在活动零件文件中，"模型树"列表的顶部是零件，零件下方是每个特征的名称。若打开多个 Creo 模型，则"模型树"只反映活动模型的内容。

- "文件夹浏览器"类似于 Windows 的"资源管理器"，用于浏览文件。
- "收藏夹"用于有效组织和管理个人资源。

2．快速访问工具栏

快速访问工具栏中包含新建、保存、修改模型和设置 Creo 环境的一些命令。快速访问工具栏为快速进入命令及设置工作环境提供了极大的方便，用户可以根据具体情况定制快速访问工具栏。

3．标题栏

标题栏显示了当前的软件版本以及活动的模型文件名称。

4．功能区

功能区中包含"文件"下拉菜单和"命令"选项卡。"命令"选项卡显示了 Creo 中所有的功能按钮，并以选项卡的形式进行分类。用户可以根据需要自己定义各功能选项卡中的按钮，也可以自己创建新的选项卡，将常用的命令按钮放在自定义的功能选项卡中。

注意：用户会看到有些菜单命令和按钮处于非激活状态（呈灰色，即暗色），这是因为它们目前还没有处在发挥功能的环境中。一旦它们进入有关的环境，便会自动激活。

下面是功能区中各选项卡的介绍。

- 图 3.5.2 所示的"文件"下拉菜单包含新建、打开、保存、关闭和退出等文件管理工具，系统选项设置工具也在其中。

图 3.5.2 　"文件"下拉菜单

- 图 3.5.3 所示的"模型"选项卡包含 Creo 中所有的零件建模工具，主要有实体建模工具、曲面工具、基准特征、工程特征、特征的编辑工具以及模型意图工具等。

图 3.5.3　"模型"选项卡

● 图 3.5.4 所示的"分析"选项卡包含 Creo 中所有的模型分析与检查工具，主要用于分析测量模型中的各种物理数据、检查各种几何元素以及尺寸公差分析等。

图 3.5.4　"分析"选项卡

● 图 3.5.5 所示的"注释"选项卡用于创建与管理模型的 3D 注释，如在模型中添加尺寸注释、添加几何公差与基准等，这些注释也可以直接导入 2D 工程图中。

图 3.5.5　"注释"选项卡

- 图 3.5.6 所示的"工具"选项卡包含 Creo 中的建模辅助工具，主要有模型播放器、参考查看器、搜索工具、族表工具、参数化工具、辅助应用程序等。

图 3.5.6 "工具"选项卡

- 图 3.5.7 所示的"视图"选项卡主要用于设置管理模型的视图，可以调整模型的显示效果、外观、设置显示样式、控制基准特征的显示与隐藏、文件窗口管理等。

图 3.5.7 "视图"选项卡

- 图 3.5.8 所示的"柔性建模"选项卡是 Creo 软件的新功能，主要用于直接编辑模型中的各种实体和特征（包括无参数实体）。

图 3.5.8 "柔性建模"选项卡

- 图 3.5.9 所示的"应用程序"选项卡主要用于切换到 Creo 的部分工程模块，如焊件设计、模具设计、分析模拟等。

图 3.5.9　"应用程序"选项卡

5. 视图控制工具条

图 3.5.10 所示的视图控制工具条是将"视图"功能选项卡中部分常用的命令按钮集成到了一个工具条中，以便随时调用。各按钮的功能请参照图 3.5.7 所示的"视图"选项卡。

图 3.5.10　视图控制工具条

6. 图形区

Creo 各种模型图像的显示区。

7. 消息区

在用户操作软件的过程中，消息区会实时地显示与当前操作相关的提示信息等，以引导用户的操作。消息区有一个可见的边线，将其与图形区分开，若要增加或减少可见消息行的数量，可将鼠标指针置于边线上，按住鼠标左键，将鼠标指针移动到所期望的位置。

消息分五类，分别以不同的图标提醒。

8. 智能选取栏

智能选取栏也称过滤器，主要用于快速选取某种所需的要素（如几何、基准等）。

3.5.2　工作界面的定制

工作界面的定制步骤如下。

Step1. 进入定制工作对话框。选择"文件"下拉菜中的 文件 ➡ 选项 命令，即可进入"Creo Parametric 选项"对话框，如图 3.5.11 所示。

Step2. 窗口设置。在"Creo Parametric 选项"对话框中单击 窗口设置 区域，即可进入软件窗口设置界面。在此界面中可以进行导航选项卡设置、模型树设置、浏览器设置、辅助窗口设置以及图形工具栏设置等，如图 3.5.12 所示。

图 3.5.11 "Creo Parametric 选项"对话框

图 3.5.12 "窗口设置"界面

Step3. 快速访问工具栏设置。在"Creo Parametric 选项"对话框中单击 快速访问工具栏 区域，即可进入快速访问工具栏设置界面，如图 3.5.13 所示。在此界面中可以定制快速访问工具栏中的按钮，具体操作方法如下。

（1）在"Creo Parametric 选项"对话框的 类别: 下拉列表中选择 所有命令（设计零件） 选项。

（2）在命令区域中选择 拭除未显示的... 选项，然后单击 → 按钮。

（3）单击对话框右侧的 ↓ 按钮和 ↑ 按钮，可以调整添加的按钮在快速访问工具栏中的位置。

图 3.5.13　"快速访问工具栏"设置界面

Step4. 功能区设置。在"Creo Parametric 选项"对话框中单击 功能区 区域，即可进入功能区设置界面。在此界面中可以设置功能区各选项卡中的按钮，并可以创建新的用户选项卡，如图 3.5.14 所示。

图 3.5.14　"功能区"设置界面

Step5. 导出配置文件。在"Creo Parametric 选项"对话框中单击 ▢导出▢ 按钮，系统弹出"导出"对话框；单击 保存 ▼ 按钮，可以将界面配置文件"creo_parametric_customization.ui"导出到当前工作目录中。

3.6　Creo 软件的环境设置

选择"文件"下拉菜单中的 文件 ➡ 选项 命令，在系统弹出的"Creo Parametric 选项"对话框中选择 环境 选项，即可进入软件环境设置界面，如图 3.6.1 所示。

在"Creo Parametric 选项"对话框中选择其他选项，可以设置系统颜色、模型显示、图元显示、草绘器选项以及一些专用模块环境设置等。用户可以利用 config.pro 的系统配置文件管理 Creo 软件的工作环境，有关 config.pro 的配置请参考本章 3.2 节中的内容。

图 3.6.1　"环境"设置界面

注意：在"环境"设置界面中改变设置，仅对当前进程产生影响。当再次启动 Creo 时，如果存在配置文件 config.pro，则由该配置文件定义环境设置；否则由系统默认配置定义。

3.7 设置 Creo 软件的工作目录

由于 Creo 软件在运行过程中将大量的文件保存在当前目录中，并且也常常从当前目录中自动打开文件，为了更好地管理 Creo 软件的大量有关联的文件，应特别注意，在进入 Creo 后，开始工作前最要紧的事情是"设置工作目录"。其操作过程如下。

Step1. 选择下拉菜单 文件 ➡ 管理会话(M) ▸ 选择工作目录。 命令（或单击 主页 选项卡中的 按钮）。

Step2. 在系统弹出的图 3.7.1 所示的"选择工作目录"对话框中选择"D:"。

图 3.7.1　"选择工作目录"对话框

Step3. 查找并选取目录 Creo-course。

Step4. 单击对话框中的 确定 按钮。

完成这样的操作后，目录 D:\Creo-course 即变成工作目录，而且目录 D:\Creo-course 也变成当前目录，将来文件的创建、保存、自动打开、删除等操作都将在该目录中进行。

在本书中，如果未加说明，所指的"工作目录"均为 D:\Creo-course 目录。

说明：进行下列操作后，双击桌面上的 Creo 图标进入 Creo 软件系统，即可自动切换到指定的工作目录。

（1）右击桌面上的 Creo 图标，在系统弹出的快捷菜单中选择 属性(R) 命令。

（2）图 3.7.2 所示的"Creo Parametric 6.0.0.0 属性"对话框被打开，单击该对话框中的 快捷方式 选项卡，然后在 起始位置(S): 文本框中输入 D:\Creo-course，并单击 确定 按钮。

图 3.7.2 "Creo Parametric 6.0.0.0 属性"对话框

注意：设置好启动目录后，每次启动 Creo 软件，系统自动在启动目录中生成一个名为"trail.txt"的文件。该文件是一个后台记录文件，它记录了用户从打开软件到关闭期间的所有操作记录。读者应注意保护好当前启动目录的文件夹，如果启动目录文件夹丢失，系统会将生成的后台记录文件放在桌面上。

第 **4** 章　二维截面的草绘

本章提要　　截面草图的绘制是创建许多特征的基础，例如创建拉伸、旋转、扫描、混合等特征时，往往需要先草绘特征的截面（剖面）形状，其中扫描特征还需要绘制草图以定义扫描轨迹，另外，基准曲线、草绘孔、横截面等也需要定义草图。本章内容包括：

- 截面草绘环境的设置。
- 基本草绘图元（如点、直线、圆等）的绘制。
- 截面草绘图的编辑修改。
- 截面草绘图的标注。
- 截面草绘图中约束的创建。

4.1　概　　述

Creo 零件设计是以特征为基础进行的，大部分几何体特征都来源于二维截面草图。创建零件模型的过程，就是先创建几何特征的 2D 草图，然后将 2D 草图变换成 3D 特征，并对所创建的各个特征进行适当的布尔运算，最终得到完整零件的过程。因此二维截面草图是零件建模的基础，十分重要。掌握合理的草图绘制方法和技巧，可以极大地提高零件设计的效率。

4.2　草绘环境中的关键术语

下面列出了 Creo 软件草绘中经常使用的术语。

图元：指截面几何的任意元素（如直线、中心线、圆弧、圆、椭圆、样条曲线、点或坐标系等）。

参照图元：指创建特征截面或轨迹时，所参照的图元。

尺寸：图元大小、图元间位置的量度。

约束：定义图元间的位置关系。约束定义后，其约束符号会出现在被约束的图元旁边。例如：可以约束两条直线垂直，完成约束后，垂直的直线旁边会出现一个垂直约束符号。

约束符号显示为蓝色。

参数：草绘中的辅助元素。

关系：关联尺寸和/或参数的等式。例如，可使用一个关系将一条直线的长度设置为另一条直线的两倍。

"弱"尺寸：指由系统自动建立的尺寸。在用户增加新的尺寸时，系统可以在没有用户确认的情况下自动删除多余的"弱"尺寸。在默认情况下，"弱"尺寸在屏幕中显示为青色。

"强"尺寸：指软件系统不能自动删除的尺寸。由用户创建的尺寸总是"强"尺寸，软件系统不能自动将其删除。如果几个"强"尺寸发生冲突，则系统会要求删除其中一个。"强"尺寸显示为蓝色。

冲突：两个或多个"强"尺寸和约束可能会产生矛盾或多余条件。出现这种情况，必须删除一个不需要的约束或尺寸。

4.3 进入草绘环境

进入模型截面草绘环境的操作方法如下。

Step1. 选择下拉菜单 文件 ➡ 新建(N) 命令（或单击"新建"按钮 ）。

Step2. 系统弹出图 4.3.1 所示的"新建"对话框；在该对话框中选中 ◉ 草绘 单选项，在 文件名 后的文本框中输入草图名（如 s1）；单击 确定 按钮，即进入草绘环境。

注意：还有一种进入草绘环境的途径，就是在创建某些特征（如拉伸、旋转、扫描等）时，以这些特征命令为入口，进入草绘环境，详见第 5 章的有关内容。

图 4.3.1 "新建"对话框

4.4 草绘工具按钮简介

进入草绘环境后，屏幕上方的"草绘"选项卡中会出现草绘时所需要的各种工具按钮，如图 4.4.1 所示。

图 4.4.1 "草绘"选项卡

图 4.4.1 所示的"草绘"选项卡中各区域的工具按钮的简介如下。

- 设置 ▼ 区域：设置草绘栅格的属性、图元线条样式等。
- 获取数据 区域：导入外部草绘数据。
- 操作 ▼ 区域：对草图进行复制、粘贴、剪切、删除、切换图元构造和转换尺寸等。
- 基准 区域：绘制基准中心线、基准点以及基准坐标系。
- 草绘 区域：绘制直线、矩形、圆等实体图元以及构造图元。
- 编辑 区域：镜像、修剪、分割草图，调整草图比例和修改尺寸值。
- 约束 ▼ 区域：添加几何约束。
- 尺寸 ▼ 区域：添加尺寸约束。
- 检查 ▼ 区域：检查开放端点、重复图元和封闭环等。

4.5 草绘前的准备

1. 设置网格间距

根据模型的大小，可设置草绘环境中的网格大小，其操作流程如下。

Step1. 在 草绘 选项卡中单击 栅格设置 按钮。

Step2. 此时系统弹出图 4.5.1 所示的"栅格设置"对话框，在 间距 选项组中选择 ◉ 静态 单选项，然后在 X: 和 Y: 文本框中输入间距值；单击 确定 按钮，结束栅格设置。

Step3. 在图 4.5.2 所示的"视图"工具条中单击"草绘显示过滤器"按钮 ▦ ，在系统弹出的菜单中选中 ☑ ⸬ 栅格显示 复选框，可以在图形区中显示栅格。

说明：

（1）Creo 软件支持笛卡儿坐标和极坐标栅格。当第一次进入草绘环境时，系统显示笛卡儿坐标网格。

（2）通过"栅格设置"对话框，可以修改网格间距和角度。其中，X 间距仅设置 X 方向的间距，Y 间距仅设置 Y 方向的间距，角度设置相对于 X 轴的网格线的角度。刚开始草绘时（创建任何几何形状之前），使用网格可以控制截面的近似尺寸。

图 4.5.1　"栅格设置"对话框

图 4.5.2　"视图"工具条

2. 草绘区的快速调整

单击"栅格显示"按钮，如果看不到网格，或者网格太密，可以缩放草绘区；如果想调整图形在草绘区的上下左右位置，则可以移动草绘区。

鼠标操作方法说明如下。

● 中键滚轮（缩放草绘区）：滚动鼠标中键滚轮，向前滚可看到图形在缩小，向后滚可看到图形在变大。

● 中键（移动草绘区）：按住鼠标中键，移动鼠标，可看到图形跟着鼠标移动。

注意：草绘区这样的调整不会改变图形的实际大小和实际空间位置，它的作用是便于用户查看和操作图形。

3. 草绘选项设置

选择"文件"下拉菜单中的 文件 ➡ 选项 命令，系统弹出"Creo Parametric 选项"对话框，单击其中的 草绘器 选项，即可进入草绘选项设置界面，如图 4.5.3 所示。

● 对象显示设置 区域：设置草图中的顶点、约束，尺寸及弱尺寸是否显示。

- 草绘器约束假设 区域：设置绘图时自动捕捉的几何约束。
- 精度和敏感度 区域：设置尺寸的小数位数及求解精度。
- 拖动截面时的尺寸行为 区域：设置是否需要锁定已修改的尺寸和用户定义的尺寸。
- 草绘器栅格 区域：设置栅格参数。
- 草绘器启动 区域：设置在建模环境中绘制草图时是否将草绘平面与屏幕平行。
- 图元线型和颜色 区域：设置导入截面图元时是否保持原始线型及颜色。
- 草绘器参考 区域：设置是否通过选定背景几何自动创建参考。
- 草绘器诊断 区域：设置草图诊断选项。

图 4.5.3 "草绘器"设置界面

4.6 草图的绘制

4.6.1 草图绘制概述

要进行草绘，应先从草绘功能选项卡的 草绘 区域中选取一个绘图命令，然后可通过在屏幕图形区中单击选择位置来创建图元。

在绘制图元的过程中，当移动鼠标指针时，系统会自动确定可添加的约束并将其显示。当同时出现多个约束时，系统以绿色显示活动约束。

草绘图元后，用户还可通过 约束 ▾ 区域中的工具栏继续添加约束。

在绘制截面草图的过程中，系统会自动标注几何，这样产生的尺寸称为"弱"尺寸，系统可以自动地删除或改变它们。用户可以把有用的"弱"尺寸转换为"强"尺寸。

说明：草绘环境中鼠标的使用。

- 草绘时，可单击绘图区并选择位置，单击鼠标中键终止当前操作或退出当前命令。

- 草绘时，可以通过单击鼠标右键来锁定和禁用当前约束。
- 当不处于绘制图元状态时，按 Ctrl 键并单击，可选取多个项目。
- 右击将显示带有最常用草绘命令的快捷菜单（当不处于绘制模式时）。

4.6.2 绘制直线

Step1. 在 草绘 选项卡中单击"线"命令按钮 线 中的 ，再单击 线链 按钮。

注：还有一种方法进入直线绘制命令。

- 在绘图区右击，从系统弹出的快捷菜单中选择 线链 命令。

Step2. 单击直线的起始位置点，此时可看到一条"橡皮筋"线附着在鼠标指针上。

Step3. 单击直线的终止位置点，系统便在两点间创建一条直线，并且在直线的终点处出现另一条"橡皮筋"线。

Step4. 重复步骤 Step3，可创建一系列连续的线段。

Step5. 单击鼠标中键，结束直线的绘制。

说明：

- 在草绘环境中，单击"撤销"按钮 可撤销上一个操作，单击"重做"按钮 可重新执行被撤销的操作。这两个按钮在草绘环境中十分有用。
- Creo 具有尺寸驱动功能，即图形的大小随着图形尺寸的改变而改变。
- 用 Creo 进行设计，一般是先绘制大致的草图，然后再修改其尺寸，在修改尺寸时输入准确的尺寸值，即可获得最终所需要大小的图形。

4.6.3 绘制相切直线

Step1. 在 草绘 选项卡中单击"线"命令按钮 线 中的 ，再单击 直线相切 按钮。

Step2. 在第一个圆或弧上单击一点，此时可观察到一条始终与该圆或弧相切的"橡皮筋"线附着在鼠标指针上。

Step3. 在第二个圆或弧上单击与直线相切的位置点，此时便产生一条与两个圆（弧）相切的直线段。

Step4. 单击鼠标中键，结束相切直线的创建。

4.6.4 绘制中心线

在 草绘 选项卡中提供两种中心线的创建方法，分别是 基准 区域中的 中心线 和 草绘 区域中的 中心线 ，分别用来创建几何中心线和一般中心线。几何中心线是作为一个旋转特征的旋转轴线；一般两点中心线是作为做图辅助中心线使用的，或作为截面内的对称中心线来使用。下面介绍创建方法。

方法一：创建两点几何中心线。

Step1. 单击 基准 区域中的 ⋮ 中心线 按钮。

Step2. 在绘图区的某位置单击，一条中心线附着在鼠标指针上。

Step3. 在另一位置点单击，系统即绘制一条通过此两点的"中心线"。

方法二：创建两点构造中心线。

说明：创建两点构造中心线的方法和创建两点几何中心线的方法完全一样，此处不再介绍。

4.6.5 绘制矩形

矩形对于绘制截面十分有用，可省去绘制四条线的麻烦。

Step1. 在 草绘 选项卡中单击 □ 矩形 ▾ 按钮中的 ▾ ，然后再单击 □ 拐角矩形 按钮。

注：还有一种方法可进入矩形绘制命令。

● 在绘图区右击，从系统弹出的快捷菜单中选择 □ 拐角矩形(R) 命令。

Step2. 在绘图区的某位置单击，放置矩形的一个角点，然后将该矩形拖至所需大小。

Step3. 再次单击，放置矩形的另一个角点。此时，系统即在两个角点间绘制一个矩形。

4.6.6 绘制斜矩形

Step1. 单击 □ 矩形 ▾ 按钮中的 ▾ ，然后再单击 ◇ 斜矩形 按钮。

Step2. 在绘图区的某位置单击，放置斜矩形的一个角点，然后拖动鼠标确定斜矩形的倾斜角度，并单击左键定义斜矩形的长度，最后拖动鼠标并单击左键定义斜矩形的高度。

Step3. 此时，完成斜矩形的创建。

4.6.7 绘制平行四边形

下面介绍平行四边形的创建方法。

Step1. 单击 □ 矩形 ▾ 按钮中的 ▾ ，然后再单击 ⫽ 平行四边形 按钮。

Step2. 在绘图区的某位置单击，放置平行四边形的一个角点，然后拖动鼠标确定平行四边形的长度并单击左键确认，最后拖动鼠标定义平行四边形的高度。

Step3. 此时，完成平行四边形的创建。

4.6.8　绘制圆

方法一：中心/点——通过选取中心点和圆上一点来创建圆。

Step1. 单击"圆"命令按钮 ⊙圆 ▾ 中的 ⊙ 圆心和点 。

Step2. 在某位置单击，放置圆的中心点，然后将该圆拖至所需大小并单击左键，完成该圆的创建。

方法二：同心圆。

Step1. 单击"圆"命令按钮 ⊙圆 ▾ 中的 ◎ 同心 。

Step2. 选取一个参照圆或一条圆弧边来定义圆心。

Step3. 移动鼠标指针，将圆拖至所需大小并单击左键，然后单击中键。

方法三：三点圆。

Step1. 单击"圆"命令按钮 ⊙圆 ▾ 中的 ⊙ 3点 。

Step2. 在绘图区任意位置单击三个点，然后单击鼠标中键，完成该圆的创建。

4.6.9　绘制椭圆

Creo 6.0 提供两种创建椭圆的方法，并且可以创建斜椭圆。下面介绍椭圆的两种创建方法。

方法一：根据轴端点来创建椭圆。

Step1. 单击"圆"命令按钮 ◯椭圆 ▾ 中的 ◯ 轴端点椭圆 。

Step2. 在绘图区的某位置单击，放置椭圆的一条轴线的起始端点，移动鼠标指针，在绘图区的某位置单击，放置椭圆当前轴线的结束端点。

Step3. 移动鼠标指针，将椭圆拉至所需形状并单击左键放置另一轴，完成椭圆的创建。

方法二：根据椭圆中心和长轴端点来创建椭圆。

Step1. 单击"圆"命令按钮 ◯椭圆 ▾ 中的 ◎ 中心和轴椭圆 。

Step2. 在绘图区的某位置单击，放置椭圆的圆心，移动鼠标指针，在绘图区的某位置单击，放置椭圆的一条轴线轴端点。

Step3. 移动鼠标指针，将椭圆拉至所需形状并单击左键，完成椭圆的创建。

说明：椭圆有如下特性。

● 椭圆的中心点相当于圆心，可以作为尺寸和约束的参照。

● 椭圆由两个半径定义：X半径和Y半径。从椭圆中心到椭圆的水平半轴长度称为X半径，竖直半轴长度称为Y半径。

● 当指定椭圆的中心和椭圆半径时，可用的约束有"相切""图元上的点"和"相等半径"等。

4.6.10 绘制圆弧

共有四种绘制圆弧的方法。

方法一：点/终点圆弧——确定圆弧的两个端点和弧上的一个附加点来创建一个三点圆弧。

Step1. 单击"圆弧"命令按钮 〇弧 ▾ 中的 〇3点/相切端 。

Step2. 在绘图区某位置单击，放置圆弧一个端点；在另一位置单击，放置另一端点。

Step3. 此时移动鼠标指针，圆弧呈"橡皮筋"样变化，单击确定圆弧上的一点。

方法二：同心圆弧。

Step1. 单击"圆弧"命令按钮 〇弧 ▾ 中的 ⑤ 同心 。

Step2. 选取一个参照圆或一条圆弧边来定义圆心。

Step3. 将圆拉至所需大小，然后在圆上单击两点以确定圆弧的两个端点。

方法三：圆心/端点圆弧。

Step1. 单击"圆弧"命令按钮 〇弧 ▾ 中的 〇 圆心和端点 。

Step2. 在某位置单击，确定圆弧中心点，然后将圆拉至所需大小，并在圆上单击两点以确定圆弧的两个端点。

方法四：创建与三个图元相切的圆弧。

Step1. 单击"圆弧"命令按钮 〇弧 ▾ 中的 √3 相切 。

Step2. 分别选取三个图元，系统便自动创建与这三个图元相切的圆弧。

注意：在第三个图元上选取不同的位置点，可创建不同的相切圆弧。

4.6.11 绘制圆锥弧

Step1. 单击"圆弧"命令按钮 〇弧 ▾ 中的 〇 圆锥 。

Step2. 在绘图区单击两点，作为圆锥弧的两个端点。

Step3. 此时移动鼠标指针，圆锥弧呈"橡皮筋"样变化，单击确定弧的"尖点"的位置。

4.6.12 绘制圆角

Step1. 单击"圆角"命令按钮 ↖圆角 ▾ 中的 ↖ 圆形修剪 。

Step2. 分别选取两个图元（两条边），系统便在这两个图元间创建圆角，并将两个图元裁剪至交点。

说明：如果选择 ↖圆角 ▾ 中的 ↖ 圆形 命令，系统在创建圆角后会以构造线（虚线）

显示圆角拐角。

4.6.13 绘制椭圆形圆角

Step1. 单击"圆角"命令按钮 ⌐ 圆角 ▾ 中的 ⌐ 椭圆形修剪 。

Step2. 分别选取两个图元（两条边），系统便在这两个图元间创建椭圆形圆角，并将两个图元裁剪至交点。

4.6.14 绘制倒角

Step1. 单击"倒角"命令按钮 ⌐ 倒角 ▾ 中的 ⌐ 倒角修剪 。

Step2. 分别选取两个图元（两条边），系统便在这两个图元间创建倒角。

说明：

● 单击"倒角"命令按钮 ⌐ 倒角 ▾ 中的 ⌐ 倒角 ，创建倒角后系统会创建延伸构造线。

● 倒角的对象可以是直线，也可以是圆弧，还可以是样条曲线。

4.6.15 绘制样条曲线

样条曲线是通过任意多个中间点的平滑曲线。

Step1. 单击"样条曲线"按钮 ∿ 样条 。

Step2. 单击一系列点，可观察到一条"橡皮筋"样条附着在鼠标指针上。

Step3. 单击鼠标中键，结束样条曲线的绘制。

4.6.16 在草绘环境中创建坐标系

Step1. 单击 草绘 区域中的 ⊹ 坐标系 按钮。

Step2. 在某位置单击以放置该坐标系原点。

说明：

● 可以将坐标系与下列对象一起使用。

☑ 样条：可以用坐标系标注样条曲线，这样即可通过坐标系指定 X、Y、Z 轴的坐标值来修改样条点。

☑ 参照：可以把坐标系增加到截面中作为草绘参照。

☑ 混合特征截面：可以用坐标系为每个用于混合的截面建立相对原点。

● 草绘 区域中 ⊹ 坐标系 和 基准 区域中 ⊹ 坐标系 的区别：前者一般用于草图环境中的参考坐标系；后者一般用于在零件建模中创建基准坐标系。

4.6.17 创建点

在设计管路和电缆布线时，创建点对工作十分有帮助。

Step1. 单击 草绘 区域中的 × 点 按钮。

Step2. 在绘图区的某位置单击以放置该点。

说明： 草绘 区域中 × 点 和 基准 区域中 × 点 的区别：前者一般用于草图环境中的参考点；后者一般用于在零件建模中创建基准点。

4.6.18 将一般图元变成构造图元

Creo 中构造图元（构造线）的作用是作为辅助线（参考线），构造图元以虚线显示。草绘中的直线、圆弧和样条线等图元都可以转化为构造图元。下面以图 4.6.1 为例，说明其创建方法。

a) 一般图元   b) 构造图元

图 4.6.1 将图元转换为构造图元

Step1. 选择下拉菜单 文件 ➡ 管理会话(M) ➡ 选择工作目录(W) 命令（或单击 主页 选项卡中的 按钮），将工作目录设置至 D:\creo6.1\work\ch04.06。

Step2. 选择下拉菜单 文件 ➡ 打开(O) 命令，打开文件 construct.sec。

Step3. 按住 Ctrl 键不放，依次选取图 4.6.1a 中的直线、圆弧和圆。

Step4. 右击，在系统弹出的快捷菜单（图 4.6.2）中选择"切换构造"命令，被选取的图元就转换成构造图元。结果如图 4.6.1b 所示。

图 4.6.2 快捷菜单

4.6.19 在草绘环境中创建文本

Step1. 单击 草绘 区域中的 A文本 按钮。

Step2. 在系统 ⇨选择行的起点，确定文本高度和方向. 的提示下，单击一点作为起始点。

Step3. 在系统 ⇨选择行的第二点，确定文本高度和方向. 的提示下，单击另一点。此时在两点之间会显示一条构造线，该线的长度决定文本的高度，该线的角度决定文本的方向。

Step4. 系统弹出图 4.6.3 所示的"文本"对话框，在 文本 文本框中输入文本（一般应少于 79 个字符）。

Step5. 可设置下列文本选项，如图 4.6.3 所示。

● 字体 下拉列表：从系统提供的字体和 TrueType 字体列表中选取一类。

● 位置: 区域：

  ☑ 水平 下拉列表：水平方向上，起始点可位于文本行的左侧、中心或右侧。

  ☑ 竖直 下拉列表：竖直方向上，起始点可位于文本行的底部、中间或顶部。

● 选项 区域：

  ☑ 长宽比 文本框：拖动滑动条增大或减小文本的长宽比。

  ☑ 斜角 文本框：拖动滑动条增大或减小文本的倾斜角度。

  ☑ 间距: 文本框：拖动滑动条增大或减小文本之间的距离。

  ☑ ☐沿曲线放置 复选框：选中此复选框，可沿着一条曲线放置文本，然后选择希望在其上放置文本的弧或圆，如图 4.6.4 所示。

图 4.6.3 "文本"对话框

图 4.6.4 文本操纵手柄

☑ □ 字符间距处理：启用文本字符串的字符间距处理。这样可控制某些字符串之间的空格，改善文本字符串的外观。字符间距处理属于特定字体的特征。或者，可设置 sketcher_default_font_kerning 配置选项，以自动为创建的新文本字符串启用字符间距处理。

Step6. 单击 **确定** 按钮，完成文本创建。

说明：在绘图区中，可以拖动图 4.6.4 所示的操纵手柄来调整文本的位置和角度。

4.6.20 偏移草图

偏移草图功能可以对现有的图元进行平行偏置，也可以提取已有的实体边在当前草图平面上的投影线进行偏置。下面介绍偏移草图的一般操作过程。

Step1. 选择下拉菜单 **文件** ➡ **管理会话(M)** ▶ **选择工作目录(W)** 命令（或单击 **主页** 选项卡中的 按钮）。将工作目录设置至 D:\creo6.1\work\ch04.06，打开文件 offset.sec，如图 4.6.5 所示。

Step2. 单击 **草绘** 区域中的 **偏移** 按钮，系统弹出图 4.6.6 所示的"类型"对话框，选中其中的 ⦿ **环(L)** 单选项，在图形区中选取图 4.6.7 所示的图元。

Step3. 在系统 **于箭头方向输入偏移[退出]** 的提示下，输入偏距值 0.5。

说明：如果在文本框中输入负值，则朝反方向偏置曲线。

Step4. 单击 按钮，完成草图的偏移，如图 4.6.7 所示。

图 4.6.5 偏置前的草图　　　图 4.6.6 "类型"对话框　　　图 4.6.7 偏置后的草图

4.6.21 加厚草图

加厚草图功能可以对现有的图元进行两侧平行偏置，如果加厚的对象是开放的曲线，还可以利用直线或圆弧封闭偏置曲线的两端。下面介绍加厚草图的一般操作过程。

Step1. 单击 **主页** 选项卡中的 按钮，将工作目录设置至 D:\creo6.1\work\ch04.06，打开文件 thicken.sec。

Step2. 单击 **草绘** 区域中的 **加厚** 按钮，系统弹出图 4.6.8 所示的"类型"对话框，选中其中的 ⦿ **圆形(C)** 单选项，在图形区中选取图 4.6.9 所示的直线为加厚边。

Step3. 在系统 **输入厚度 [-退出-]** 的提示下，输入加厚值 2，单击 按钮。

Step4. 在系统 于箭头方向输入偏移[退出] 的提示下，输入偏距值 0，单击 ✓ 按钮，完成草图的加厚，如图 4.6.10 所示。

图 4.6.8　"类型"对话框

图 4.6.9　加厚前的草图

图 4.6.10　加厚后的草图

4.6.22　使用以前保存过的图形创建当前草图

利用前面介绍的基本绘图功能，用户可以从头绘制各种要求的截面；另外，还可以继承和使用以前在 Creo 软件或别的软件（如 AutoCAD）中保存过的截面图形。

1. 保存 Creo 草图的操作方法

选择草绘环境中的下拉菜单 文件 ➡ 💾 保存(S) 命令（或单击 💾 按钮）。

2. 使用以前保存过的草图的操作方法

Step1. 选择下拉菜单 文件 ➡ 管理会话(M) ▶ ➡ 选择工作目录(W) 选择工作目录。 命令，将工作目录设置至 D:\creo6.1\work\ch04.06。

Step2. 单击 草绘 选项卡 获取数据 区域中的 文件系统 按钮，此时系统弹出"打开"对话框，如图 4.6.11 所示。

图 4.6.11　"打开"对话框

Step3. 单击"类型"下拉列表中的 ▼ 按钮后，从下拉列表中选择要打开文件的类型（Creo 的模型截面草绘格式是.sec）。

Step4. 选取要打开的文件（s2d001.sec）并单击 打开 ▼ 按钮，在绘图区单击一点以确定草图放置的位置，该截面便显示在图形区中，同时系统弹出"导入截面"选项卡的图元操作图，如图 4.6.12 所示。

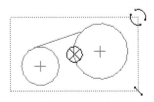

图 4.6.12　图元操作图

Step5. 在"导入截面"选项卡的 ⟋ 文本框中输入旋转角度值 0，在 ▢ 文本框中输入缩放比例值 1。

Step6. 在"导入截面"选项卡中单击 ✔ 按钮，系统关闭该选项卡并添加新几何图形。

4.6.23　选项板的使用

草绘器选项板相当于一个预定义形状的定制库，用户可以将选项板中所存储的草图轮廓方便地调用到当前的草绘图形中，也可以将自定义的轮廓草图保存到选项板中备用。

1. 调用选项板中的草图轮廓

在正确安装 Creo 6.0 后，草绘器选项板中就已存储了一些常用的草图轮廓，下面以实例讲解调用选项板中草图轮廓的方法。

Step1. 选择下拉菜单 文件 ➡ 新建(N) 命令（或单击"新建"按钮 ▢）。

Step2. 系统弹出"新建"对话框，在该对话框中选中 ⊙ ▨ 草绘单选项；在 文件名: 后的文本框中接受系统默认的草图名称；单击 确定 按钮，即进入草绘环境。

Step3. 在 草绘 选项卡中单击"选项板"按钮 ▨选项板，系统弹出图 4.6.13 所示的"草绘器选项板"对话框。

说明：选项板中具有表示草图轮廓类别的四个选项卡：多边形 、轮廓 、形状 、星形 。每个选项卡都具有唯一的名称，并且至少包括一种截面。

- 多边形：包括常规多边形，如五边形、六边形等。
- 轮廓：包括常规的轮廓，如 C 形轮廓、I 形轮廓等。
- 形状：包括其他的常见形状，如弧形跑道、十字形等。
- 星形：包括常规的星形形状，如五角星、六角星等。

Step4. 选择选项卡。在"草绘器选项板"对话框中选取 多边形 选项卡（在列表框中出现与选定的选项卡中的形状相应的缩略图和标签），在列表框中选取 ⬡ 六边形 选项，此时在预览区域中会出现与选定形状相应的截面。

Step5. 将选定的选项拖到图形区。选中 ⬡ 六边形 选项后，按住鼠标左键不放，把光标移到图形区中，然后松开鼠标，选定的图形就自动出现在图形区中，图形区中的图形如图4.6.14所示，此时系统弹出"导入截面"选项卡。

说明：选中 ⬡ 六边形 选项后，双击 ⬡ 六边形 选项，把光标移到图形区中合适的位置，单击鼠标左键，选定的图形也会自动出现在图形区中。

Step6. 在"导入截面"选项卡的 ⬀ 文本框中输入缩放比例值4.0。

注意：输入的尺寸和约束被创建为强尺寸和约束。

Step7. 单击 ✔ 按钮，完成图4.6.15所示的"六边形"的调用。

Step8. 在"草绘器选项板"对话框中单击 关闭 按钮。

图4.6.13 "草绘器选项板"对话框   图4.6.14 六边形   图4.6.15 定义后的"六边形"

2. 将草图轮廓存储到选项板中

当选项板中的草图轮廓不能满足绘图的需要时，用户可以把自定义的草图轮廓添加到选项板中。下面以范例讲解将自定义草图轮廓添加到选项板中的方法。

Step1. 选择下拉菜单 文件 ➡ 管理会话(M) ▸ ➡ 选择工作目录(W) 选择工作目录. 命令（或单击 主页 选项卡中的 按钮），将工作目录设置至 Creo 的安装目录\Program Files\ PTC\ Creo 6.0.0.0\Common Files\text\sketcher_palette\polygons。

Step2. 单击"新建"按钮 ☐。

Step3. 系统弹出"新建"对话框；在该对话框中选中 ⦿ ⬡ 草绘单选项，在 文件名: 后的文本框中输入草图名 lozenge；单击 确定 按钮，即进入草绘环境。

Step4. 编辑轮廓草图，绘制图4.6.16所示的平行四边形。

图 4.6.16 轮廓草图

Step5. 将轮廓草图保存至工作目录下，即选项板存储库中；选择草绘环境中的下拉菜单 文件 ➡️ 保存(S) 命令，系统弹出图 4.6.17 所示的"保存对象"对话框，单击 确定 按钮，完成草图的保存。

说明： 保存的轮廓草图文件必须是扩展名为.sec 的文件。

Step6. 将工作目录设置至 D:\Creo-course，然后新建一个草图文件。

说明： 此时将工作目录设置至其他位置后，"选项板"选项卡就不会发生变化。

Step7. 在选项板中查看保存后的轮廓。在 草绘 工具栏中单击"选项板"按钮 选项板，系统弹出图 4.6.18 所示的"草绘器选项板"对话框；在"草绘器选项板"中选取 多边形 选项卡，此时在列表框中就能找到图 4.6.18 所示的 Lozenge 选项。

图 4.6.17 "保存对象"对话框

图 4.6.18 "草绘器选项板"对话框

4.7 草图的编辑

4.7.1 删除图元

Step1. 在绘图区单击或框选（框选时要框住整个图元）要删除的图元（可看到被选中的图元变红）。

Step2. 按一下键盘上的 Delete 键，所选图元即被删除。

也可采用下面的方法删除图元：在要删除的图元上右击，在系统弹出的快捷菜单中选择 删除(D) 命令。

4.7.2　直线的操纵

Creo 提供了图元操纵功能，可方便地旋转、拉伸和移动图元。

操纵 1 的操作流程：在绘图区，把鼠标指针 移到直线上，按下左键不放，同时移动鼠标（此时鼠标指针变为 ），此时直线以远离鼠标指针的那个端点为圆心转动，如图 4.7.1 所示；达到绘制意图后，松开鼠标左键。

操纵 2 的操作流程：在绘图区，把鼠标指针 移到直线的某个端点上，按下左键不放，同时移动鼠标，此时会看到直线以另一端点为固定点伸缩或转动，如图 4.7.2 所示；达到绘制意图后，松开鼠标左键。

图 4.7.1　直线的操纵 1　　　　　　　图 4.7.2　直线的操纵 2

4.7.3　圆的操纵

操纵 1 的操作流程：把鼠标指针 移到圆的边线上，按下左键不放，同时移动鼠标，此时会看到圆在变大或缩小，如图 4.7.3 所示；达到绘制意图后，松开鼠标左键。

操纵 2 的操作流程：把鼠标指针 移到圆心上，按下左键不放，同时移动鼠标，此时会看到圆随着指针一起移动，如图 4.7.4 所示；达到绘制意图后，松开鼠标左键。

图 4.7.3　圆的操纵 1　　　　　图 4.7.4　圆的操纵 2

4.7.4　圆弧的操纵

操纵 1 的操作流程：把鼠标指针 移到圆弧上，按下左键不放，同时移动鼠标，此时会看到圆弧半径变大或变小，如图 4.7.5 所示；达到绘制意图后，松开鼠标左键。

操纵 2 的操作流程：把鼠标指针 移到圆弧的某个端点上，按下左键不放，同时移动鼠标，此时会看到圆弧以另一端点为固定点旋转，并且圆弧的包角也在变化，如图 4.7.6 所示；达到绘制意图后，松开鼠标左键。

操纵 3 的操作流程：把鼠标指针 移到圆弧的圆心点上，按下左键不放，同时移动鼠标，此时圆弧以某一端点为固定点旋转，并且圆弧的包角及半径也在变化，如图 4.7.7 所示；达到绘制意图后，松开鼠标左键。

操纵 4 的操作流程：单击圆心，然后把鼠标指针 移到圆心上，按下左键不放，同时移动鼠标，此时圆弧随着指针一起移动，如图 4.7.7 所示；达到绘制意图后，松开鼠标左键。

图 4.7.5 圆弧的操纵 1

图 4.7.6 圆弧的操纵 2

图 4.7.7 圆弧的操纵 3 和 4

说明：

● 点和坐标系的操纵很简单，读者不妨自己试一试。

● 同心圆弧的操纵与圆弧基本相似。

4.7.5 样条曲线的操纵与编辑

1. 样条曲线的操纵

操纵 1 的操作流程：如图 4.7.8 所示，把鼠标指针 移到样条曲线的某个端点上，按下左键不放，同时移动鼠标，此时样条线以另一端点为固定点旋转，同时大小也在变化；达到绘制意图后，松开鼠标左键。

操纵 2 的操作流程：如图 4.7.9 所示，把鼠标指针 移到样条曲线的中间点上，按下左键不放，同时移动鼠标，此时样条曲线的拓扑形状（曲率）不断变化；达到绘制意图后，松开鼠标左键。

图 4.7.8 样条曲线的操纵 1

图 4.7.9 样条曲线的操纵 2

2. 样条曲线的高级编辑

样条曲线的高级编辑包括增加插入点、创建控制多边形、显示曲线曲率、创建关联坐标系和修改各点坐标值等。下面说明其操作步骤。

Step1. 单击 按钮，将工作目录设置至 D:\creo6.1\work\ch04.07，打开文件 spline.sec。

Step2. 在图形区中双击图 4.7.10 所示的样条曲线。

Step3. 系统弹出图 4.7.11 所示的"样条"选项卡。修改方法有以下几种。

图 4.7.10 样条曲线

图 4.7.11 "样条"选项卡

- 在"样条"操控板中按下 点 按钮，然后单击样条曲线上的相应点，可以显示并修改该点的坐标值（相对坐标或绝对坐标），如图 4.7.12 所示。

图 4.7.12　样条曲线

- 在操控板中按下 拟合 按钮，可以对样条曲线的拟合情况进行设置。
- 在操控板中按下 文件 按钮，并选取图 4.7.12 所示的坐标系，可生成相对于此坐标系的该样条曲线上所有点的坐标数据文件。
- 在操控板中按下 ⊟ 按钮，可创建控制多边形，如图 4.7.13 所示。如果单击 ✔ 按钮完成编辑，系统将自动对控制多边形标注尺寸。
- 在操控板中按下 ⌒ 或 ⌒，用于显示内插点（图 4.7.12）或控制点（图 4.7.13）。
- 在操控板中按下 ✍ 按钮，可显示样条曲线的曲率分析图，如图 4.7.14 所示，同时操控板上会出现图 4.7.15 所示的调整曲率界面，通过滚动 比例 滚轮可调整曲率线的长度，通过滚动 密度 滚轮可调整曲率线的数量。

图 4.7.13　创建控制多边形

图 4.7.14　显示曲率分析图

- 在样条曲线上需要增加点的位置右击，选择 添加点 命令，便可在该位置增加一个点。

注意： 当样条曲线以内插点的形式显示时，在样条曲线上需要增加点的位置右击，才能弹出 添加点 命令；当样条曲线以控制点的形式显示时，需在控制点连成的直线上右击才能弹出 添加点 命令。

- 在样条曲线上右击需要删除的点，选择 删除点 命令，便可将该点从样条曲线中删除。

Step4. 单击 ✔ 按钮，完成编辑。

图 4.7.15　调整曲率界面

4.7.6 平移、旋转和缩放图元

Step1. 在绘图区单击或框选（框选时要框住整个图元）要比例缩放的图元（可看到选中的图元变绿）。

Step2. 单击 草绘 功能选项卡 编辑 区域中的 ⟳ 按钮，在图形区出现图 4.7.16 所示的图元操作图和图 4.7.17 所示的"旋转调整大小"选项卡。

图 4.7.16 图元操作图

（1）单击选取不同的操纵手柄，可以进行移动、缩放和旋转操纵。

（2）也可以在图 4.7.17 所示的文本框内输入相应的缩放比例和旋转角度值。

（3）单击"旋转调整大小"选项卡中的 ✔ 按钮，确认变化并退出。

图 4.7.17 "旋转调整大小"选项卡

4.7.7 复制图元

Step1. 在绘图区单击或框选（框选时要框住整个图元）要复制的图元，如图 4.7.18 所示（可看到选中的图元变绿）。

Step2. 单击 草绘 功能选项卡 操作 ▾ 区域中的 ▤ 按钮，然后单击 ▤ 按钮。

Step3. 在绘图区单击一点以确定草图放置的位置，图形区出现图 4.7.19 所示的图元操作图和图 4.7.17 所示的"旋转调整大小"选项卡。在复制草图的同时，还可对其进行比例缩放和旋转。

Step4. 单击 ✔ 按钮，完成复制并退出。

图 4.7.18 复制图元

图 4.7.19 操作图

4.7.8 镜像图元

Step1. 在绘图区单击或框选要镜像的图元。

Step2. 单击 草绘 功能选项卡 编辑 区域中的 按钮。

Step3. 系统提示选取一个镜像中心线，选择图 4.7.20 所示的中心线（如果没有可用的中心线，可用绘制中心线的命令绘制一条中心线。这里要特别注意：基准面的投影线看上去像中心线，但它并不是中心线）。

图 4.7.20 图元的镜像

4.7.9 裁剪图元

Step1. 单击 草绘 功能选项卡 编辑 区域中的 按钮。

Step2. 分别单击各相交图元上要去掉的部分，结果如图 4.7.21b 所示。

4.7.10 创建拐角

Step1. 单击 草绘 功能选项卡 编辑 区域中的 按钮。

Step2. 依次单击两个相交图元上要保留的一侧，结果如图 4.7.22b 所示。

说明：如果所选两图元不相交，则系统将对其延伸，并将线段修剪至交点。

a）裁剪前   b）裁剪后   a）裁剪前   b）裁剪后

图 4.7.21 去掉方式   图 4.7.22 创建拐角

4.7.11 分割图元

Step1. 单击 草绘 功能选项卡 编辑 区域中的 按钮。

Step2. 单击一个要分割的图元，如图 4.7.23 所示。系统在单击处断开图元。

如果在此处单击，该圆便在此处断开

图 4.7.23 分割图元

4.7.12 设置线型

"线型"选项可用来设置二维草图的线体，包括线型和颜色。

下面以绘制图4.7.24所示的直线为例，说明线型设置的方法。

Step1. 单击 草绘 功能选项卡中的 设置 ▾ 按钮，在系统弹出的快捷菜单中选择 设置线型 选项，系统弹出图4.7.25所示的"线型"对话框。

图4.7.24 绘制的直线   图4.7.25 "线型"对话框

图4.7.25所示的"线型"对话框中各选项的说明如下。

- 复制自区域：
  - ☑ 样式 下拉列表：可以选取任意一个线型来设置线型名称。
  - ☑ 选择... 按钮：单击此按钮可以在草绘图形区中复制现有的线型。
- 属性区域：
  - ☑ 线型 下拉列表：可以选取其中一种来设置线型。
  - ☑ 颜色按钮：单击此按钮可以在系统弹出的"颜色"对话框中设置所选线的颜色。

Step2. 在复制自区域的 样式 下拉列表中选取中心线选项，此时属性区域的线型下拉列表中自动选取控制线选项。

Step3. 设置颜色。

（1）在属性区域的颜色选项中单击 ■ 按钮，系统弹出图4.7.26所示的"颜色"对话框。

图4.7.26所示的"颜色"对话框中各选项的说明如下。

- 用户定义的区域：选取一种颜色来设置线型颜色。
- 新建(N)... 按钮：单击此按钮，可以从图4.7.27所示的"颜色编辑器"对话框中设置一种颜色来定义线型颜色。

（2）在用户定义的区域的下拉列表中选取"蓝色"按钮来设置线型颜色。

（3）单击 确定 按钮，完成"颜色"的设置。此时在"线型"对话框属性区域的颜色选项的"颜色"按钮变成蓝色，而且复制自区域的 样式 下拉列表自动选取无选项。

Step4. 在"线型"对话框中单击 应用 按钮，然后再单击 关闭 按钮，完成"线型"的设置。

Step5. 在 草绘 选项卡中单击"线链"命令按钮 ⌒线 ▾ 中的 ▾，再单击 ⌒线链 按钮，绘制出图4.7.24所示的直线。该直线的线型为中心线，并且其颜色为蓝色。

说明:

- 如果设置的"线型"不符合要求,可以在"线型"对话框中单击 重置 按钮进行重新设置,或单击 草绘 功能选项卡中的 设置 ▾ 按钮,在系统弹出的快捷菜单中选择 清除线型 选项,清除已经设置的"线型"后再重新设置。

- 设置完"线型"后,无论在工具栏中选取什么绘图按钮,绘出的图形都将以设置的线型和颜色输出,并且设置一次"线型"只能使用一种线型和颜色,涉及更改线型和颜色时,必须重新设置"线型"。

图 4.7.26 "颜色"对话框

图 4.7.27 "颜色编辑器"对话框

4.8 草图的诊断

Creo 6.0 提供了诊断草图的功能,包括诊断图元的封闭区域、开放区域、重叠区域及诊断图元是否满足相应的特征要求。

4.8.1 着色封闭环

"着色封闭环"命令用预定义的颜色将图元中封闭的区域进行填充,非封闭的区域图元无变化。

下面举例说明"着色封闭环"命令的使用方法。

Step1. 单击 主页 选项卡中的 ☑ 按钮,将工作目录设置至 D:\creo6.1\work\ch04.08,打开文件 sketch_diagnose.sec。

Step2. 单击 草绘 功能选项卡 检查 ▾ 区域中的 ⊞ 按钮,系统自动在图 4.8.1b 所示的圆内侧填充颜色。

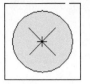

a）着色封闭环前　　　　　b）着色封闭环后

图 4.8.1　着色封闭环

说明：

- 当绘制的图形不封闭时，草图将无任何变化；若草图中有多个封闭环时，系统将在所有封闭的图形中填充颜色；如果用封闭环创建新图元，则新图元将自动着色显示；如果草图中存在几个彼此包含的封闭环，则最外的封闭环被着色，而内部的封闭环将不着色。

- 对于具有多个草绘器组的草绘，识别封闭环的标准可独立适用于各个组。所有草绘器组的封闭环的着色颜色都相同。

- 如果想设置系统默认的填充颜色，选择"文件"下拉菜单中的 文件 ➡ 选项 命令，在系统弹出的"Creo Parametric 选项"对话框中选择 系统外观 选项，即可进入系统颜色设置界面；单击 ▶ 草绘器 折叠按钮，在 ■ ▼ 着色封闭环 选项的 ■ ▼ 按钮上单击，就可以在系统弹出的列表中选取各种系统设置的颜色。

Step3. 再次单击"着色封闭环"按钮，使其处于弹起状态，退出对封闭环的着色。

4.8.2　加亮开放端点

"加亮开放端点"命令用于检查图元中所有开放的端点，并将其加亮。

下面举例说明"加亮开放端点"命令的使用方法。

Step1. 将工作目录设置至 D:\creo6.1\work\ch04.08，打开文件 sketch_diagnose.sec。

Step2. 选择命令。单击 草绘 功能选项卡 检查 ▼ 区域中的 按钮，系统自动加亮图 4.8.2b 所示的各个开放端点。

说明：

- 构造几何的开放端不会被加亮。

- 在"加亮开放端点"诊断模式中，所有现有的开放端均加亮显示。

- 如果用开放端创建新图元，则新图元的开放端自动着色显示。

Step3. 再次单击 按钮，使其处于弹起状态，退出对开放端点的加亮。

4.8.3 重叠几何

"重叠几何"命令用于检查图元中所有相互重叠的几何（端点重合除外），并将其加亮。下面举例说明"重叠几何"命令的使用方法。

Step1. 将工作目录设置至 D:\creo6.1\work\ch04.08，打开文件 sketch_diagnose.sec。

Step2. 选择命令。单击 草绘 功能选项卡 检查 ▼ 区域中的 按钮，系统自动加亮图 4.8.3 所示的重叠的图元。

a）加亮开放端前   b）加亮开放端后

图 4.8.2　加亮开放端

交叉的两条线已被加亮

图 4.8.3　加亮重叠部分

说明：

- 加亮重叠几何 按钮不保持活动状态。
- 若系统默认的颜色不符合要求，可以选择"文件"下拉菜单中的 文件 ➡ 选项 命令，在系统弹出的"Creo Parametric 选项"对话框中选择 系统外观 选项；单击 ▼ 图形 按钮，在 ■ ▼ 边突出显示 选项的 ■ ▼ 按钮上单击，就可以在系统弹出的列表中选取各种系统设置的颜色。

Step3. 再次单击 按钮，使其处于弹起状态，退出对重叠几何的加亮。

4.8.4 特征要求

"特征要求"命令用于检查图元是否满足当前特征的设计要求。需要注意的是，该命令只能在零件模块的草绘环境中才可用。

下面举例说明"特征要求"命令的使用方法。

Step1. 在零件模块的拉伸草绘环境中绘制图 4.8.4 所示的图形组。

Step2. 单击 草绘 功能选项卡 检查 ▼ 区域（图 4.8.5）中的 按钮，系统弹出图 4.8.6 所示的"特征要求"对话框。

图 4.8.6 所示的"特征要求"对话框的"状况"列表中各符号的说明如下。

✓——表示满足零件设计要求。

❶——表示不满足零件设计要求。

△——表示满足零件设计要求，但是对草绘进行简单的改动就有可能不满足零件设计要求。

图 4.8.4　绘制的图形组　　　　图 4.8.5　"检查"区域　　　　图 4.8.6　"特征要求"对话框

Step3. 单击 关闭 按钮，把"特征要求"对话框状态列表中带 ❶ 和 △ 的选项进行修改。由于在零件模块中才涉及修改，这里就不详细叙述，具体修改步骤请参照第 5 章中关于零件模块的内容。

4.9　草图的标注

4.9.1　草图标注概述

在绘制截面的几何图元时，系统会及时自动地产生尺寸，这些尺寸被称为"弱"尺寸。系统在创建和删除它们时并不给予警告，但用户不能手动删除，"弱"尺寸显示为青色。用户还可以按设计意图增加尺寸以创建所需的标注布置，这些尺寸称为"强"尺寸。增加"强"尺寸时，系统自动删除多余的"弱"尺寸和约束，以保证截面的完全约束。在退出草绘环境之前，把截面中的"弱"尺寸变成"强"尺寸是一个很好的习惯，这样可确保系统在没有得到用户的确认前不会删除这些尺寸。

4.9.2　标注线段长度

Step1. 单击 草绘 功能选项卡 尺寸 ▼ 区域中的 尺寸 按钮。

说明：本书中的 尺寸 按钮在后文中将简化为 ↔ 按钮。

Step2. 选取要标注的图元。单击位置 1 以选择直线，如图 4.9.1 所示。

Step3. 确定尺寸的放置位置。在位置 2 单击鼠标中键以放置尺寸。

4.9.3　标注两条平行线间的距离

Step1. 单击 草绘 功能选项卡 尺寸 ▼ 区域中的 ↔ 按钮。

Step2. 分别单击位置 1 和位置 2 以选择两条平行线，中键单击位置 3 以放置尺寸，如图 4.9.2 所示。

图 4.9.1　线段长度尺寸的标注　　　　图 4.9.2　平行线距离的标注

4.9.4　标注一点和一条直线之间的距离

Step1. 单击 草绘 功能选项卡 尺寸 ▾ 区域中的 ↔ 按钮。

Step2. 单击位置 1 以选择一点，单击位置 2 以选择直线；中键单击位置 3 以放置尺寸，如图 4.9.3 所示。

4.9.5　标注两点间的距离

Step1. 单击 草绘 功能选项卡 尺寸 ▾ 区域中的 ↔ 按钮。

Step2. 分别单击位置 1 和位置 2 以选择两点，中键单击位置 3 以放置尺寸，如图 4.9.4 所示。

图 4.9.3　点、线间距离的标注　　　　图 4.9.4　两点间距离的标注

4.9.6　标注直径

Step1. 单击 草绘 功能选项卡 尺寸 ▾ 区域中的 ↔ 按钮。

Step2. 分别单击位置 1 和位置 2 以选择圆上两点，中键单击位置 3 以放置尺寸，如图 4.9.5 所示，或者双击圆上的某一点如位置 1 或位置 2，然后中键单击位置 3 以放置尺寸。

注意：在草绘环境下不显示直径 Φ 符号。

4.9.7　标注对称尺寸

Step1. 单击 草绘 功能选项卡 尺寸 ▾ 区域中的 ↔ 按钮。

Step2. 选择点 1，选择对称中心线上的任意一点 2，再次选择点 1；中键单击位置 3 以放置尺寸，如图 4.9.6 所示。

4.9.8 标注半径

Step1. 单击 草绘 功能选项卡 尺寸 ▼ 区域中的 |↔| 按钮。

Step2. 单击位置 1 选择圆上一点，中键单击位置 2 以放置尺寸，如图 4.9.7 所示。

注意： 在草绘环境下不显示半径 R 符号。

图 4.9.5 直径的标注　　　　图 4.9.6 对称尺寸的标注　　　　图 4.9.7 半径的标注

4.9.9 标注两条直线间的角度

Step1. 单击 草绘 功能选项卡 尺寸 ▼ 区域中的 |↔| 按钮。

Step2. 分别在两条直线上选择点 1 和点 2；中键单击位置 3 以放置尺寸（锐角，图 4.9.8），或中键单击位置 4 以放置尺寸（钝角，图 4.9.9）。

4.9.10 标注圆弧角度

Step1. 单击 草绘 功能选项卡 尺寸 ▼ 区域中的 |↔| 按钮。

Step2. 分别选择弧的端点 1、端点 2 及弧上一点 3；中键单击位置 4 以放置尺寸，然后选中图 4.9.10 所示的弧长尺寸，在系统弹出的快捷菜单中选择 🔾 命令，如图 4.9.10 所示。

图 4.9.8 锐角的标注　　　　图 4.9.9 钝角的标注　　　　图 4.9.10 标注圆弧角度

4.9.11 标注周长

下面以圆和矩形为例，介绍标注周长的一般方法。

1. 标注圆的周长

Step1. 单击 草绘 功能选项卡 尺寸 ▾ 区域中的 按钮。

Step2. 此时系统弹出"选择"对话框，选择图 4.9.11a 所示的轮廓，单击"选择"对话框中的 确定 按钮；选择图 4.9.11a 所示的尺寸，此时系统在图形中显示出周长尺寸。结果如图 4.9.11b 所示。

说明： 当添加上周长尺寸，系统将直径尺寸转变为一个变量尺寸，此时的变量尺寸是不能进行修改的。

a）标注前　　　　　　　　　　　　b）标注后

图 4.9.11　圆周长标注

2. 标注矩形的周长

Step1. 单击 草绘 功能选项卡 尺寸 ▾ 区域中的 按钮。

Step2. 此时系统弹出"选择"对话框，按住 Ctrl 键，选择图 4.9.12a 所示的轮廓，单击"选择"对话框中的 确定 按钮；选择图 4.9.12a 所示的尺寸，此时系统在图形中显示出周长尺寸。结果如图 4.9.12b 所示。

a）标注前　　　　　　　　　　　　b）标注后

图 4.9.12　矩形周长标注

4.10　修改尺寸标注

4.10.1　移动尺寸

Step1. 单击 草绘 功能选项卡 操作 ▾ 区域中的 。

Step2. 单击要移动的尺寸文本。选中后，可看到尺寸变绿。

Step3. 按下左键并移动鼠标，将尺寸文本拖至所需位置。

4.10.2 将"弱"尺寸转换为"强"尺寸

退出草绘环境之前，将截面中的"弱"尺寸加强是一个很好的习惯，那么如何将"弱"尺寸变成"强"尺寸呢？

操作方法如下。

Step1. 在绘图区选取要加强的"弱"尺寸（呈青色）。

Step2. 右击，在系统弹出的快捷菜单中选择 强⑤ 命令，此时可看到所选的尺寸由青色变为蓝色，说明已经完成转换。

注意：

- 在整个 Creo 软件中，每当修改一个"弱"尺寸值，或在一个关系中使用它时，该尺寸就自动变为"强"尺寸。

- 加强一个尺寸时，系统按四舍五入原则对其取整到系统设置的小数位数。

4.10.3 控制尺寸的显示

可以用下列方法之一打开或关闭尺寸显示。

- 单击"视图控制"工具栏中的 按钮，在系统弹出的菜单中选中或取消选中 ☑ 尺寸显示 复选框。

- 选择"文件"下拉菜单中的 文件 ➡️ 选项 命令，系统弹出"Creo Parametric 选项"对话框；单击其中的 草绘器 选项，然后选中或取消选中 ☑ 显示尺寸 和 ☑ 显示弱尺寸 复选框，从而打开或关闭尺寸和弱尺寸的显示。

- 要禁用默认尺寸显示，需将配置文件 config.pro 中的变量 sketcher_disp_dimensions 设置为 no。

4.10.4 修改尺寸值

有两种方法可修改标注的尺寸值。

方法一：

Step1. 单击中键，退出当前正在使用的草绘或标注命令。

Step2. 在要修改的尺寸（如 2.22）文本上双击，此时出现图 4.10.1b 所示的尺寸修正框 2.22 。

Step3. 在尺寸修正框 2.22 中输入新的尺寸值（如 1.80）后，按 Enter 键完成修改，如图 4.10.1c 所示。

Step4. 重复步骤 Step2 和 Step3，修改其他尺寸值。

a）修改前　　　　　　　b）修改中　　　　　　　c）修改后

图 4.10.1　修改尺寸值

方法二：

Step1. 单击 草绘 功能选项卡 操作 ▼ 区域中的 ▷ 。

Step2. 单击要修改的尺寸文本，此时尺寸颜色变绿（按下 Ctrl 键可选取多个尺寸目标）。

Step3. 单击 草绘 功能选项卡 编辑 区域中的 ⇗ 按钮，此时出现图 4.10.2 所示的"修改尺寸"对话框，所选取的每一个目标尺寸值和尺寸参数（如 sd1、sd2 等 sd＃系列的尺寸参数）都出现在"尺寸"列表中。

图 4.10.2　"修改尺寸"对话框

Step4. 在尺寸列表中输入新的尺寸值。

注意： 也可以单击并拖移尺寸值旁边的旋转轮盘。要增加尺寸值，向右拖移；要减少尺寸值，则向左拖移。在拖移该轮盘时，系统会自动更新图形。

Step5. 修改完毕后，单击 确定 按钮。系统再生截面并关闭对话框。

4.10.5　输入负尺寸

在修改线性尺寸时，可以输入一个负尺寸值，它会使几何改变方向。在草绘环境中，负号总是出现在尺寸旁边，但在"零件"模式中，尺寸值总以正值出现。

可以在"草绘器"设置界面中指定尺寸值的默认小数位数。

Step1. 选择"文件"下拉菜单中的 文件 ➡ 选项 命令，系统弹出"Creo Parametric 选项"对话框，单击其中的 草绘器 选项。

Step2. 在 精度和敏感度 区域的 尺寸的小数位数: 文本框中输入一个新值，单击 确定 按钮，系统接受该变化并关闭对话框。

注意：增加尺寸时，系统将数值四舍五入到指定的小数位数。

4.10.6 替换尺寸

可以用新的尺寸替换草绘环境中现有的尺寸，以便使新尺寸保持原始的尺寸参数（sd#）。当要保留与原始尺寸相关的其他数据时（如在"草图"模式中添加了几何公差符号或额外文本），替换尺寸非常有用。

其操作方法如下。

Step1. 选中要替换的尺寸，右击，在系统弹出的快捷菜单中选择 命令，选取的尺寸即被删除。

Step2. 创建一个新的相应尺寸。

4.11 草图中的几何约束

按照工程技术人员的设计习惯，在草绘时或草绘后，希望对绘制的草图增加一些平行、相切、相等和共线等约束来帮助定位几何，Creo 系统可以很容易地做到这一点。下面对约束进行详细的介绍。

4.11.1 约束的显示

1. 约束的屏幕显示控制

单击"视图控制"工具栏中的 按钮，在系统弹出的菜单中选中或取消选中 ☑ 约束显示 复选框，即可控制约束符号在屏幕中的显示或关闭。

2. 约束符号颜色含义

- 约束：显示为蓝色。
- 鼠标指针所在的约束：显示为淡绿色。
- 选定的约束（或活动约束）：显示为绿色。
- 锁定约束：放在一个圆中。
- 禁用约束：用一条直线穿过约束符号。

3. 各种约束符号列表

各种约束的显示符号见表 4.11.1。

表 4.11.1 约束符号列表

约 束 名 称	约束显示符号
中点	⊁
重合	⊘
水平图元	—
竖直图元	│
相切图元	⊘
垂直图元	⊥
平行线	//
相等图元	=
对称	⊹
共线	/
使用边	⏜

4.11.2 约束的禁用、锁定与切换

在绘制图元过程中，系统经常会自动进行约束并显示约束符号。例如：绘制直线时，在定义直线的起点时，如果将鼠标指针移至一个圆弧附近，系统自动将直线的起点与圆弧线对齐，并显示对齐约束符号（小圆圈）。此时，如果：

● 右击，会出现锁定的符号（图 4.11.1），表示对齐约束被"锁定"，即直线的起点只能在圆弧上。

● 右击，对齐约束符号（小圆圈）上被画上斜线（图 4.11.2），表示对齐约束被"禁用"，即对齐约束不起作用。如果再次右击，"禁用"被取消。

● 按住 Shift 键绘制图元，系统将不会捕捉任何约束。

图 4.11.1 约束的"锁定"　　　　图 4.11.2 约束的"禁用"

在绘制图元过程中，当出现多个约束时，只有一个约束处于活动状态，其约束符号以

亮颜色（绿色）显示；其余约束为非活动状态，其约束符号以青色显示。只有活动的约束可以被"禁用"或"锁定"。用户可以使用 Tab 键，轮流将非活动约束"切换"为活动约束，这样用户就可以将多个约束中的任意一个约束设置为"禁用"或"锁定"。例如，在绘制图 4.11.3 中的直线 1 时，当直线 1 的起点定义在圆弧上后，在定义直线 1 的终点时，若其终点位于直线 2 上的某处，则系统会同时显示三个约束：第一个约束是直线 1 的终点与直线 2 的对齐约束；第二个约束是直线 1 与直线 3 的平行约束；第三个约束是直线 1 与圆弧的相切约束。图 4.11.3 中当前显示平行约束符号为亮颜色（绿色），表示该约束为活动约束，故可以将该平行约束设置为"禁用"或"锁定"。如果按键盘上的 Tab 键，可以轮流将其余两个约束"切换"为活动约束，然后将其设置为"禁用"或"锁定"。

图 4.11.3　约束的"切换"

4.11.3　Creo 软件所支持的约束种类

Creo 所支持的约束种类见表 4.11.2。

表 4.11.2　Creo 所支持的约束种类

按　　钮	约　　束
$+$	使直线或两点竖直
$+$	使直线或两点水平
$\perp$	使两直线图元垂直
$\mathcal{Q}$	使两图元（圆与圆、直线与圆等）相切
$\diagdown$	把一点放在线的中间
$\multimap$	使两点、两线重合，或使一个点落在直线或圆等图元上
$+\mid\leftarrow$	使两点或顶点对称于中心线
$=$	创建相等长度、相等半径或相等曲率
$/\!/$	使两直线平行

4.11.4　创建约束

下面以图 4.11.4 所示的相切约束为例，说明创建约束的步骤。

Step1. 单击 草绘 功能选项卡 约束 ▾ 区域中的 $\mathcal{Q}$ 按钮（图 4.11.5）。

图 4.11.4　图元的相切约束

图 4.11.5　"约束"区域

Step2. 系统在信息区提示 选择两图元使它们相切，分别选取直线和圆。此时系统按创建的约束更新截面，并显示约束符号。如果不显示约束符号，单击"视图控制"工具栏中的 按钮，在系统弹出的菜单中选中 ☑ 约束显示 复选框，可显示约束。

Step3. 重复步骤 Step1 和 Step2，可创建其他的约束。

4.11.5　删除约束

Step1. 单击要删除的约束的显示符号（如上例中的），选中后，约束符号的颜色变绿。

Step2. 右击，在系统弹出的快捷菜单中选择 删除① 命令（或按下 Delete 键），系统删除所选的约束。

说明： 删除约束后，系统会自动增加一个约束或尺寸，以使截面图形保持全约束状态。

4.11.6　解决约束冲突

当增加的约束或尺寸与现有的约束或"强"尺寸相互冲突或多余时，例如在图 4.11.6 所示的草绘截面中添加尺寸 3.8 时（图 4.11.7），系统就会加亮冲突尺寸或约束，并告诉用户删除加亮的尺寸或约束之一；同时系统弹出图 4.11.8 所示的"解决草绘"对话框，利用此对话框可以解决冲突。

其中各选项说明如下。

图 4.11.6　草绘图形

图 4.11.7　添加尺寸

图 4.11.8　"解决草绘"对话框

- 　按钮：撤销刚刚导致截面的尺寸或约束冲突的操作。
- 删除(D)　按钮：从列表框中选择某个多余的尺寸或约束，将其删除。
- 尺寸 > 参考(R)　按钮：选取一个多余的尺寸，将其转换为一个参照尺寸。
- 解释(E)　按钮：选择一个约束，获取约束说明。

4.11.7　操作技巧：使用约束捕捉设计意图

一般用户的习惯是在绘制完毕后，手动创建大量所需的约束，其实在绘制过程中，大量的约束可以由系统自动创建。下面举例说明这个操作技巧，如图 4.11.9 所示，要在圆 A 和直线 B 之间创建一个圆弧。

Step1. 单击"视图控制"工具栏中的 按钮，在系统弹出的菜单中选中 ☑ 约束显示 复选框，打开约束显示。

Step2. 单击"圆弧"命令按钮 弧 中的 3点/相切端 选项，系统提示选取欲绘制圆弧的起点（有时需将信息区拖宽，才会在信息区看到这一提示）。

Step3. 当把鼠标指针移到圆 A 上时，可看到圆上出现圆圈状 （图 4.11.10），表明系统已经捕捉到圆上一点作为圆弧的起点。

图 4.11.9　创建一个圆弧

图 4.11.10　将鼠标指针移到弧线上

Step4.（本步为可选操作，读者不妨也练习一下）在刚才出现小圆圈 时，也可以进行约束锁定操作，右击鼠标，此时会出现锁定的符号（图 4.11.11）。在图形区任意移动鼠标，会发现小圆圈 始终在圆 A 上转动，表明只能在该圆上确定一点，这就是"锁定约束"的概念。

Step5. 单击,接受"点在圆上"这一约束,此时系统便将该点作为圆弧的起点,同时提示选取欲绘制圆弧的终点。

Step6. 移动鼠标指针寻找圆弧的终点(设计意图是想把终点放在直线 B 上),当鼠标指针移到直线 B 上时,直线会加亮,同时出现"重合"约束符号 ◢ (图 4.11.12),表明系统已经捕捉到直线上的一点作为圆弧的终点。

Step7. 沿直线 B 移动,当移到直线的中点位置时,可看到 □ (图 4.11.13),表明系统已经捕捉到直线的中点。

图 4.11.11　进行约束锁定操作

图 4.11.12　捕捉直线

图 4.11.13　移到直线中点

Step8. 在直线上移至某一点处,该点与刚才确定的圆弧的起点大约在同一水平线上,此时可看到"水平"符号—(图 4.11.14),表明系统已捕捉到与起点在同一水平线的直线 B 上的某一点。

Step9. 继续移动鼠标指针,当鼠标指针移到直线的某一端点处时,可看到端点处出现绿色的 □ 符号(图 4.11.15),表明系统已捕捉到该端点。

注意:以上步骤讲的是与直线有关的几种 Creo 系统自动捕捉约束形式,下面以其中的一种形式——圆弧的终点在直线 B 下部的端点上为例,说明系统如何进一步帮助用户捕捉设计意图。

图 4.11.14　捕捉水平线

图 4.11.15　移到直线端点

Step10. 当鼠标指针再次移到直线 B 的下部端点处、端点处出现绿色的 □ 符号时,单击,接受"终点与直线 B 的端点重合"这一约束,此时系统提示选取欲绘制圆弧的中点。

Step11. 随着鼠标指针的不断移动,系统继续自动捕捉许多约束或约束组合。下面说明其中几种情况。

● 如图 4.11.16 所示, = 表示圆弧与圆 A 同半径。

● 如图 4.11.17 所示, ⊥ 表示圆弧与直线垂直。

● 如图 4.11.18 所示, ◢ 表示圆弧与直线相切。

● 如图 4.11.19 所示, = 表示圆弧与圆 A 同半径, ◢ 表示圆弧与直线相切。

图 4.11.16 圆弧与圆 A 同半径　　图 4.11.17 圆弧与直线垂直　　图 4.11.18 圆弧与直线相切

- 如图 4.11.20 所示，━表示圆弧的中心与圆 A 的中心在同一水平线上。
- 如图 4.11.21 所示，❁表示圆弧与圆 A 相切。

图 4.11.19 同半径且相切　　图 4.11.20 中心在同一水平线　　图 4.11.21 圆弧与圆 A 相切

Step12. 当以上某种约束（组合）符合用户的设计要求时，单击，接受显示的约束，完成圆弧的创建。

4.12 锁定/解锁截面尺寸

在草绘截面中，选择一个尺寸（例如在图 4.12.1a 所示的草绘截面中，单击尺寸 2.2），在系统弹出的菜单中选择🔒选项，可以将尺寸锁定。被锁定的尺寸将以深红色显示。当编辑、修改草绘截面时（包括增加、修改截面尺寸），非锁定的尺寸有可能被系统自动删除或修改，而锁定后的尺寸则不会被系统自动删除或修改（但用户可以手动修改锁定的尺寸）。这种功能在创建和修改复杂的草绘截面时非常有用，作为一个操作技巧会经常被用到。

说明：选择尺寸后，右击，在系统弹出的快捷菜单中选择🔒选项，也能锁定尺寸。

a）锁定前　　　　　　　　　　　　　　　　　　　b）锁定后

图 4.12.1 尺寸的锁定

注意：

- 当选取被锁定的尺寸，在系统弹出的菜单中选择🔒选项，此时该尺寸的颜色恢复到以前未锁定的状态。

● 通过设置草绘器选项，可以控制尺寸的锁定。操作方法是：选择"文件"下拉菜单中的 文件 ➡️ 选项 命令，系统弹出"Creo Parametric 选项"对话框，单击其中的 草绘器 选项，在 拖动截面时的尺寸行为 区域中选中 ☑锁定已修改的尺寸 或 ☑锁定用户定义的尺寸 复选框。

4.13　草绘范例 1

与其他二维软件（如 AutoCAD）相比，Creo 的二维截面草图的绘制有自己的方法、规律和技巧。用 AutoCAD 绘制二维图形，通过一步步地输入准确的尺寸，可以直接得到最终需要的图形。而用 Creo 绘制二维图形，一般开始不需要给出准确的尺寸，而是先绘制草图，勾勒出图形的大概形状，然后对草图创建符合工程需要的尺寸布局，最后修改草图的尺寸，在修改时输入各尺寸的准确值（正确值）。由于 Creo 具有尺寸驱动功能，草图在修改尺寸后，图形的大小会随着尺寸而变化。这样绘制图形的方法虽然繁琐，但在实际的产品设计中，它比较符合设计师的思维方式和设计过程。例如，某个设计师现需要对产品中的一个零件进行全新设计，在设计刚开始时，设计师的脑海里只会有这个零件的大概轮廓和形状，所以他会先以草图的形式把它勾勒出来，草图完成后，设计师接着会考虑图形（零件）的尺寸布局和基准定位等，最后设计师根据诸多因素（如零件的功能、零件的强度要求、零件与产品中其他零件的装配关系等）确定零件每个尺寸的最终准确值，从而完成零件的设计。由此看来，Creo 的这种"先绘草图，再改尺寸"的绘图方法是有一定道理的。

范例概述

本范例从新建一个草图开始，详细介绍草图的绘制、编辑和标注的过程。要重点掌握的是绘图前的设置、约束的处理以及尺寸的处理技巧。范例图形如图 4.13.1 所示，其绘制过程如下。

Stage1．新建一个草绘文件

Step1．选择下拉菜单 文件 ➡️ 新建(N) 命令（或单击"新建"按钮 📄 ）。

Step2．系统弹出"新建"对话框，在该对话框中选中 ◉ 📿 草绘 单选项；在 文件名: 后的文本框中输入草图名 spsk1；单击 确定 按钮，即进入草绘环境。

Stage2．绘图前的必要设置

Step1．在 草绘 选项卡中单击 栅格 按钮。

Step2．此时系统弹出"栅格设置"对话框，在 间距: 选项组中选择 ◉ 静态 单选项，然后在 X: 和 Y: 文本框中均输入间距值 10；单击 **确定** 按钮，结束栅格设置。

Step3. 在"视图"工具条中单击"草绘显示过滤器"按钮 ，在系统弹出的菜单中选中 ☑ 栅格显示 复选框，可以在图形区中显示栅格。

Step4. 此时，绘图区中的每一个栅格表示 10 个单位长度。为了便于查看和操作图形，可以滚动鼠标中键滚轮，调整栅格到合适的大小（图4.13.2）。单击"草绘显示过滤器"按钮 ，在系统弹出的菜单中取消选中 □ 栅格显示 复选框，将栅格的显示关闭。

图 4.13.1 范例 1

图 4.13.2 调整栅格到合适的大小

Stage3. 创建草图以勾勒出图形的大概形状

由于 Creo 具有尺寸驱动功能，开始绘图时只需绘制大致的形状即可。

Step1. 单击"视图控制"工具栏中的 按钮，在系统弹出的菜单中取消选中 □ 尺寸显示 复选框，不显示尺寸。

Step2. 单击 草绘 区域中的 中心线 按钮，绘制图 4.13.3 所示的中心线。

Step3. 单击"线链"命令按钮 线 中的 ，再单击 线链 按钮，绘制图 4.13.4 所示的图形。

图 4.13.3 绘制中心线

图 4.13.4 绘制图形

Stage4. 为草图创建约束

Step1. 删除无用的约束。在绘制草图时，系统会自动加上一些无用的约束，如本例中系统自动加上了图 4.13.4 所示的"相等"和"平行"约束。

注意：读者在绘制时，可能没有这两个约束，自动添加的约束取决于绘制时鼠标的走向与停留的位置。

（1）单击 操作 区域中的 按钮。

（2）删除"相等"约束。在图 4.13.4 所示的图形中选取"相等"约束，然后右击，在系统弹出的图 4.13.5 所示的快捷菜单中选择 删除(D) 命令。

（3）删除"平行"约束。在图 4.13.4 所示的图形中选取"平行"约束，然后右击，在系统弹出的快捷菜单中选择 删除(D) 命令。完成操作后，图形如图 4.13.6 所示。

Step2. 添加有用的约束。单击 约束 ▾ 区域中的 ＝ 按钮，然后在图 4.13.6 所示的图形中依次单击线段 1 和线段 2。完成操作后，图形如图 4.13.7 所示。

图 4.13.5　快捷菜单

图 4.13.6　删除无用的约束

Stage5. 调整草图尺寸

Step1. 单击"视图控制"工具栏中的 按钮，在系统弹出的菜单中选中 ☑ 尺寸显示 复选框，打开尺寸显示，此时图形如图 4.13.8 所示。

Step2. 移动尺寸至合适的位置，如图 4.13.9 所示。

图 4.13.7　添加有用的约束

图 4.13.8　打开尺寸显示

图 4.13.9　移动尺寸至合适的位置

Step3. 锁定有用的尺寸标注。

当用户编辑、修改草绘截面时（包括增加、修改截面尺寸），非锁定的尺寸有可能被自动删除或大小自动发生变化，这样很容易使所绘图形的外在形状面目全非或丢失有用的尺寸，因此在修改前，我们可以先锁定有用的关键尺寸。

单击图 4.13.9 所示的图形中有用的尺寸，然后右击，在系统弹出的图 4.13.10 所示的快捷菜单中选择 🔒命令，此时被锁定的尺寸将以红色显示，结果如图 4.13.11 所示。

Step4. 添加新的尺寸，以创建所需的标注布局。

（1）添加第一个角度标注。单击"标注"按钮 ↔，在图 4.13.12 所示的图形中，依次单击中心线和直线 A，中键单击位置 A 以放置尺寸，创建第一个角度尺寸。

（2）添加第二个角度标注。在图 4.13.13 所示的图形中，依次单击中心线和直线 B，中键单击位置 B 以放置尺寸，创建第二个角度尺寸。

图 4.13.10 快捷菜单

图 4.13.11 锁定有用的尺寸标注

图 4.13.12 添加第一个角度标注

图 4.13.13 添加第二个角度标注

Step5. 修改尺寸至最终尺寸。

以草图的方式绘制出大致的形状后，就可以对草图尺寸进行修改，从而使草绘图变成最终的精确图形。

（1）先解锁 Step3 中被锁定的三个尺寸。

（2）在图 4.13.14a 所示的图形中双击要修改的尺寸，然后在系统弹出的文本框中输入正确的尺寸值，并按 Enter 键。

（3）用同样的方法修改其余的尺寸值，使图形最终变成图 4.13.1 所示的图形。

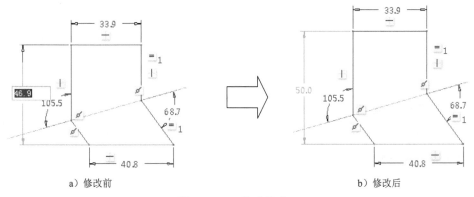

a）修改前   b）修改后

图 4.13.14 修改尺寸

4.14 草绘范例2

范例概述

本范例主要介绍对已有草图的编辑过程，重点讲解用"修剪""延伸"的方法进行草图的编辑。图形如图 4.14.1 所示，其编辑过程如下。

图 4.14.1 范例 2

Stage1. 打开草绘文件

将工作目录设置至 D:\creo6.1\work\ch04.14，打开文件 spsk2.sec。

Stage2. 编辑草图

Step1. 编辑草图前的准备工作。

（1）确认 按钮中的 □ 尺寸显示 复选框处于取消选中状态（即尺寸显示关闭）。

（2）确认 按钮中的 □ 约束显示 复选框处于取消选中状态（即约束显示关闭）。

Step2. 修剪图元。

（1）单击 草绘 功能选项卡 编辑 区域中的 按钮。

（2）按住鼠标左键并拖动，可绘制图 4.14.2a 所示的路径，与此路径相交的部分被剪掉。

a）修剪图元前　　　　　　　　　　　　b）修剪图元后

图 4.14.2 修剪图元

Step3. 延伸修剪图元。

（1）单击 草绘 功能选项卡 编辑 区域中的 按钮。

（2）分别选取图 4.14.3a 中的线段 A 和线段 B，系统便对线段进行延伸以使两线段相交，并将线段修剪至交点。

a）延伸图元前　　　　　　　　　　b）延伸图元后

图 4.14.3　延伸图元

4.15　草绘范例 3

范例概述

本范例主要介绍利用"添加约束"的方法进行草图编辑的过程，其图形如图 4.15.1 所示，编辑过程如下。

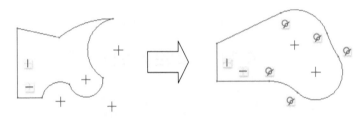

图 4.15.1　范例 3

Stage1．打开草绘文件

将工作目录设置至 D:\creo6.1\work\ch04.15，打开文件 spsk3.sec。

Stage2．编辑草图前的准备工作

Step1. 确认 按钮中的 □ 尺寸显示 复选框处于取消选中状态（即尺寸显示关闭）。

Step2. 确认 按钮中的 ☑ 约束显示 复选框处于选中状态（即显示约束）。

Stage3．处理草图约束（添加约束）

Step1. 单击 草绘 功能选项卡 约束 ▾ 区域中的 按钮。

Step2. 添加相切约束。在图 4.15.2a 所示的图形中添加相切约束。完成操作后，图形如图 4.15.2b 所示。

Step3. 拖动顶点到适当的位置，以便添加相切约束。在 操作 ▾ 区域中单击 按钮，然后在图 4.15.3a 所示的图形中拖动顶点到位置 A。完成操作后，图形如图 4.15.3b 所示。

Step4. 添加相切约束。单击 按钮，在图 4.15.4a 所示的图形中添加相切约束。完成操作后，图形如图 4.15.4b 所示。

图 4.15.2　添加约束　　　　　图 4.15.3　拖动顶点位置

图 4.15.4　添加约束

4.16　草绘范例 4

范例概述

本范例讲解的是草图标注的技巧。在图 4.16.1a 中，标注了圆角圆心到一个顶点的距离值 12.8，如果要将该尺寸变为图 4.16.1b 中的尺寸 17.1，那么就必须先绘制两条构造线及其交点，然后创建尺寸 17.1。操作步骤如下。

图 4.16.1　范例 4

Step1. 将工作目录设置至 D:\creo6.1\work\ch04.16，打开文件 spsk4.sec。

Step2. 调整显示状态，如图 4.16.2 所示。

（1）关闭尺寸显示。取消选中 按钮中的 尺寸显示 复选框。

（2）打开约束符号的显示。选中 按钮中的 约束显示 复选框。

Step3. 单击 草绘 区域中的 点 按钮，创建任意一点 A，如图 4.16.3 所示。

Step4. 将点 A 约束到两条边的交点上，如图 4.16.4 所示。

（1）单击 约束 ▼ 区域中的 按钮。

（2）系统在信息区提示 ➡ 选择要对齐的两图元或顶点. ，先分别选取"点 A"和"边 1"，再分别选取"点 A" 和"边 2"，如图 4.16.4 所示。

图 4.16.2　打开约束符号　　　图 4.16.3　创建点　　　图 4.16.4　创建约束

Step5. 绘制两条直线并将其转化为构造线，如图 4.16.5c 所示。

（1）创建第一条构造线。单击"线链"命令按钮 ∧线 ▼ 中的 ▼ ，再单击 ∧线链 按钮，选取"边 1"的左端点和"点 A"绘制一条直线；选择该直线并右击，从快捷菜单中选择"切换构造"命令 ，将其转化为构造线。

（2）参照步骤（1）的操作，创建另一条构造线。

　　a）绘制直线　　　　　　　b）将直线变成构造线　　　　　　c）结果

图 4.16.5　绘制两条直线并将其转化为构造线

Step6. 选中 按钮中的 ☑ 尺寸显示 复选框，打开尺寸显示。

Step7. 创建尺寸。单击 尺寸 ▼ 区域中的"标注"按钮 ↔ ，分别选取"点 A"和另一顶点，创建尺寸 17.1。

4.17　草绘范例 5

范例概述

本范例主要介绍草图的绘制、编辑和标注的过程，读者要重点掌握约束与尺寸的处理技巧。图形如图 4.17.1 所示，其绘制过程如下。

Stage1. 新建一个草绘文件

Step1. 选择下拉菜单 文件 ➡ 新建 (N) 命令（或单击"新建"按钮 ）。

Step2. 系统弹出"新建"对话框，在该对话框中选中 ⦿ 草绘单选项；在 文件名 后的文本框中输入草图名称 sketch02；单击 确定 按钮，即进入草绘环境。

Stage2. 绘图前的必要设置

Step1. 设置栅格。

（1）在 草绘 选项卡中单击 栅格设置 按钮。

（2）此时系统弹出"栅格设置"对话框，在 间距 选项组中选择 ● 静态 单选项，然后在 X: 和 Y: 文本框中均输入间距值 10；单击 确定 按钮，完成栅格设置。

Step2. 在"视图"工具条中单击"草绘显示过滤器"按钮 ，在系统弹出的菜单中选中 ☑ 栅格显示 复选框，可以在图形区中显示栅格。

Step3. 此时，绘图区中的每一个栅格表示 10 个单位。为了便于查看和操作图形，可以滚动鼠标中键滚轮，调整栅格到合适的大小（图 4.17.2）。单击"草绘器显示过滤器"按钮 ，在系统弹出的菜单中取消选中 □ 栅格显示 复选框，将栅格的显示关闭。

Stage3. 创建草图以勾勒出图形的大概形状

由于 Creo 具有尺寸驱动功能，开始绘图时只需绘制大致的形状即可。

Step1. 单击 草绘 区域中的 中心线 按钮，绘制图 4.17.3 所示的两条中心线（一条水平中心线和一条垂直中心线）。

图 4.17.1　范例 5　　　　　　　　　　　图 4.17.2　调整栅格到合适的大小

Step2. 在 草绘 选项卡中单击"圆"命令按钮 弧 中的 3点/相切端，绘制图 4.17.4 所示的图形。

Step3. 单击"圆角"命令按钮 圆角 中的 圆形，绘制图 4.17.5 所示的圆角。

图 4.17.3　绘制中心线　　　　　图 4.17.4　绘制圆弧　　　　　图 4.17.5　绘制圆角

Stage4. 为草图创建约束

添加重合约束。选中 按钮中的 ☑ 约束显示 复选框，打开约束显示；在图 4.17.6 所示的图形中选取圆心 1 与水平、竖直中心线分别重合，再选取圆心 2 与水平中心线重合。

完成操作后，图形如图 4.17.6 所示。

Stage5. 调整草图尺寸

Step1. 选中 按钮中的 ☑ 尺寸显示 复选框，打开尺寸显示，移动尺寸至合适的位置；单击有用的尺寸，然后右击，在系统弹出的快捷菜单中选择 锁定 命令，其结果如图 4.17.7 所示（深黑色尺寸为锁定尺寸）。

Step2. 单击 尺寸 区域中的"标注"按钮 ↔ ；先标注圆心 2 与垂直中心线的距离，然后标注圆心 3 分别与水平、竖直中心线的距离，此时图形如图 4.17.8 所示。

图 4.17.6 绘制图形 图 4.17.7 锁定有用的尺寸标注

Step3. 双击要修改的尺寸，然后在系统弹出的文本框中输入正确的尺寸值，并按 Enter 键。

用同样的方法修改其余的尺寸值，其结果如图 4.17.9 所示。

图 4.17.8 添加有用的尺寸标注 图 4.17.9 最终图形

4.18 草绘范例 6

范例概述

本范例主要介绍利用"缩放和旋转"及"镜像"命令进行图形编辑的过程。图形如图 4.18.1

所示。

图 4.18.1　范例 6

　　本范例的详细操作过程请参见随书光盘中 video 的语音视频讲解文件。模型文件为 D:\creo6.1\ch04.18\spsk5.sec。

4.19　草绘范例 7

范例概述

　　本范例主要介绍草图的绘制、编辑和标注的过程，读者要重点掌握约束与尺寸的处理技巧。图形如图 4.19.1 所示。

图 4.19.1　范例 7

　　本范例的详细操作过程请参见随书光盘中 video 的语音视频讲解文件。模型文件为 D:\creo6.1\ch04.19\spsk6.sec。

4.20　习　　题

1. 习题 1

绘制并标注图 4.20.1 所示的草图。

2. 习题 2

将工作目录设置至 D:\creo6.1\work\ch04.20，打开文件 exsk2.sec，然后对打开的草图进行编辑，如图 4.20.2 所示。

图 4.20.1 习题 1

a）原图　　　b）结果

图 4.20.2 习题 2

3. 习题 3

绘制并标注图 4.20.3 所示的草图。

4. 习题 4

将工作目录设置至 D:\creo6.1\work\ch04.20，打开文件 exsk4.sec，然后绘制并标注图 4.20.4 所示的草图。

图 4.20.3 习题 3　　　　　图 4.20.4 习题 4

　　学习拓展：扫码学习更多视频讲解。

　　讲解内容：主要包含二维草图的绘制思路、流程与技巧总结，另外还有二十多个来自实际产品设计中草图案例的讲解。形状复杂的钣金壁，其草图往往也十分复杂，掌握高效的草图绘制技巧，有助于提高钣金设计的效率。

第 5 章　零件设计

本章提要　　　零件建模是产品设计的基础，而组成零件的基本单元是特征。本章先介绍用拉伸特征创建一个零件模型的一般操作过程，然后介绍其他一些基本的特征工具，包括旋转、孔、倒角、圆角和抽壳等。主要内容包括：

- 三维建模的管理工具——模型树和层。
- 特征的创建、修改、复制和阵列。
- 特征失败的出现和处理。
- 基准特征（包括基准面、基准轴、基准点、基准曲线和坐标系）的创建。

5.1　三维建模基础

5.1.1　基本的三维模型

一般来说，基本的三维模型是具有长、宽（或直径、半径等）和高的三维几何体。图 5.1.1 中列举了几种典型的基本模型，它们是由三维空间的几个面拼成的实体模型，这些面形成的基础是线，构成线的基础是点。要注意三维几何图形中的点是三维概念的点，也就是说，点需要由三维坐标系（例如笛卡儿坐标系）中的 X、Y、Z 三个坐标值来定义。用 CAD 软件创建基本三维模型的一般过程如下。

（1）选取或定义一个用于定位的三维坐标系或三个垂直的空间平面，如图 5.1.2 所示。

（2）选定一个面（一般称为"草绘平面"），作为二维平面几何图形的绘制平面。

（3）在草绘面上创建形成三维模型所需的截面和轨迹线等二维平面几何图形。

（4）形成三维立体模型。

图 5.1.1　基本三维模型

图 5.1.2　坐标系

注意：三维坐标系其实是由三个相互垂直的平面——xy 平面、xz 平面和 yz 平面构成的（图 5.1.2），这三个平面的交点就是坐标原点，xy 平面与 xz 平面的交线就是 X 轴所在的直线，xy 平面与 yz 平面的交线就是 Y 轴所在的直线，yz 平面与 xz 平面的交线就是 Z 轴所在的直线。这三条直线按笛卡儿右手定则确定方向，就产生了 X 轴、Y 轴和 Z 轴。

5.1.2 复杂的三维模型

图 5.1.3 所示图形是一个由基本的三维几何体构成的较复杂的三维模型。

在目前的 CAD 软件中，对于这类复杂的三维模型有两种创建方法，下面分别予以介绍。

一种方法是布尔运算，通过对一些基本的三维模型做布尔运算（并、交、差）来形成复杂的三维模型。图 5.1.3 中的三维模型的创建过程如下。

（1）用 5.1.1 节介绍的"基本三维模型的创建方法"创建本体 1。

（2）在本体 1 上减去一个半圆柱体，形成切削拉伸 2。

（3）在本体 1 上加上一个扇形实体，形成拉伸 3。

（4）在本体 1 上减去一个截面为弧的柱体，形成倒圆角 4。

（5）在凸台 4 上减去一个圆柱体，形成孔 5。

（6）在凸台 4 上减去一个圆柱体，形成孔 6。

（7）在本体 1 上减去四个圆柱体，形成孔 7。

（8）在本体 1 上减去一个长方体，形成切削拉伸 8。

图 5.1.3 复杂三维模型

这种方法的优点是，无论什么形状的实体都能创建，但其缺点也有不少。

第一，用 CAD 软件创建的所有三维模型将来都要进行生产、加工和装配，以获得真正的产品，所以我们希望 CAD 软件在创建三维模型时，从创建的原理、方法和表达方式上，应该有很强的工程意义（即制造意义）。显然，在用布尔运算的方法创建圆角、倒角、肋（筋）、壳等这类工程意义很强的几何形状时，从创建原理和表达方式来说，其工程意义不是很明确，因为它强调的是点、线、面、体等这些没有什么实际工程意义的术语，以及由这些要素构成的"几何形状"的并、交、差运算。

第二，这种方法的图形和 NC 处理等的计算非常复杂，需要较高配置的计算机硬件，同时用这种方法创建的模型，一般需要得到边界评估的支持来处理图形和 NC 计算等问题。

后面两节将介绍第二种三维模型的创建方法，即"特征添加"的方法。"特征"和"特征添加"的概念和方法，是由美国著名的制造业软件系统供应商 PTC 公司较早提出来的，并将它运用到了 Creo 软件中。

5.1.3　"特征"与三维建模

目前，"特征"或者"基于特征的"这些术语在 CAD 领域中频频出现，在创建三维模型时，人们普遍认为这是一种更直接、更有用的创建表达方式。

下面是一些书中或文献中对"特征"的定义。

- "特征"是表示与制造操作和加工工具相关的形状和技术属性。
- "特征"是需要一起引用的成组几何或者拓扑实体。
- "特征"是用于生成、分析和评估设计的单元。

一般来说，"特征"是构成一个零件或者装配件的单元，虽然从几何形状上看，它也包含作为一般三维模型基础的点、线、面或者实体单元，但更重要的是，它具有工程制造意义，也就是说基于特征的三维模型具有常规几何模型所没有的附加的工程制造等信息。

用"特征添加"方法创建三维模型的好处如下。

- 表达方式更符合工程技术人员的习惯，并且三维模型的创建过程与其加工过程十分相近，软件容易上手和深入。
- 添加特征时，可附加三维模型的工程制造等信息。
- 由于在模型的创建阶段，特征结合于零件模型中，并且采用来自数据库的参数化通用特征来定义几何形状，这样在设计进行阶段就可以很容易地做出一个更为丰富的产品工艺，能够有效地支持下游活动的自动化，如模具和刀具等的准备、加工成本的早期评估等。

下面以图 5.1.4 为例，说明用"特征"创建三维模型的一般过程。

（1）创建或选取作为模型空间定位的基准特征，如基准面、基准线或基准坐标系。

（2）创建基础拉伸特征——本体 1。

（3）添加切削拉伸特征——切削拉伸特征 2。

（4）添加拉伸特征——拉伸特征 3。

（5）添加倒圆角特征——倒圆角特征 4。

（6）添加孔特征——孔特征 5。

（7）添加孔特征——孔特征 6、7。

（8）添加切削拉伸特征——切削拉伸特征 8。

图 5.1.4 复杂三维模型的创建流程

5.2 创建 Creo 零件模型的一般过程

用 Creo 系统创建零件模型，其方法十分灵活，按大的方法分类，有以下几种。

1. "积木"式的方法

这是大部分机械零件的实体三维模型的创建方法。这种方法是先创建一个反映零件主要形状的基础特征，然后在这个基础特征上添加其他的一些特征，如伸出、切槽（口）、倒角和圆角等。

2. 由曲面生成零件的实体三维模型的方法

这种方法是先创建零件的曲面特征，然后把曲面转换成实体模型。

3. 从装配中生成零件的实体三维模型的方法

这种方法是先创建装配体，然后在装配体中创建零件。

本章将主要介绍用第一种方法创建零件模型的一般过程，其他的方法将在后面的章节中陆续介绍。

下面以一个零件——滑块（slide.prt）为例，说明用 Creo 软件创建零件三维模型的一般过程，同时介绍拉伸（Extrude）特征的基本概念及其创建方法。滑块的模型如图 5.2.1 所示。

5.2.1 新建一个零件三维模型

准备工作：将目录 D:\creo6.1\work\ch05.02 设置为工作目录。在后面的章节中，每次新建或打开一个模型文件（包括零件、装配件等）之前，都应先将工作目录设置正确。

新建一个零件模型文件的操作步骤如下。

第二个添加特征：实体切削拉伸特征 ---- 第一个添加特征：实体拉伸特征

---- 基础特征：实体拉伸特征

图 5.2.1　滑块三维模型

Step1. 选择下拉菜单 **文件** ➡ **新建 (N)** 命令（或单击"新建"按钮，如图 5.2.2 所示），系统弹出图 5.2.3 所示的文件"新建"对话框。

Step2. 选择文件类型和子类型。在对话框中选中 类型 选项组中的 ◉ 零件 单选项，选中 子类型 选项组中的 ◉ 实体 单选项。

Step3. 输入文件名。在 文件名: 文本框中输入文件名 slide。

说明：

● 每次新建一个文件时，Creo 会显示一个默认名。如果要创建的是零件，默认名的格式是 prt 后跟一个序号（如 prt0001），以后再新建一个零件，序号自动加 1。

● 在 公用名称 文本框中可输入模型的公共描述，一般设计中不对此进行操作。

Step4. 取消选中 □ 使用默认模板 复选框并选取适当的模板。通过单击 □ 使用默认模板 复选框来取消使用默认模板，然后单击对话框中的 确定 按钮，系统弹出图 5.2.4 所示的"新文件选项"对话框，在"模板"选项组中选取 PTC 公司提供的米制实体零件模型模板 mmns_part_solid（如果用户所在公司创建了专用模板，可用 浏览... 按钮找到该模板），然后单击 确定 按钮，系统立即进入零件的创建环境。

图 5.2.2　"新建"按钮

图 5.2.3　"新建"对话框

图 5.2.4　"新文件选项"对话框

注意： 为了使本书的通用性更强，在后面各个 Creo 模块（包括零件、装配件、工程制图、钣金件和模具设计）的介绍中，无论是范例介绍还是章节练习，当新建一个模型时（包括零件模型、装配体模型和模具制造模型），如未加注明，都是取消选中 □ 使用缺省模板 复选框，而且都是使用 PTC 公司提供的以 mmns 开始的米制模板。

说明： 关于模板及默认模板。

Creo 的模板分为两种类型：模型模板和工程图模板。模型模板分为零件模型模板、装配模型模板和模具模型模板等，这些模板其实都是一个标准 Creo 模型，它们都包含预定义的特征、层、参数、命名的视图、默认单位及其他属性。Creo 为其中各类模型分别提供了两种模板：一种是米制模板，以 mmns 开始，使用米制度量单位；一种是英制模板，以 inlbs 开始，使用英制单位（参见图 5.2.4，图中有系统提供的零件模型的两种模板）。

工程图模板是一个包含创建工程图项目说明的特殊工程图文件。这些工程图项目包括视图、表、格式、符号、捕捉线、注释、参数注释及尺寸，另外 PTC 标准绘图模板还包含三个正交视图。

用户可以根据个人或本公司的具体需要，对模板进行更详细的定制，并可以在配置文件 config.pro 中将这些模板设置成默认模板。

5.2.2　创建一个拉伸特征作为零件的基础特征

基础特征是一个零件的主要轮廓特征，创建什么样的特征作为零件的基础特征比较重要，一般由设计者根据产品的设计意图和零件的特点灵活掌握。本例中，滑块零件的基础特征是一个拉伸（Extrude）特征（图 5.2.5）。拉伸特征是将截面草图沿着草绘平面的垂直方向拉伸而形成的，它是最基本且经常使用的零件建模工具。

1．选取特征命令

进入 Creo 的零件设计环境后，屏幕的绘图区中应该显示图 5.2.6 所示的三个相互垂直的默认基准平面，如果没有显示，可单击"视图控制"工具栏中的 按钮，然后在系统弹出的菜单中选中 ☑ 平面显示 复选框，将基准平面显现出来。

图 5.2.5　"拉伸"示意图　　　　　图 5.2.6　三个默认基准平面

进入 Creo 的零件设计环境后，在软件界面上方会显示图 5.2.7 所示的"模型"功能选项卡。该功能选项卡中包含 Creo 中所有的零件建模工具，特征命令的选取方法一般是单击其中的命令按钮。

5.2.7 "模型"选项卡

下面对图 5.2.7 所示的"模型"选项卡中的各命令按钮区域进行简要说明。

- **操作** 区域：用于针对某个特征的操作，如修改编辑特征、再生特征，复制、粘贴、删除特征等。

- **获取数据** 区域：用于复制当前模型中的几何，使用用户自定义的特征，或从其他外部数据文件中调用特征与几何。

- **基准** 区域：主要用于创建各种基准特征，基准特征在建模、装配和其他工程模块中起着非常重要的辅助作用。

- **形状** 区域：用于创建各种实体（如凸台）、减材料实体（如在实体上挖孔）或普通曲面，所有的形状特征都必须以二维截面草图为基础进行创建。在 Creo 中，同一形状的特征可以用不同方法来创建。比如同样一个圆柱形特征，既可以选择"拉伸"命令（用拉伸的方法创建），也可以选择"旋转"命令（用旋转的方法创建）。

- **工程** 区域：用于创建工程特征（构造特征），工程特征一般建立在现有的实体特征之上，如对某个实体的边添加"倒圆角"。当模型中没有任何实体时，该部分中的所有命令为灰色，表明它们此时不可使用。

- **编辑** 区域：用于对现有的实体特征、基准特征、曲面以及其他几何进行编辑，也可以创建自由形状的实体。

- **曲面** 区域：用于创建各种高级曲面，如边界混合曲面、造型（ISDX）曲面、基于细分曲面算法的自由式曲面等。

- **模型意图** 区域：主要用于表达模型设计意图、参数化设计、创建零件族表、管理发布几何和编辑设计程序等。

本例中需要选择"拉伸"命令，在图 5.2.7 所示的"模型"功能选项卡中单击 拉伸 按钮即可。

说明：本书中的 拉伸 按钮在后文中将简化为 拉伸 按钮。

2. 定义拉伸类型

在选择 拉伸 命令后，屏幕上方出现图 5.2.8 所示的"拉伸"特征操控板。在操控板中按下"实体特征类型"按钮 □（默认情况下，此按钮为按下状态）。

图 5.2.8 "拉伸"特征操控板

说明：利用拉伸工具，可以创建如下几种类型的特征。

- 实体类型：按下操控板中的"实体特征类型"按钮 □，可以创建实体类型的特征。在由截面草图生成实体时，实体特征的截面草图完全由材料填充，并沿草图平面的法向伸展来生成实体，如图 5.2.9 所示。

- 曲面类型：按下操控板中的"曲面特征类型"按钮 □，可以创建一个拉伸曲面。在 Creo 中，曲面是一种没有厚度和重量的片体几何，但通过相关命令操作可变成带厚度的实体，如图 5.2.10 所示。

- 薄壁类型：按下"薄壁特征类型"按钮 □，可以创建薄壁类型特征。在由截面草图生成实体时，薄壁特征的截面草图则由材料填充成均厚的环，环的内侧或外侧或中心轮廓线是截面草图，如图 5.2.11 所示。

图 5.2.9 "实体"特征

图 5.2.10 "曲面"特征

图 5.2.11 "薄壁"特征

- 切削类型：操控板中的"切削特征类型"按钮 □ 被按下时，可以创建切削特征。

一般来说，创建的特征可分为"正空间"特征和"负空间"特征。"正空间"特征是指在现有零件模型上添加材料，"负空间"特征是指在现有零件模型上移除材料，即切削。

如果"切削特征"按钮 被按下，同时"实体特征"按钮 也被按下，则用于创建"负空间"实体，即从零件模型中移除材料。当创建零件模型的第一个（基础）特征时，零件模型中没有任何材料，所以零件模型的第一个（基础）特征不可能是切削类型的特征，因而切削按钮 是灰色的，不能选取。

如果"切削特征"按钮 被按下，同时"曲面特征"按钮 也被按下，则用于曲面的裁剪，即使用正在创建的曲面特征裁剪已有曲面。

如果"切削特征"按钮 被按下，同时"薄壁特征"按钮 及"实体特征"按钮 也被按下，则用于创建薄壁切削实体特征。

3. 定义截面草图

定义特征截面草图的方法有两种：第一种是选择已有草图作为特征的截面草图；第二种是创建新的草图作为特征的截面草图。本例中使用的是第二种方法，操作过程如下。

Step1. 选取命令。单击图 5.2.12 所示的"拉伸"特征操控板中的 放置 按钮，在系统弹出的界面中单击 定义... 按钮（也可在绘图区中按下鼠标右键，直至系统弹出图 5.2.13 所示的快捷菜单时，松开鼠标右键，选择 定义内部草绘... 命令），系统弹出图 5.2.14 所示的"草绘"对话框。

图 5.2.12 "拉伸"特征操控板

图 5.2.13 快捷菜单

图 5.2.14 "草绘"对话框

Step2. 定义截面草图的放置属性。

（1）定义草绘平面。

对草绘平面的概念和有关选项介绍如下。

● 草绘平面是特征截面或轨迹的绘制平面，可以是基准平面，也可以是实体的某个表面。

● 单击 使用先前的 按钮，意味着把先前一个特征的草绘平面及其方向作为本特征的草绘平面和方向。

选取 RIGHT 基准平面作为草绘平面，操作方法如下。

将鼠标指针移至图形区 RIGHT 基准平面的边线或 RIGHT 字符附近，在基准平面的边线外出现绿色加亮边线时单击，即可将 RIGHT 基准平面定义为草绘平面【此时"草绘"对话框中"草绘平面"区域的文本框中显示出"RIGHT：F1（基准平面）"】。

（2）定义草绘视图方向。采用模型中默认的草绘视图方向。

说明：完成 Step2 后，图形区中 RIGHT 基准平面的边线旁边会出现一个黄色的箭头（图5.2.15），该箭头方向表示查看草绘平面的方向。如果要改变该箭头的方向，有三种方法。

方法一：在"草绘"对话框中单击 反向 按钮。

方法二：将鼠标指针移至该箭头上，单击。

方法三：将鼠标指针移至该箭头上，右击，在系统弹出的快捷菜单中选择 反向 命令。

（3）对草绘平面进行定向。此例中，我们按如下方法定向草绘平面。

① 指定草绘平面的参考平面。完成草绘平面选取后，"草绘"对话框的 参考 文本框自动加亮，选取图形区中的 FRONT 基准平面作为参考平面。

② 指定参考平面的方向。单击对话框中 方向 文本框后的 ▼ 按钮，在系统弹出的列表中选择 下 选项；完成这两步操作后，"草绘"对话框的显示如图 5.2.16 所示。

Creo 软件中有许多确定方向的地方，系统在图形区都会有相应的箭头加以明示，应多加留心观察

图 5.2.15 查看方向箭头

图 5.2.16 "草绘"对话框

说明：选取草绘平面后，还必须对草绘平面进行定向。定向完成后，系统即按所指定的定向方位来摆放草绘平面，并进入草绘环境。要完成草绘平面的定向，必须进行下面的操作。

指定草绘平面的参考平面，即指定一个与草绘平面相垂直的平面作为参考。"草绘平面的参考平面"有时简称为"参考平面""参照平面"或"参考"。

指定参考平面的方向，即指定参考平面的放置方位，参考平面可以朝向显示器屏幕的上或下或右侧或左侧。

注意：

● 参考平面必须是平面，并且要求与草绘平面垂直。

● 如果参考平面是基准平面，则参考平面的方向取决于基准平面橘黄色侧面的朝向。

● 这里要注意图形区中的 TOP（顶）、RIGHT（右）和图 5.2.14 中的上、右的区别。模型中的 TOP（顶）、RIGHT（右）是指基准平面的名称，该名称可以随意修改；图 5.2.14 中的上、右是草绘平面的参考平面的放置方位。

● 为参考平面选取不同的方向，则草绘平面在草绘环境中的摆放就不一样。

● 完成 Step2 操作后，当系统获得足够的信息时，系统将会自动指定草绘平面的参考平面及其方向。系统自动指定 TOP 基准平面作为参考，自动指定参考平面的放置方位为"左"。

（4）单击对话框中的 草绘 按钮，系统进入草绘环境。

说明：单击 草绘 按钮后，系统进行草绘平面的定向，使其与屏幕平行，如图 5.2.17 所示。从图中可看到，FRONT 基准平面现在水平放置，并且 FRONT 基准平面的橘黄色的一侧在底部。

Step3. 创建特征的截面草图。

基础拉伸特征的截面草图如图 5.2.18 所示。下面以此为例介绍特征截面草图的一般创建步骤。

图 5.2.17　草绘平面与屏幕平行

图 5.2.18　基础特征的截面草图

（1）定义草绘参考。本例采用系统默认的草绘参考。

说明：在用户的草绘过程中，Creo 会自动对图形进行尺寸标注和几何约束，但系统在自动标注和约束时，必须参考一些点、线、面，这些点、线、面就是草绘参考。进入 Creo 草绘环境后，系统将自动为草图的绘制及标注选取足够的草绘参考。如本例中，系统默认选取了 TOP 和 FRONT 基准平面作为草绘参考。

关于 Creo 的草绘参考，应注意如下几点。

- 查看当前草绘参考：在图形区中右击，在系统弹出的快捷菜单中选择 参考(R)... 选项，系统弹出"参考"对话框，系统在参考列表区列出了当前的草绘参考，如图 5.2.19 所示（该图中的两个草绘参考 FRONT 和 TOP 基准平面是系统默认选取的）。如果用户想添加其他的点、线、面作为草绘参考，可以通过在图形上直接单击来选取。

- 要使草绘截面的参考完整，必须至少选取一个水平参考和一个垂直参考，否则会出现错误警告提示。

- 没有足够的参考来摆放一个截面时，系统会自动弹出图 5.2.19 所示的"参考"对话框，要求用户选取足够的草绘参考。

- 在重新定义一个缺少参考的特征时，必须选取足够的草绘参考。

"**参考**"对话框中的几个选项介绍如下。

- 按钮：用于为尺寸和约束选取参考。单击此按钮后，即可在图形区的二维草绘图形中选取直线（包括平面的投影直线）、点（包括直线的投影点）等作为参考基准。

- 横截面(X) 按钮：单击此按钮，再选取目标曲面，可将草绘平面与某个曲面的交线作为参考。

- 删除(D) 按钮：如果要删除参考，可在参考列表区选取要删除的参考名称，然后单击此按钮。

图 5.2.19 "参考"对话框

（2）设置草图环境，调整草绘区。

操作提示与注意事项如下。

- 将草绘的网格设置为 1。

- 除可以移动和缩放草绘区外，如果用户想在三维空间绘制草图或希望看到模型截面草图在三维空间的方位，可以旋转草绘区。方法是按住鼠标的中键，同时移动鼠标，即可看到图形跟着鼠标旋转。旋转后，单击图 5.2.20 所示的"视图控制"工具栏中的按钮，即可恢复绘图平面与屏幕平行。

- 如果用户不希望屏幕图形区中显示的东西太多，可单击"视图控制"工具栏中的按钮，在系统弹出的菜单中取消选中相应的复选框，将基准轴、基准平面、坐标系、网格等的显示关闭，使图面显得更简洁。

- 在操作中，如果鼠标指针变成圆圈或在当前窗口不能选取有关的按钮或菜单命令时，可单击屏幕上方"快速访问工具栏"中的按钮，将当前窗口激活。如果"快速访问工具栏"中无此按钮，则请读者参考本书第 3 章的有关内容进行设置，或单击 视图 功能选项卡 窗口 ▼ 区域中的 按钮，也能够将当前窗口激活。

图 5.2.20　"视图控制"工具栏

（3）绘制截面草图并进行标注。

① 绘制截面几何图形的大体轮廓。使用 Creo 软件绘制截面草图，开始时没有必要很精确地绘制截面的几何形状、位置和尺寸，只需勾勒截面的大概形状即可。

操作提示与注意事项如下。

- 为了使草绘时的图形显示得更简洁、清晰，并在勾勒截面形状的过程中添加必要的约束，建议在打开约束符号显示的同时关闭尺寸显示。方法如下。

  ☑ 单击"视图控制"工具栏中的 按钮，在系统弹出的菜单中取消选中 □ 尺寸显示 复选框，不显示尺寸。

  ☑ 选中 按钮中的 ☑ 约束显示 复选框，显示约束。

- 在 草绘 选项卡中单击"线链"命令按钮 ∧ 线 ▼ 中的 ，再单击 ∧ 线链 按钮，绘制图 5.2.21 所示的 8 条线段（绘制时不要太在意图中线段的大小和位置，只要大概的形状与图 5.2.21 相似就可以）。

- 单击 草绘 区域中的 中心线 ▼ ，绘制图 5.2.22 所示的中心线。

图 5.2.21　草绘截面的初步图形

图 5.2.22　绘制中心线

② 添加必要的约束。操作提示如下。

a）显示约束。确认 ⊞ 按钮中的 ☑ ↓₈ 约束显示 复选框被选中。

b）删除无用的约束。在绘制草图时，系统会自动添加一些约束，而其中有些是没用的。例如在图 5.2.23a 中，系统自动添加了"垂直"约束（注意：读者在绘制时，可能没有这个约束，这取决于绘制时鼠标的走向与停留的位置）。删除约束的操作方法为：单击 草绘 功能选项卡 操作 ▾ 区域中的 ▶ 按钮，选取图 5.2.23a 中的"垂直"约束 1，然后右击，在系统弹出的图 5.2.24 所示的快捷菜单中选择 删除(D) 命令。用同样的方法删除"垂直"约束 2。

图 5.2.23　删除无用约束

c）在图 5.2.25 所示的"约束"工具栏中添加竖直约束。单击 草绘 功能选项卡 约束 ▾ 区域中的 ┼ 按钮，然后在图 5.2.26a 所示的图形中单击直线 2，此时图形如图 5.2.26b 所示。

图 5.2.24　快捷菜单　　　　　图 5.2.25　"约束"工具栏

图 5.2.26　添加竖直约束

d）添加相等约束。单击 草绘 功能选项卡 约束 ▾ 区域中的 ＝ 按钮，然后在图 5.2.27a 所示的图形中单击直线 8，再单击直线 2，此时图形如图 5.2.27b 所示。

图 5.2.27　添加相等约束

e）添加对齐约束。单击 约束 ▾ 区域中的 ⚏ 按钮，然后在图 5.2.28a 所示的图形中单击中心线，再单击图中的基准面边线，此时图形如图 5.2.28b 所示。

f）添加对称约束。单击 约束 ▾ 区域中的 ↔ 按钮，依次单击图 5.2.29a 所示的中心线及顶点 1 和顶点 2；完成操作后，图形如图 5.2.29b 所示。单击图 5.2.30a 所示的中心线及顶点 3 和顶点 4；接着单击中心线及顶点 5 和顶点 6；完成操作后，图形如图 5.2.30b 所示。

图 5.2.28　添加对齐约束

图 5.2.29　添加对称约束（一）

图 5.2.30　添加对称约束（二）

③ 选中 ⚏ 按钮中的 ☑ ⤢ 尺寸显示 复选框，显示尺寸，并将草图的尺寸移动至适当的位置，如图 5.2.31b 所示。

④ 将符合设计意图的"弱"尺寸转换为"强"尺寸。

作为正确的操作流程，在改变尺寸标注方式之前，应将符合设计意图的"弱"尺寸转换为"强"尺寸，以免用户在改变尺寸标注方式时，系统自动将符合设计意图的"弱"尺寸删掉。将图 5.2.32 所示的三个尺寸转换为"强"尺寸，关于如何将"弱"尺寸转换为"强"尺寸，可参见第 4 章的相关内容。

图 5.2.31　尺寸位置调整　　　　　　图 5.2.32　转换为"强"尺寸

⑤ 改变标注方式，满足设计意图。

a）如图 5.2.33 所示，去掉原尺寸标注 7.4，添加新尺寸标注 24.6。

注意：

- 不要试图手动删除原尺寸标注 7.4，然后添加所需的尺寸。如果此时原尺寸 7.4 是"弱"尺寸，则添加新尺寸 24.6 后，系统会自动将"弱"尺寸 7.4 删除。如果此时原尺寸 7.4 是"强"尺寸，应先添加所需的尺寸标注，此时系统将弹出"解决草绘"提示对话框，其中列出了冲突的尺寸及约束，依次单击对话框中的各列出项，可看到草图中的相应项目变红；在对话框中单击尺寸 7.4，此时草图中的原尺寸 7.4 带边框高亮显示，单击 **删除(D)** 按钮即可删除该尺寸。

图 5.2.33 改变标注方式（一）

b）如图 5.2.34 所示，去掉原尺寸标注 26.4，添加新尺寸标注 52.4。

图 5.2.34 改变标注方式（二）

⑥ 将尺寸修改为设计要求的尺寸。

其操作提示与注意事项如下。

- 尺寸的修改往往安排在建立约束以后进行。

- 修改尺寸前要注意，如果要修改的尺寸的大小与设计目的尺寸相差太大，应该先用图元操纵功能将其"拖到"与目的尺寸相近，然后再双击尺寸，输入目的尺寸。

- 注意修改尺寸时的先后顺序。为防止图形变得很凌乱，应先修改对截面外观影响不大的尺寸（在图 5.2.35a 中，尺寸 24.6 是对截面外观影响不大的尺寸，所以建议先修改此尺寸）。

图 5.2.35 修改尺寸

⑦ 编辑、修剪多余的边线。使用 编辑 区域中的"修剪"按钮 🖍 将草图中多余的边线去掉。为了确保草图正确，建议使用 ⊤ 按钮对图形的每个交点处进行进一步的修剪处理。

⑧ 将截面草图中的所有"弱"尺寸转换为"强"尺寸。

在完成特征截面草图的创建后，将截面草图中剩余的所有"弱"尺寸转换为"强"尺寸，是使用 Creo 软件的一个好习惯。

⑨ 分析当前截面草图是否满足拉伸特征的设计要求。单击 检查 ▾ 区域中的 特征要求 按钮，系统弹出图 5.2.36 所示的"特征要求"对话框，从对话框中可以看出当前的草绘截面拉伸特征的设计要求，单击 关闭 按钮，即可关闭"特征要求"对话框。

（4）单击"草绘"工具栏中的"确定"按钮 ✓ ，完成拉伸特征截面草绘，退出草绘环境。

注意：

● 草绘"确定"按钮 ✓ 的位置一般如图 5.2.37 所示。

● 如果系统弹出图 5.2.38 所示的"未完成截面"错误提示，则表明截面不闭合或截面中有多余、重合的线段，此时可单击 否(N) 按钮，然后修改截面中的错误，完成修改后再单击 ✓ 按钮。

图 5.2.36 "特征要求"对话框　图 5.2.37 "确定"按钮　图 5.2.38 "未完成截面"错误提示

● 绘制实体拉伸特征的截面时，应该注意如下要求。

　☑ 截面必须闭合，截面的任何部位不能有缺口。如图 5.2.39a 所示，如果有缺口，可用"修剪"命令 🖍 将缺口封闭。

　☑ 截面的任何部位不能探出多余的线头，如图 5.2.39b 所示。对较长的多余的线头，用命令 ⊤ 修剪掉。如果线头特别短，即使足够放大也不可见，则必须用命令 ⊤ 修剪掉。

　☑ 截面可以包含一个或多个封闭环，生成特征后，外环以实体填充，内环则为孔。环与环之间不能相交或相切，如图 5.2.39c 和图 5.2.39d 所示；环与环之间也不能有直线（或圆弧等）相连，如图 5.2.39e 所示。

● 曲面拉伸特征的截面可以是开放的，但截面不能有多于一个的开放环。

a) 有缺口

b) 有线头

c) 相交

d) 相切

e) 相连

图 5.2.39　实体拉伸特征的几种错误截面

4．定义拉伸深度属性

Step1．定义深度方向。采用模型中默认的深度方向。

说明：按住鼠标的中键且移动鼠标，可将草图从图 5.2.40 所示的状态旋转到图 5.2.41 所示的状态，此时在模型中可看到一个黄色的箭头，该箭头表示特征拉伸的方向。当选取的深度类型为 ⊟（对称深度）时，该箭头的方向没有太大的意义。如果为单侧拉伸，应注意箭头的方向是否为将要拉伸的深度方向。要改变箭头的方向，有如下几种方法。

图 5.2.40　草绘平面与屏幕平行　　　　图 5.2.41　草绘平面与屏幕不平行

方法一：在操控板中单击深度文本框 216.5 ▼ 后面的按钮 ⅍。

方法二：将鼠标指针移至深度方向箭头上，单击。

方法三：将鼠标指针移至深度方向箭头附近，右击，选择 反向 命令。

方法四：将鼠标指针移至模型中的深度尺寸 216.5 上，右击，系统弹出图 5.2.42 所示的快捷菜单，选择 反向深度方向 命令。

图 5.2.42　深度快捷菜单

Step2．选取深度类型并输入其深度值。在图 5.2.43 所示的"拉伸"操控板中选取深度类型 ⊟（即"对称拉伸"）。

说明：如图 5.2.43 所示，单击操控板中 ⊥ 按钮后的 ▼ 按钮，可以选取特征的拉伸深度类型，各选项说明如下。

图 5.2.43　"拉伸"操控板

- 单击按钮 ⊥ （定值，以前的版本称为"盲孔"），可以创建"定值"深度类型的特征，此时特征将从草绘平面开始，按照所输入的数值（即拉伸深度值）向特征创建的方向一侧进行拉伸。

- 单击按钮 ⊟ （对称），可以创建"对称"深度类型的特征，此时特征将在草绘平面两侧进行拉伸，输入的深度值被草绘平面平均分割，草绘平面两边的深度值相等。

- 单击按钮 ⊥ （到选定的），可以创建"到选定的"深度类型的特征，此时特征将从草绘平面开始拉伸至选定的点、曲线、平面或曲面。

其他几种深度选项的相关说明：

- 当在基础特征上添加其他某些特征时，还会出现下列深度选项。
  - ☑ ⊥ （到下一个）：深度在零件的下一个曲面处终止。
  - ☑ ⊥ （穿透）：特征在拉伸方向上延伸，直至与所有曲面相交。
  - ☑ ⊥ （穿至）：特征在拉伸方向上延伸，直到与指定的曲面（或平面）相交。

- 使用"穿至"类选项时，要考虑下列规则。
  - ☑ 如果特征要拉伸至某个终止曲面，则特征的截面草图的大小不能超出终止曲面（或面组）的范围。
  - ☑ 如果特征应终止于其到达的第一个曲面，需使用 ⊥ （到下一个）选项，使用 ⊥ 选项创建的伸出项不能终止于基准平面。
  - ☑ 使用 ⊥ （到选定的）选项时，可以选择一个基准平面作为终止面。
  - ☑ 如果特征应终止于其到达的最后曲面，需使用 ⊥ （穿透）选项。
  - ☑ 穿至特征与伸出项深度参数无关，修改终止曲面可改变特征深度。

- 对于实体特征，可以选择以下类型的曲面为终止面。
  - ☑ 零件的某个表面，它不必是平面。
  - ☑ 基准面，它不必平行于草绘平面。
  - ☑ 由一个或多个曲面组成的面组。
  - ☑ 在以"装配"模式创建特征时，可以选择另一个元件的几何作为 ⊥ 选项的参考。
  - ☑ 用面组作为终止曲面，可以创建与多个曲面相交的特征，这对创建包含多个终止曲面的阵列非常有用。

- 图 5.2.44 显示了拉伸的有效深度选项。

图 5.2.44　拉伸深度选项示意图

Step3. 定义深度值。在操控板的"深度"文本框 216.5 ▼ 中输入深度值90.0,并按 Enter 键。

5．完成特征的创建

Step1. 特征的所有要素被定义完毕后,单击操控板中的"预览"按钮 ∞,预览所创建的特征,以检查各要素的定义是否正确。预览时,可按住鼠标中键进行旋转查看,如果所创建的特征不符合设计意图,可选择操控板中的相关项,重新定义。

Step2. 预览完成后,单击操控板中的"确定"按钮 ✓,完成特征的创建。

5.2.3 在零件上添加其他特征

1．添加拉伸特征

在创建零件的基本特征后,可以增加其他特征。现在要添加图 5.2.45 所示的实体拉伸特征,其操作步骤如下。

Step1. 单击"拉伸"命令按钮 ◻ 拉伸 。

Step2. 定义拉伸类型。在操控板中按下"实体类型"按钮 ◻ 。

Step3. 定义截面草图。

(1) 在绘图区中右击,从系统弹出的快捷菜单中选择 定义内部草绘... 命令,系统弹出"草绘"对话框。

(2) 定义截面草图的放置属性。

① 设置草绘平面。选取图 5.2.46 所示的模型表面为草绘平面。

② 设置草绘视图方向。采用模型中默认的黄色箭头的方向为草绘视图方向。

图 5.2.45 添加拉伸特征

图 5.2.46 设置草绘平面

③ 对草绘平面进行定向。

a) 指定草绘平面的参考平面。选取草绘平面后,系统自动选择了图 5.2.46 所示的右侧表面为参考平面;为了使模型按照设计意图来摆放,单击图 5.2.47 所示的"草绘"对话框中的 参考 文本框,选择图 5.2.48 所示的模型表面为参考平面。

图 5.2.47　"草绘"对话框

选择此表面
为参考平面

图 5.2.48　重新设置参考平面

b）指定参考平面的方向。在图 5.2.49 所示的"草绘"对话框中选取 上 作为参考平面的方向。

④ 单击"草绘"对话框中的 草绘 按钮，至此，系统进入截面草绘环境。

（3）创建图 5.2.50 所示的特征截面，详细操作过程如下。

① 定义截面草绘参考。在绘图区右击选择 参考(R)... 命令，选取 RIGHT 基准平面和图 5.2.50 所示的边线为草绘参考。

图 5.2.49　"草绘"对话框

图 5.2.50　截面草图

② 为了使草绘时的图形显示得更清晰，在图 5.2.51 所示的"视图控制"工具栏中单击按钮 ，在系统弹出的菜单中选择 消隐 选项，切换到"不显示隐藏线"方式。

	带反射着色	Ctrl+1
带边着色	Ctrl+2
着色	Ctrl+3
消隐	Ctrl+4
隐藏线	Ctrl+5
线框	Ctrl+6

图 5.2.51　"视图控制"工具栏

③ 绘制、标注截面。

a）绘制一条图 5.2.52 所示的垂直中心线。

图 5.2.52 绘制垂直中心线

b）单击 约束 ▾ 区域中的 ⊹ 按钮，然后分别选取图 5.2.53a 中的垂直中心线和两个点，就能将垂直中心线对称到截面草图。

图 5.2.53 添加对称约束

说明：由于基础特征的拉伸类型是"对称"拉伸，在绘制图 5.2.52 所示的垂直中心线时，可以直接画在图 5.2.52 所示的竖直方向参考（RIGHT 基准平面）上，系统会自动捕捉并添加重合约束。

c）使用边线。单击工具栏中的 □投影 按钮；在系统弹出的图 5.2.54 所示的"类型"对话框中选取边线类型 ● 单一(S)；选取图 5.2.55 所示的边线为使用边；关闭对话框，可看到选取的边线上出现"使用边"约束符号 （图 5.2.55），这样这条"使用边"就变成当前截面草图的一部分。

图 5.2.54 "类型"对话框

图 5.2.55 使用边标记

关于"使用边"的补充说明：

● "使用边"类型说明："使用边"分为"单个""链"和"环"三个类型。假如要使用图 5.2.56 中的上、下两条直线段，可先选中 ● 单一(S)，然后逐一选取两条线段；假如要使用图 5.2.57 中相连的两个圆弧和直线线段，可先选中 ● 链(H)，然后选取该"链"中的首尾两个图元——圆弧；假如要使用图 5.2.58 中闭合的两个圆弧和两条直线线段，可先选中 ● 环(L)，然后选取该"环"中的任意一个图元。另外，利用"链"类型也可选择闭合边线中的任意几个相连的图元链。

● 还有一种"偏移使用边"命令（命令按钮 □偏移），如图 5.2.59 所示。由图可见，所创建的边线与原边线有一定距离的偏移，偏移方向有相应的箭头表示。

图 5.2.59　偏移使用边

d）绘制图 5.2.50 所示的截面草图，并创建对称约束及相切约束。

e）修剪截面的多余边线。为了确保草图正确，建议使用 按钮对图形的每个交点处进行进一步的修剪处理。

f）修改截面草图的尺寸。

（4）完成截面绘制后，单击"草绘"工具栏中的"确定"按钮 。

Step4. 定义拉伸深度属性。

（1）定义拉伸方向。单击"反向"按钮 ，切换拉伸方向。

（2）选取深度类型。在操控板中选取深度类型 （即"定值拉伸"）。

（3）定义深度值。在操控板的"深度"文本框中输入深度值 30.0。

Step5. 完成特征的创建。

（1）特征的所有要素被定义完毕后，单击操控板中的"预览"按钮 ，预览所创建的特征，以检查各要素的定义是否正确。如果所创建的特征不符合设计意图，则可选择操控板中的相关项，重新定义。

（2）在操控板中单击"确定"按钮 ，完成特征的创建。

注意：我们在上述截面草图的绘制中引用了基础特征的一条边线，这就形成了它们之间的父子关系，则该拉伸特征是基础特征的子特征。在创建和添加特征的过程中，特征的父子关系很重要，父特征的删除或隐含等操作会直接影响到子特征。

2. 添加图 5.2.60 所示的切削拉伸特征

Step1. 单击"拉伸"命令按钮 拉伸，屏幕上方出现"拉伸"操控板。

Step2. 定义拉伸类型。确认"实体"按钮 被按下，并按下操控板中的"移除材料"按钮 。

Step3. 定义截面草图。

（1）选取命令。在操控板中单击 放置 按钮，然后在系统弹出的界面中单击 定义... 按钮，系统弹出"草绘"对话框。

（2）定义截面草图的放置属性。

① 定义草绘平面。选取图 5.2.61 所示的零件表面为草绘平面。

② 定义草绘视图方向。采用模型中默认的黄色箭头方向为草绘视图方向。

③ 对草绘平面进行定向。

a）指定草绘平面的参考面。选取图 5.2.61 所示的拉伸面作为参考平面。

b）指定参考平面的方向。在对话框的"方向"下拉列表中选择 右 作为参考平面的方向。

④ 在"草绘"对话框中单击 草绘 按钮，进入草绘环境。

（3）创建图 5.2.62 所示的截面草绘图形。

图 5.2.60 添加切削拉伸特征

图 5.2.61 选取草绘平面与参考平面

图 5.2.62 截面草绘图形

① 进入截面草绘环境后，接受系统的默认参考。

② 绘制截面几何图形，建立约束并修改尺寸。

③ 完成绘制后，单击"草绘"工具栏中的"确定"按钮 。

Step4. 定义拉伸深度属性。

（1）定义深度方向。本例不进行操作，采用模型中默认的深度方向。

（2）选取深度类型。在操控板中选取深度类型 （即"穿透"）。

Step5. 定义移除材料的方向。采用模型中默认的移除材料方向。

说明：如图 5.2.63 所示，在模型中的圆内可看到一个黄色的箭头，该箭头表示移除材料的方向。为了便于理解该箭头方向的意义，请将模型放大（操作方法是滚动鼠标的中键滑轮），此时箭头位于圆内（见图 5.2.63 所示的放大图）。如果箭头指向圆内，系统会将圆圈内部的材料挖除掉，圆圈外部的材料保留；如果改变箭头的方向，使箭头指向圆外，则系统会将圆圈外部的材料去掉，圆圈内部的材料保留。要改变该箭头方向，有如下几种方法。

图 5.2.63 去除材料的方向

方法一：在操控板中单击"薄壁拉伸"按钮 后面的按钮 。

方法二：将鼠标指针移至深度方向箭头上，单击。

方法三：将鼠标指针移至深度方向箭头上，右击，选择 反向 命令。

Step6. 在操控板中单击"确定"按钮 ，完成切削拉伸特征的创建。

5.2.4 保存 Creo 文件

1. 本例零件模型的保存操作

Step1. 单击"快速访问工具栏"中的按钮 （或选择下拉菜单 文件 ——➡
保存(S) 命令），系统弹出图 5.2.64 所示的"保存对象"对话框，文件名出现在 模型名称 文本框中。

图 5.2.64 "保存对象"对话框

Step2. 单击 确定 按钮。如果不进行保存操作，单击 取消 按钮。

注意：如图 5.2.64 所示，保存模型文件时，建议用户使用现有名称，如果要修改文件的名称，可选择下拉菜单 文件 ——➡ 管理文件(F) ——➡ 重命名(R) 重命名当前对象和子对象。命令来实现。

2. 文件保存操作的几条命令的说明

➤ "保存"
关于"保存"文件的几点说明：

● 如果从进程中（内存）删除对象或退出 Creo 而不保存，则会丢失当前进程中的所有更改。

● 在磁盘上保存模型对象时，Creo 的文件名格式为"对象名.对象类型.版本号"。例如：创建模型 slide，第一次保存时的文件名为 slide.prt.1，再次保存时版本号自动加 1，这样在磁盘中保存对象时，不会覆盖原有的对象文件。

● 新建对象将保存在当前工作目录中；如果是打开的文件，保存时，将存储在原目录中，如果 override_store_back 设置为 no（默认设置），而且没有原目录的写入许可，同时又将配置选项 save_object_in_current 设置为 yes，则此文件将保存在当前目录中。

➢ "保存副本"

选择下拉菜单 文件 ➡ 另存为(A) ➡ 保存副本(A) 保存活动窗口中对象的副本 命令，系统弹出图 5.2.65 所示的"保存副本"对话框，可保存一个文件的副本。

图 5.2.65　"保存副本"对话框

关于保存文件副本的几点说明：

● "保存副本"的作用是保存指定对象文件的副本，可将副本保存到同一目录或不同的目录中，无论哪种情况都要给副本命名一个新的（唯一）名称，即使在不同的目录中保存副本文件，也不能使用与原始文件名相同的文件名。

● "保存副本"对话框允许 Creo 将文件输出为不同格式，以及将文件另存为图像（参见图 5.2.65），这也许是 Creo 设立"保存副本"命令的一个很重要的原因，也是与文件"备份"命令的主要区别所在。

➢ "备份"

选择下拉菜单 文件 ➡ 另存为(A) ➡ 保存备份(B) 将对象备份到当前目录 命令，可对一个文件进行备份。

关于文件备份的几点说明：

● 可将文件备份到不同的目录。

● 在备份目录中备份对象的修正版，重新设置为1。

● 必须有备份目录的写入许可，才能进行文件的备份。

● 如果要备份装配件、工程图或制造模型，则 Creo 在指定目录中保存其所有从属文件。

● 如果装配件有相关的交换组，则备份该装配件时，交换组不保存在备份目录中。

● 如果备份模型后对其进行更改，然后再保存此模型，则变更将被保存在备份目录中。

➢ 文件"重命名"

选择下拉菜单 文件 ➡ 管理文件(F) ➡ 重命名(R) 重命名当前对象和子对象。命令，可对一个文件进行重命名，如图 5.2.66 所示。

关于文件"重命名"的几点说明：

● "重命名"的作用是修改模型对象的文件名称。

● 如果重命名磁盘上的文件，然后根据先前的文件名打开模型（不在内存中），则会出现错误，如在装配件中不能找到零件。

● 如果从非工作目录检索某对象，并重命名此对象，然后保存，它将保存到对其进行检索的原目录中，而不是当前的工作目录中。

图 5.2.66　　"重命名"对话框

5.3　打开 Creo 文件

进入 Creo 软件后，假设要打开名称为 slide 的滑块文件，其操作过程如下。

Step1. 选择下拉菜单 文件 ➡ 管理会话(M) ▸ 选择工作目录(W) 选择工作目录。命令（或单击 主页 选项卡中的 按钮），在系统弹出的"选取工作目录"对话框中将工作目录设置到 D:\creo6.1\work\ch05.03。

Step2. 选择下拉菜单 文件 ➡ 打开(O) 命令（或单击工具栏中的按钮），系统弹出图 5.3.1 所示的"文件打开"对话框。

图 5.3.1　　"文件打开"对话框

Step3. 在文件列表中选择要打开的文件名 slide.prt，然后单击 【打开 ▼】 按钮，即可打开文件，或者双击文件名也可打开文件。

图 5.3.1 所示的"文件打开"对话框中有关按钮的说明如下。

- 如果要列出当前进程中（内存中）的文件，单击按钮🖥在会话中。
- 如果要列出"桌面"中的文件，单击按钮🖥桌面。
- 如果要列出"我的文档"中的文件，单击按钮📁我的文档。
- 如果要列出当前"工作目录"中的文件，单击按钮📂工作目录。
- 如果要列出"系统格式"中的文件，单击按钮📄系统格式。
- 如果要列出"用户格式"中的文件，单击按钮📄用户格式。
- 如果要打开系统自带的人物模型，单击按钮📄Manikin 库。
- 如果要列出收藏夹的文件，单击按钮✳收藏夹。
- 如果要列出"网络"中的文件，单击按钮🖥网络。
- 单击"后退"按钮◀，可以返回到刚才打开的目录。
- 单击"前进"按钮▶，与单击"后退"按钮的结果相反。
- 单击"刷新"按钮↔，刷新当前目录中的内容。
- 在【搜索…】框中输入文件的名称，系统可以根据输入的文件名称，快速从当前目录中过滤当前目录中的文件。
- 单击【组织 ▼】按钮，出现图 5.3.2 所示的选项菜单，可选取相应命令。
- 单击【视图 ▼】按钮，出现图 5.3.3 所示的选项菜单，文件可按简单列表或详细列表显示。

新建文件夹	—— 在当前目录中新建文件夹
重命名	—— 更改指定文件夹的名称
剪切	—— 剪切文件夹或文件
复制	—— 复制文件夹或文件
粘贴	—— 粘贴文件夹或文件
删除	—— 删除文件夹或文件
添加到常用文件夹	—— 添加到常用文件夹

◉ 列表	—— 按简单列表显示
○ 缩略图	—— 按缩略图表示
○ 细节	—— 按细节表示
☑ 显示弹出式查看器	

图 5.3.2 "组织"菜单   图 5.3.3 "视图"菜单

- 单击【工具 ▼】按钮，出现图 5.3.4 所示的选项菜单，可选取相应命令。

默认地址	—— 设置"文件打开"对话框所搜索的默认位置
排序方式 ▶	—— 设置文件显示排序方式
向上一级 Alt+向上键	—— 转到上一级目录
添加到收藏夹	—— 将当前位置添加到收藏夹
从收藏夹移除	—— 将当前位置从收藏夹移除
组织收藏夹	—— 打开"组织收藏夹"对话框
☐ 所有版本	—— 显示文件所有的版本
☑ 显示实例	—— 是否显示实例
调试转储	—— 调试并转储文件

图 5.3.4 "工具"菜单

- 单击 按钮，可打开上下文相关帮助。
- 单击 预览▲ 按钮，可预览要打开的文件。
- 单击 ▶ 文件夹树 按钮，可以打开文件夹的树列表。
- 单击 类型 列表框中的按钮 ▼，可从系统弹出的"类型"列表中选取某种文件类型，这样"文件列表"中将只显示该种文件类型的文件。
- 单击 打开子集... 按钮，以高级视图方式打开模型，仅对装配文件有效。
- 单击 取消 (C) 按钮，放弃打开文件操作。

5.4 拭除与删除 Creo 文件

首先说明：本节中提到的"对象"是一个用 Creo 创建的文件，如草绘、零件模型、制造模型、装配体模型和工程图等。

5.4.1 拭除文件

1. 从内存中拭除未显示的对象

每次选择下拉菜单 文件 ➡ 保存(S) 命令保存对象时，系统都创建对象的一个新版本，并将它写入磁盘。系统对存储的每一个版本连续编号（简称版本号）。例如：对于零件模型文件，其格式为 slide.prt1、slide.prt 2 和 slide.prt3 等。

注意：

- 这些文件名中的版本号（1、2、3 等），只有通过 Windows 操作系统的窗口才能看到，在 Creo 中打开文件时，在文件列表中则看不到这些版本号。
- 如果在 Windows 操作系统的窗口中还是看不到版本号，可进行这样的操作：在 Windows 窗口中选择下拉菜单 组织▼ ➡ 文件夹和搜索选项 命令，如图 5.4.1 所示，在"文件夹选项"对话框的 查看 选项卡中取消选中 □ 隐藏已知文件类型的扩展名 复选框，如图 5.4.2 所示。

图 5.4.1 "工具"下拉菜单

图 5.4.2 "文件夹选项"对话框

如果选择下拉菜单 文件 ➡ ✖关闭(C) 命令（或单击 视图 功能选项卡 窗口 ▼ 区域中的 ✖ 按钮）关闭一个窗口，窗口中的对象便不在图形区显示，但只要工作区处于活动状态，对象仍保留在内存中，则这些对象就被称为"未显示的对象"。

选择下拉菜单 文件 ➡ 管理会话(M) ➡ 拭除未显示的(U) 从此会话中移除不在窗口中的所有对象。 命令后，系统弹出图 5.4.3 所示的"拭除未显示的"对话框，在该对话框中列出未显示对象，单击 确定 按钮，所有的未显示对象将从内存中拭除，但它们不会从磁盘中删除。当参考未显示对象的装配件或工程图仍处于活动状态时，则系统不能拭除该未显示对象。

2．从内存中拭除当前对象

第一种情况：如果当前对象为零件、格式和布局等类型时，选择下拉菜单 文件 ➡ 管理会话(M) ➡ 拭除当前(C) 从此会话中移除活动窗口中的对象。 命令后，系统弹出图 5.4.4 所示的"拭除确认"对话框；单击 是 按钮，当前对象将从内存中拭除，但它们不会从磁盘中删除。

第二种情况：如果当前对象为装配、工程图和模具等类型，选择下拉菜单 文件 ➡ 管理会话(M) ➡ 拭除当前(C) 从此会话中移除活动窗口中的对象。 命令后，系统弹出"拭除"对话框；选取要拭除的关联对象后，单击 是 按钮，则当前对象及选取的关联对象将从内存中被拭除。

图 5.4.3 "拭除未显示的"对话框

图 5.4.4 "拭除确认"对话框

5.4.2 删除文件

1．删除文件的旧版本

使用 Creo 软件创建模型文件时（包括零件模型、装配模型和制造模型等），在最终完成模型的创建后，可将模型文件的所有旧版本删除。

要删除文件的旧版本，需要先将工作目录设置到文件所在的文件夹，选择下拉菜单 文件 ➡ 管理文件(F) ➡ 删除旧版本(O) 删除指定对象除最高版本号以外的所有版本。 命令后，系统弹出图 5.4.5 所示的对话框；单击 是 按钮，系统就会将对象的除最新版本外的所有版本删除。

图 5.4.5 "删除旧版本"对话框

2. 删除文件的所有版本

在设计完成后，可将没有用的模型文件的所有版本删除。

选择下拉菜单 文件 ➡ 管理文件(F) ➡ 删除所有版本(A) 从磁盘删除指定对象的所有版本。命令后，系统弹出

图 5.4.6 所示的"删除所有确认"对话框，单击 是(Y) 按钮，系统就会删除当前对象的所有版本。如果选择删除的对象是族表的一个实例，则实例和普通模型都不能被删除；如果选择删除的对象是普通模型，则将删除此普通模型。

图 5.4.6 "删除所有确认"对话框

5.5 控制模型的显示

在学习本节时，请先将工作目录设置至 D:\creo6.1\work\ch05.05，然后打开模型文件 orient.prt。

在 Creo 中单击 视图 功能选项卡，将进入图 5.5.1 所示的界面。 该选项卡用于控制模型视图和管理文件窗口。

图 5.5.1 "视图"选项卡

下面对图 5.5.1 所示的"视图"选项卡中部分区域的功能按钮进行简要说明。

- **可见性** 区域：用于进入 Creo 中的"层"并对层的可见性进行管理。

- **方向▼** 区域：用于调整模型在图形区中的显示大小，控制模型的显示方位。

- **模型显示** 区域：用于设置模型的外观、显示样式以及对各种视图进行管理。

- **显示▼** 区域：用于控制基准特征和注释的显示与隐藏。

- **窗口▼** 区域：用于激活、关闭和切换文件窗口。

5.5.1 模型的几种显示方式

在 Creo 软件中，模型有六种显示方式，如图 5.5.2 所示。单击图 5.5.3 所示的 **视图** 功能选项卡 **模型显示** 区域中的"显示样式"按钮 ，在系统弹出的菜单中选择相应的显示样式，可以切换模型的显示方式。

a）带反射着色显示方式

b）带边着色显示方式

c）着色显示方式

d）消隐显示方式

e）隐藏线显示方式

f）线框显示方式

图 5.5.2 模型的六种显示方式

- **带反射着色** 显示方式：模型表面为灰色，并以反射的方式呈现另一侧，如图 5.5.2a 所示。

- **带边着色** 显示方式：模型表面为灰色，部分表面有阴影感，高亮显示所有边线，如图 5.5.2b 所示。

- **着色** 显示方式：模型表面为灰色，部分表面有阴影感，所有边线均不可见，如图 5.5.2c 所示。

- **消隐** 显示方式：模型以线框形式显示，可见的边线显示为深颜色的实线，不可见的边线被隐藏起来（即不显示），如图 5.5.2d 所示。

- **隐藏线** 显示方式：模型以线框形式显示，可见的边线显示为深颜色的实线，不可见的边线显示为虚线（在软件中显示为灰色的实线），如图 5.5.2e 所示。

- **线框** 显示方式：模型以线框形式显示，模型所有的边线显示为深颜色的实线，如图 5.5.2f 所示。

说明: 视图 功能选项卡中部分常用的按钮可以在图 5.5.4 所示的"视图控制"工具栏中快速选用。

图 5.5.3　"显示样式"按钮　　　　　　图 5.5.4　"视图控制"工具栏

5.5.2　模型的移动、旋转与缩放

用鼠标可以控制图形区中的模型显示状态。

- 滚动鼠标中键滚轮,可以缩放模型:向前滚,模型缩小;向后滚,模型变大。
- 按住鼠标中键,移动鼠标,可旋转模型。
- 先按住键盘上的 Shift 键,然后按住鼠标中键,移动鼠标可移动模型。

注意:采用以上方法对模型进行缩放和移动操作时,只能改变模型的显示状态,而不能改变模型的真实大小和位置。

5.5.3　模型的定向

1. 关于模型的定向

利用模型"定向"功能可以将绘图区中的模型定向在所需的方位以便查看。例如在图 5.5.5 中,方位 1 是模型的默认方位,方位 2 是在方位 1 的基础上将模型旋转一定的角度而得到的方位,方位 3、4、5 属于正交方位(这些正交方位常用于模型工程图中的视图)。在图 5.5.6 所示的 视图 功能选项卡 方向 ▼ 区域的 下拉列表中单击 重定向 按钮(或单击"视图控制"工具栏中的 按钮,然后在系统弹出的菜单中单击 重定向(0)... 按钮),打开"视图"对话框,通过该对话框对模型进行定向。

a) 方位 1　　　　b) 方位 2　　　　c) 方位 3　　　　d) 方位 4　　　　e) 方位 5

图 5.5.5　模型的几种方位

图 5.5.6　"方向"区域

2. 模型定向的一般方法

常用的模型定向方法为"参考定向"（在图 5.5.7 所示的"视图"对话框"方向"区域中选择 按参考定向 类型）。这种定向方法的原理是：在模型上选取两个正交的参考平面，然后定义两个参考平面的放置方位。以图 5.5.8 所示的模型为例，如果能够确定模型上表面 1 和表面 2 的放置方位，则该模型的空间方位就能完全确定。参考的放置方位有如下几种，如图 5.5.7 所示。

● 前 ：使所选取的参考平面与显示器的屏幕平面平行，方向朝向屏幕前方，即面对操作者。

● 后 ：使参考平面与屏幕平行且朝向屏幕后方，即背对操作者。

● 上 ：使参考平面与显示器屏幕平面垂直，方向朝向显示器的上方，即位于显示器上部。

图 5.5.7 "视图"对话框　　　　图 5.5.8 模型的定向

● 下 ：使参考平面与显示器屏幕平面垂直，方向朝向显示器的下方，即位于显示器下部。

● 左 ：使参考平面与屏幕平面垂直，方向朝左。

● 右 ：使参考平面与屏幕平面垂直，方向朝右。

● 竖直轴 ：选择该选项后，需选取模型中的某个轴线，系统将使该轴线竖直（即垂直于地平面）放置，从而确定模型的放置方位。

- 水平轴：选择该选项，系统将使所选取的轴线水平（即平行于地平面）放置，从而确定模型的放置方位。

3．动态定向

在"方向"区域的 类型 下拉列表中选择 动态定向 选项，系统显示"动态定向"界面，如图 5.5.9 所示。移动界面中的滑块，可以方便地对模型进行移动、旋转与缩放。

4．定向的优先选项

在"方向"区域的 类型 下拉列表中选择 首选项 选项，在系统弹出的图 5.5.10 所示的界面中，可以选择模型的旋转中心和模型默认的方向。在"视图控制"工具栏中按下 按钮，可以控制模型上是否显示旋转符号（模型上的旋转中心符号如图 5.5.11 所示）。模型默认的定向可以是"斜轴测"或"等轴测"，也可以由用户定义。

图 5.5.9　"动态定向"界面　　　　图 5.5.10　"首选项"界面

5．模型视图的保存

模型视图是指模型的定向和显示大小。当将模型视图调整到某种状态后（即某个方位和显示大小），可以将这种视图状态保存起来，以便以后直接调用。

图 5.5.11　模型的旋转中心符号

在"视图"对话框中单击 ⊕ **已保存方向** 标签，系统弹出图 5.5.12 所示的"已保存方向"界面。

- 在上部的列表框中列出了所有已保存视图的名称，其中 `标准方向`、`默认方向`、`BACK`、`BOTTOM` 等为系统自动创建的视图。

- 如果要保存当前视图，可先在 `视图名称:` 文本框中输入视图名称，然后单击 🔲 按钮，新创建的视图名称立即出现在名称列表中。

- 如果要删除某个视图，可在列表中选取该视图名称，然后单击 **■除** 按钮。

- 如果要显示某个视图，可在视图名称列表中双击该视图名称。还有一种快速设置视图的方法，就是单击"视图控制"工具栏中的 📄 按钮，从系统弹出的视图列表中选取某个视图即可，如图 5.5.13 所示。

图 5.5.12　"已保存方向"界面

图 5.5.13　"视图控制"工具栏

6．模型定向的举例

下面介绍图 5.5.8 中模型定向的操作过程。

Step1. 单击"视图控制"工具栏中的 📄 按钮，然后在系统弹出的菜单中单击 `重定向(O)...` 按钮。

Step2. 确定参考 1 的放置方位。

（1）采用默认的方位 **前** 作为参考 1 的方位。

（2）选取模型的表面 1 作为参考 1。

Step3. 确定参考 2 的放置方位。

（1）在下拉列表中选择 **右** 作为参考 2 的方位。

（2）选取模型上的表面 2 作为参考 2，此时系统立即按照两个参考所定义的方位重新对模型进行定向。

Step4. 完成模型的定向后，可将其保存起来以便下次能方便地调用。保存视图的方法是：在对话框的 视图名称: 文本框中输入视图名称 V1，然后单击对话框中的 按钮。

5.6　Creo 的模型树

5.6.1　模型树概述

图 5.6.1 所示为 Creo 的模型树，在新建或打开一个文件后，它一般会出现在屏幕的左侧，如果看不见这个模型树，可在导航选项卡中单击"模型树"标签 ；如果此时显示的是"层树"，则可选择导航选项卡中的 **➡** 模型树(M) 命令。

图 5.6.1　模型树

模型树以树的形式显示当前活动模型中的所有特征或零件，在树的顶部显示根（主）对象，并将从属对象（零件或特征）置于其下。在零件模型中，模型树列表的顶部是零件名称，零件名称下方是每个特征的名称；在装配体模型中，模型树列表的顶部是总装配，总装配下是各子装配和零件，每个子装配下方则是该子装配中的每个零件的名称，每个零件名的下方是零件的各个特征的名称。模型树只列出当前活动的零件或装配模型的特征级与零件级对象，不列出组成特征的截面几何要素（如边、曲面和曲线等）。例如，如果一个基准点特征包含多个基准点图元，模型树中只列出基准点特征标识。

如果打开了多个 Creo 窗口，则模型树内容只反映当前活动文件（即活动窗口中的模型文件）。

5.6.2　模型树界面简介

模型树的操作界面及各下拉菜单命令功能如图 5.6.2 所示。

图 5.6.2　模型树操作界面

注意：选择模型树下拉菜单 中的 保存设置文件 (S)... 命令，可将模型树的设置保存在一个.cfg 文件中，并可重复使用，以提高工作效率。

5.6.3　模型树的作用与操作

1．控制模型树中项目的显示

在模型树操作界面中，选择 → 树过滤器(F)... 命令，系统弹出图 5.6.3 所示的"模型树项"对话框，通过该对话框可控制模型中各类项目是否在模型树中显示。

图 5.6.3　"模型树项"对话框

2. 模型树的作用

（1）在模型树中选取对象。可以从模型树中选取要编辑的特征或零件对象。当要选取的特征或零件在图形区的模型中不可见时，此方法尤为有用。当要选取的特征和零件在模型中禁止选取时，仍可在模型树中进行选取操作。

注意： Creo 野火版的模型树中不列出特征的草绘几何（图元），所以不能在模型树中选取特征的草绘几何。

（2）在模型树中使用快捷命令。右击模型树中的特征名或零件名，可打开一个快捷菜单，从中可选择相对于选定对象的特定操作命令。

（3）在模型树中插入定位符。"模型树"中有一个带红色箭头的标识，该标识指明在创建特征时特征的插入位置。在默认情况下，它的位置总是在模型树列出的所有项目的最后。可以在模型树中将其上下拖动，将特征插入到模型中的其他特征之间。将插入符移动到新位置时，插入符后面的项目将被隐含，这些项目将不在图形区的模型上显示。

5.6.4 模型搜索

利用"模型搜索"功能可以在模型中按照一定的规则搜索、过滤和选取项目，这对于较复杂的模型尤为重要。单击 工具 功能选项卡 调查 ▾ 区域中的"查找"按钮 🔍，系统弹出图 5.6.4 所示的"搜索工具"对话框，通过该对话框可以设定某些规则来搜索模型。执行搜索后，满足搜索条件的项目将会在"模型树"窗口中加亮。如果在图 5.6.2 中选中了 ☑ 突出显示几何 (H) 复选框，对象也会在图形区中加亮显示。

图 5.6.4　"搜索工具"对话框

5.7 Creo 软件中的层

5.7.1 层的基本概念

Creo 提供了一种有效组织模型和管理，诸如基准线、基准面、特征和装配中的零件等要素的手段，这就是"层（Layer）"。通过层，可以对同一个层中的所有共同的要素进行显示、隐藏和选择等操作。在模型中，想要多少层就可以有多少层。层中还可以有层，也就是说，一个层还可以组织和管理其他许多的层。通过组织层中的模型要素并用层来简化显示，可以使很多任务流水线化，并可提高可视化程度，极大地提高工作效率。

层显示状态与其对象一起局部存储，这意味着在当前 Creo 工作区改变一个对象的显示状态，不影响另一个活动对象的相同层的显示，然而装配中层的改变或许会影响到低层对象（子装配或零件）。

5.7.2 进入层的操作界面

有两种方法可进入层的操作界面。

第一种方法：在图 5.7.1 所示的导航选项卡中选择 ⬜⯈ ➡ 层树⒧命令，即可进入图 5.7.2 所示的"层"的操作界面。

第二种方法：单击 视图 功能选项卡 可见性 区域中的"层"按钮 ▤ ，也可进入"层"的操作界面。

通过该操作界面可以操作层、层的项目及层的显示状态。

注意：使用 Creo，当正在进行其他命令操作时（例如正在进行伸出项拉伸特征的创建），可以同时使用"层"命令，以便按需要操作层显示状态或层关系，而不必退出正在进行的命令，再进行"层"操作。图 5.7.2 所示的"层"的操作界面反映了"滑块"零件模型（slide）中层的状态，创建该零件时使用的是 PTC 公司提供的零件模板 `mmns_part_solid`，该模板提供了图 5.7.2 所示的这些预设的层。

进行层操作的一般流程如下。

Step1. 选取活动层对象（在零件模式下无须进行此步操作）。

Step2. 进行"层"操作，比如创建新层、向层中增加项目、设置层的显示状态等。

Step3. 保存状态文件（可选）。

Step4. 保存当前层的显示状态。

Step5. 关闭"层"操作界面。

图 5.7.1　导航选项卡

图 5.7.2　"层"操作界面

5.7.3　选取活动层对象（模型）

在一个总装配（组件）中，总装配和其下的各级子装配及零件下都有各自的层树，所以在装配模式下，在进行层操作前，要明确是在哪一级的模型中进行层操作，要在其上面进行层操作的模型称为"活动层对象"。为此，在进行有关层的新建、删除等操作之前，必须先选取活动层对象。

注意：在零件模式下，不必选取活动层对象，当前工作的零件模型自然就是活动层对象。

例如：打开随书光盘中\creo6.1\work\ch01\目录下的一个名为 cork_driver.asm 的装配，该装配的层树如图 5.7.3 所示。现在如果希望在零件 BODY.PRT 上进行层操作，则需将该零件设置为"活动层对象"，其操作方法如下。

Step1. 在层操作界面中，单击 CORK_DRIVER.ASM （顶级模型，活动的） ▼ 后的 ▼ 按钮。

Step2. 系统弹出图 5.7.4 所示的模型列表，从该列表中选取 BODY.PRT 零件模型。

图 5.7.3　装配的层树　　　　　　　图 5.7.4　选择"活动层对象"

5.7.4　创建新层

Step1. 在层的操作界面中，选择图 5.7.5 所示的 ⊜▾ ➡ 新建层 (N)... 命令。

Step2. 完成上步操作后，系统弹出图 5.7.6 所示的"层属性"对话框。

图 5.7.5　层的下拉菜单　　　　　图 5.7.6　"层属性"对话框

（1）在 名称 后面的文本框中输入新层的名称（也可以接受默认名）。

注意：层是以名称来识别的，层的名称可以用数字或字母数字的形式表示，最多不能超过 31 个字符。在层树中显示层时，首先是数字名称层排序，然后是字母数字名称层排序。字母数字名称的层按字母排序。不能创建未命名的层。

（2）在 层标识: 后面的文本框中输入"层标识"号（名称）。层的"标识"的作用是当将文件输出到不同格式（如 IGES）时，利用其标识，可以识别一个层。

（3）单击 确定(O) 按钮。

5.7.5　将项目添加到层中

层中的内容，如基准线、基准面等，称为层的"项目"。向一个层中添加项目的方法如下。

Step1. 在"层树"中，单击一个欲向其中添加项目的层，然后右击，系统弹出图 5.7.7 所示的快捷菜单；选取该菜单中的 层属性... 命令，系统弹出图 5.7.8 所示的"层属性"对话框。

Step2. 向层中添加项目。首先确认对话框中的 包括... 按钮被按下，然后将鼠标指针移至图形区的模型上，可看到当鼠标指针接触到基准面、基准轴、坐标系和伸出项特征等项目时，相应的项目变成淡绿色，此时单击，相应的项目就会添加到该层中。

Step3. 如果要将项目从层中排除，可单击对话框中的 排除... 按钮，再选取项目列表中的相应项目。

Step4. 如果要将项目从层中完全删除，应先选取项目列表中的相应项目，再单击 移除 按钮。

Step5. 单击 确定(O) 按钮，关闭"层属性"对话框。

注意：

● 如果在装配模式下选取的项目不属于活动模型，则系统弹出图 5.7.9 所示的"放置外部项"对话框。该对话框的 放置外部项 区域中会显示出外部项目所在模型的层的列表。选取一个或多个层名，然后选择对话框下部的选项之一，即可处理外部项目的放置。

图 5.7.7　层的快捷菜单　　　图 5.7.8　"层属性"对话框　　　图 5.7.9　"放置外部项"对话框

● 在工程图模块中，只有将设置文件 drawing.dtl 中的选项 ignore_model_layer_status 设置为 no，项目才可被添加到属于父模型的层上。

5.7.6　设置层的隐藏

可以将某个层设置为"隐藏"状态，这样层中项目（如基准曲线、基准平面）在模型中将不可见。在零件模型以及装配设计中，如果基准面、基准轴比较多而影响当前操作，则可对某些暂时无用的基准面和基准轴进行隐藏，使图形区的模型明了清晰。

层的"隐藏"也叫层的"遮蔽"，设置的方法一般如下。

Step1. 在图 5.7.10 所示的"层树"中，选取要设置显示状态的层，右击，系统弹出图 5.7.11 所示的快捷菜单，在该菜单中选择 隐藏 命令。

Step2. 单击"视图控制"工具栏中的"重画"按钮 🖼，可以在模型上看到"隐藏"层的变化效果。

关于以上操作的几点说明：

● 层的隐藏或显示不影响模型的实际几何形状。

● 对含有特征的层进行隐藏操作，只有特征中的基准和曲面被隐藏，特征的实体几何不受影响。例如：在零件模式下，如果将孔特征放在层上，然后隐藏该层，则只有孔的基准轴被隐藏，但在装配模型中可以隐藏元件。

图 5.7.10 模型的层树　　　　图 5.7.11 快捷菜单

5.7.7 层树的显示与控制

单击层操作界面中的 ▤▾ 下拉菜单，可对层树中的层进行展开、收缩等操作。各命令的功能如图 5.7.12 所示。

图 5.7.12 层的"显示"下拉菜单

5.7.8 关于系统自动创建层

在 Creo 中，当创建某些类型的特征（如曲面特征、基准特征等）时，系统会自动创建新层，如图 5.7.13 所示。新层中包含所创建的特征或该特征的部分几何元素，以后如果创建相同类型的特征，系统会自动将该特征（或其部分几何元素）放入以前自动创建的新层中。

这几个层是系统自动创建的

图 5.7.13　"层"树

注意：对于其二维草绘截面中含有圆弧的拉伸特征，需在系统配置文件 config.pro 中将选项 show_axes_for_extr_arcs 的值设为 yes，图形区的拉伸特征中才显示中心轴线，否则不显示中心轴线。

例如，在用户创建了一个基准平面 DTM1 特征后，系统会自动在层树中创建名为 DATUM 的新层，该层中包含刚创建的基准平面 DTM1 特征，以后如果创建其他的基准平面，系统会自动将其放入 DATUM 层中；又如，在用户创建旋转特征后，系统会自动在层树中创建名为 AXIS 的新层，该层中包含刚创建的旋转特征的中心轴线，以后用户创建含有基准轴的特征（截面中含有圆或圆弧的拉伸特征中均包含中心轴几何）或基准轴特征时，系统会自动将它们放入 AXIS 层中。

5.7.9　将模型中层的显示状态与模型一起保存

将模型中的各层设为所需要的显示状态后，只有将层的显示状态先保存起来，模型中层的显示状态才能随模型的保存而与模型文件一起保存，否则下次打开模型文件后，以前所设置的层的显示状态会丢失。保存层的显示状态的操作方法是选择层树中的任意一个层，右击，在系统弹出的图 5.7.14 所示的快捷菜单中选择 保存状况 命令。

注意：

- 在没有改变模型中的层的显示状态时，保存状况 命令是灰色的。
- 如果没有对层的显示状态进行保存，则在保存模型文件时，系统会在屏幕下部的信息区提示 ⚠警告: 层显示状况未保存. ，如图 5.7.15 所示。

图 5.7.14　快捷菜单

图 5.7.15　信息区的提示

5.8 设置零件模型的属性

5.8.1 概述

在零件模块中，选择下拉菜单 文件 ➡️ 准备(R) ➡️ 编辑模型属性. 命令，系统弹出图 5.8.1 所示的"模型属性"对话框。通过该对话框可以定义基本的数据库输入值，如材料类型、零件精度和度量单位等。

5.8.2 零件模型材料的设置

下面说明设置零件模型材料属性的一般操作步骤。

Step1. 定义新材料。

（1）进入 Creo 系统，随意创建一个零件模型。

（2）选择下拉菜单 文件 ➡️ 准备(R) ➡️ 编辑模型属性. 命令。

（3）在图 5.8.1 所示的"模型属性"对话框中选择 材料 ➡️ 材料 ➡️ 更改 命令，系统弹出"材料"对话框，然后双击 Legacy-Materials 文件夹将其打开，如图 5.8.2 所示。

图 5.8.1 "模型属性"对话框

图 5.8.2 "材料"对话框

（4）在"材料"对话框中单击"创建新材料"按钮 ，系统弹出图 5.8.3 所示的"材料定义"对话框。

图 5.8.3 "材料定义"对话框

（5）在"材料定义"对话框的 名称 文本框中输入材料名称 45steel，然后在其他各区域分别填入材料的一些属性值，如 说明 、 泊松比 和 杨氏模量 等，再单击 保存到模型 按钮。

Step2. 将定义的材料写入磁盘有两种方法。

方法一：

在图 5.8.3 所示的"材料定义"对话框中单击 保存至库(L)... 按钮。

方法二：

（1）在"材料"对话框的 模型中的材料 下拉列表中选取要写入的材料名称，如 c。

（2）在"材料"对话框中单击"保存选定材料的副本"按钮 ，系统弹出图 5.8.4 所示的"保存副本"对话框。

（3）在"保存副本"对话框的 文件名 文本框中输入材料文件的名称，然后单击 确定按钮，材料将被保存到当前的工作目录中。

图 5.8.4　"保存副本"对话框

Step3. 为当前模型指定材料。

（1）在图 5.8.5 所示的"材料"对话框的^{库中的材料}下拉列表中选取所需的材料名称，如先前保存的材料 45steel.mtl。

图 5.8.5　"材料"对话框

（2）在"材料"对话框中单击"将材料分配给模型"按钮，此时材料名称"45steel"被放置到^{模型中的材料}列表中。

（3）在"材料"对话框中单击 确定 按钮。

5.8.3　零件模型单位的设置

每个模型都有一个基本的米制和非米制单位系统，以确保该模型的所有材料属性保持测量和定义的一贯性。Creo 提供了一些预定义单位系统，其中一个是默认单位系统。用户还可以定义自己的单位和单位系统（称为定制单位和定制单位系统）。在进行一个产品的设计前，应该使产品中各元件具有相同的单位系统。

如果要对当前模型中的单位制进行修改（或创建自定义的单位制），可参考下面的操作方法进行。

Step1. 选择下拉菜单 文件 ➡ 准备 (R) ➡ 模型属性 (I) 编辑模型属性. 命令，在系统弹出的"模型属性"对话框中选择 材料 ➡ 单位 ➡ 更改 命令。

Step2. 系统弹出图 5.8.6 所示的"单位管理器"对话框，在单位制选项卡中，箭头指向当前模型的单位系统，用户可以选择列表中的任何一个单位系统或创建自定义的单位系统。选择一个单位系统后，在说明区域会显示所选单位系统的描述。

Step3. 如果要对模型应用其他的单位系统，则需先选取某个单位系统，然后单击 设置... 按钮，此时系统会弹出图 5.8.7 所示的"更改模型单位"对话框，选中其中一个单选项，然后单击 确定 按钮。

图 5.8.6 "单位管理器"对话框

图 5.8.7 "更改模型单位"对话框

Step4. 完成对话框操作后，单击 关闭 按钮。

图 5.8.6 所示的"单位管理器"对话框中各按钮功能的说明如下。

● 设置... 按钮：从单位制列表中选取一个单位制后，再单击此按钮，可以将选取的单位制应用到当前的模型中。

● 新建... 按钮：单击此按钮，可以定义自己的单位制。

● 复制... 按钮：单击此按钮，可以重命名自定义的单位系统。只有在以前保存了定制单位系统，或在单位系统中改变了任何个别单位时，此按钮才可用。如果是预定义单位，将会创建新名称的一个副本。

● 编辑... 按钮：单击此按钮，可以编辑现存的单位系统。只有当单位系统是以前保存的定制单位系统而非 Creo 最初提供的单位系统之一时，此按钮才可用。注意：用户不能编辑系统预定义单位系统。

● 删除 按钮：单击此按钮，可以删除定制单位系统。如果单位系统是以前保存

的定制单位系统而非 Creo 最初提供的单位系统之一，则此按钮可用。注意：用户
不能删除系统预定义单位系统。

● ▐ 信息… ▌按钮：单击此按钮，可以在系统弹出的"信息"对话框中查看有关当前
单位系统的基本单位和尺寸信息，以及有关从当前单位系统衍生的单位的信息。
在该"信息"对话框中，可以保存、复制或编辑所显示的信息。

图 5.8.7 所示的"更改模型单位"对话框中各单选项的说明如下。

● ◉ 转换尺寸（例如 1″ 变为 25.4mm）单选项：选中此单选项，系统将转换模型中的尺寸值，
使该模型大小不变。例如：模型中原来的某个尺寸为 10 in，选中此单选项后，该
尺寸变为 254mm。自定义参数不进行缩放，用户必须自行更新这些参数。角度尺
寸不进行缩放，例如：一个 20° 的角仍保持为 20°。如果选中此单选项，该模型
将被再生。

● ○ 解释尺寸（例如 1″ 变为 1mm）单选项：选中此单选项，系统将不改变模型中的尺寸
数值，而该模型大小会产生变化。例如：如果模型中原来的某个尺寸为 10 in，选
中此单选项后，10 in 变为 10mm。

5.9 特征的编辑与编辑定义

5.9.1 编辑特征

特征尺寸的编辑是指对特征的尺寸和相关修饰元素进行修改，其操作方法有两种，下
面分别举例说明。

1. 进入尺寸编辑状态的两种方法

方法一：从模型树中选择"编辑"命令，然后进行尺寸的编辑。

举例说明如下。

Step1. 选择下拉菜单 ▐ 文件 ▌ ➡ 管理会话(M) ▶ ➡ 选择工作目录(W) 命令，将工
作目录设置为 D:\creo6.1\work\ch05.09。

Step2. 选择下拉菜单 ▐ 文件 ▌ ➡ 打开(O) 命令，打开文件 slide.prt。

Step3. 在图 5.9.1 所示的滑块零件模型（slide）的模型树中（如果看不到模型树，选择
导航区中的 ▤▾ ➡ 模型树(M) 命令），单击要编辑的特征，然后右击，在图 5.9.2 所示的快
捷菜单中选择 ◻ᵈ¹ 命令，此时该特征的所有尺寸都会显示出来，以便进行编辑。

方法二：双击模型中的特征，然后进行尺寸的编辑。这种方法是直接在图形区的模型
上双击要编辑的特征，此时该特征的所有尺寸都会显示出来。对于简单的模型，这是修改

尺寸的一种常用方法。

图 5.9.1　模型树　　　　　　　　　图 5.9.2　快捷菜单

2．修改特征尺寸值

通过上述方法进入尺寸的编辑状态后，如果要修改特征的某个尺寸值，方法如下。

Step1．在模型中双击要修改的某个尺寸。

Step2．在系统弹出的图 5.9.3 所示的文本框中输入新的尺寸，并按 Enter 键，模型立即发生改变。

图 5.9.3　修改尺寸

说明：如果修改特征的尺寸后，模型未发生改变，则可以单击 模型 功能选项卡 操作 ▼ 区域中的 按钮，重新生成模型。

3．修改特征尺寸的修饰

进入特征的编辑状态后，要想修改特征的某个尺寸的修饰，其一般操作过程如下。

Step1．在模型中选中要修改其修饰的某个尺寸，系统弹出图 5.9.4 所示的"尺寸"选项卡。

Step2．可以在"尺寸"选项卡中的"值""公差""精度""尺寸文本""尺寸格式"等区域中进行相应修饰项的设置修改。

图 5.9.4 "尺寸"选项卡

5.9.2 查看模型信息及特征父子关系

选择图 5.9.2 所示的菜单中的 信息▶ 命令，系统将显示图 5.9.5 所示的子菜单，通过该菜单可查看所选特征的信息、零件模型的信息和所选特征与其他特征间的父子关系。图 5.9.6 所示为滑块零件模型（slide）中基础拉伸特征与其他特征的父子关系信息对话框。

图 5.9.5 信息子菜单

图 5.9.6 "参考查看器"对话框

5.9.3 修改特征的名称

在模型树中可以修改各特征的名称，其操作方法有两种，下面分别举例说明。

方法一： 从模型树中选择"重命名"命令，然后修改特征的名称。

举例说明如下。

Step1. 选择下拉菜单 文件 ➡️ 管理会话(M) ▶ 选择工作目录(W) 命令，将工作目录设置为 D:\creo6.1\work\ch05.09。

Step2. 选择下拉菜单 文件 ➡️ 打开(O) 命令，打开文件 slide.prt。

Step3. 右击图 5.9.7a 所示的 拉伸 3，在系统弹出的快捷菜单中选择 重命名 命令，然后在系统弹出的文本框中输入"切削拉伸 3"，并按 Enter 键。

方法二： 缓慢单击两次模型树中要重命名的特征，然后修改特征的名称。

这种方法是直接在模型树上缓慢双击要重命名的特征，然后在系统弹出的文本框中输入新名称，并按 Enter 键。

a）修改名称前　　　　　　　　　　　b）修改名称后

图 5.9.7　修改特征的名称

5.9.4　删除特征

在图 5.9.2 所示的菜单中选择 删除 命令，可删除所选的特征。如果要删除的特征有子特征，例如要删除滑块（slide）中的基础拉伸特征，如图 5.9.8 所示，系统将弹出图 5.9.9 所示的"删除"对话框，同时系统在模型树上加亮该拉伸特征的所有子特征。如果单击"删除"对话框中的 确定 按钮，则系统删除该拉伸特征及其所有子特征。

图 5.9.8　模型树　　　　　　　　　图 5.9.9　"删除"对话框

5.9.5　特征的隐含与隐藏

1. 特征的隐含（Suppress）与恢复隐含（Resume）

在图 5.9.2 所示的菜单中选择 命令，即可"隐含"所选取的特征。"隐含"特征就是将特征从模型中暂时删除。如果要"隐含"的特征有子特征，子特征也会一同被"隐含"。类似地，在装配模块中可以"隐含"装配体中的元件。隐含特征的作用如下：

- 隐含某些特征后，用户可更专注于当前工作区域。

- 隐含零件上的特征或装配体中的元件可以简化零件或装配模型，减少再生时间，加速修改过程和模型显示。

- 暂时删除特征（或元件）可尝试不同的设计迭代。

一般情况下，特征被"隐含"后，系统不在模型树上显示该特征名。如果希望在模型树上显示该特征名，可以在导航选项卡中选择 命令，系统弹出图 5.9.10 所示的"模型树项"对话框。选中该对话框中的 ☑隐含的对象 复选框，然后单击 确定 按钮，这样被隐含的特征名就会显示在模型树中。注意被隐含的特征名前有一个填黑的小正方形标记，如图 5.9.11 所示。

如果想要恢复被隐含的特征，可在模型树中右击隐含特征名，再在系统弹出的快捷菜单中选择 命令，如图 5.9.12 所示。

图 5.9.10　"模型树项"对话框

图 5.9.11　特征的隐含

图 5.9.12　快捷菜单

2．特征的隐藏（Hide）与取消隐藏（Unhide）

在滑块零件模型（slide）的模型树中，右击某些基准特征名（如 TOP 基准面），从系统弹出的图 5.9.13 所示的快捷菜单中选择 命令，即可"隐藏"该基准特征，也就是在零件模型上看不见此特征，这种功能相当于层的隐藏功能。

如果想要取消被隐藏的特征，可在模型树中右击隐藏特征名，再在系统弹出的快捷菜单中选择 命令，如图 5.9.14 所示。

图 5.9.13　"隐藏"命令

图 5.9.14　"取消隐藏"命令

5.9.6　特征的编辑定义

当特征创建完毕后，如果需要重新定义特征的属性、截面的形状或特征的深度选项，就必须对特征进行"编辑定义"，也叫"重定义"。下面以滑块（slide）的拉伸特征为例，说明其操作方法。

在图 5.9.1 所示的滑块（slide）的模型树中，右击实体拉伸特征（特征名为"拉伸 2"），再在系统弹出的快捷菜单中选择 命令，此时系统弹出图 5.9.15 所示的操控板界面。按照图中所示的操作方法，可重新定义该特征的所有元素。

1．重定义特征的属性

在操控板中重新选定特征的深度类型和深度值及拉伸方向等属性。

2．重定义特征的截面

Step1. 在操控板中单击 放置 按钮，然后在系统弹出的界面中单击 编辑... 按钮（或者在绘图区中右击，从系统弹出的快捷菜单中选择 编辑内部草绘... 命令，如图 5.9.16 所示）。

图 5.9.15　特征的操控板

Step2. 此时系统进入草绘环境，单击 草绘 功能选项卡 设置 ▾ 区域中的 ⎍ 按钮，系统弹出"草绘"对话框，其中各选项的说明如图 5.9.17 所示。

图 5.9.16　快捷菜单　　　　　图 5.9.17　"草绘"对话框

Step3. 此时系统将加亮原来的草绘平面，用户可选取其他平面作为草绘平面，并选取方向，也可通过单击 使用先前的 按钮，来选择前一个特征的草绘平面及参考平面。

Step4. 选取草绘平面后，系统加亮原来的草绘平面的参考平面，此时可选取其他平面作为参考平面，并选取方向。

Step5. 完成草绘平面及其参考平面的选取后，系统再次进入草绘环境，可以在草绘环境中修改特征草绘截面的尺寸、约束关系和形状等。修改完成后，单击"确定"按钮✅。

5.10　特征的多级撤销/重做功能

多级撤销/重做（Undo/Redo）功能，意味着在所有对特征、组件和制图的操作中，如果错误地删除、重定义或修改了某些内容，只需一个简单的"撤销"操作就能恢复原状。下面以一个例子进行说明。

说明：系统配置文件 config.pro 中的配置选项 general_undo_stack_limit 可用于控制撤销或重做操作的次数，默认及最大值为 50。

Step1. 新建一个零件模型，将其命名为 Undo_op.prt。

Step2. 创建图 5.10.1 所示的拉伸特征。

Step3. 创建图 5.10.2 所示的切削拉伸特征。

图 5.10.1　拉伸特征　　　　　　　　图 5.10.2　切削拉伸特征

Step4. 删除上步创建的切削拉伸特征，然后单击快速访问工具栏中的↻（撤销）按钮，则刚刚被删除的切削拉伸特征又恢复回来了；如果再单击快速访问工具栏中的↺（重做）按钮，恢复的切削拉伸特征又被删除了。

说明：如果快速访问工具栏中无此按钮，请读者参考本书第 3 章的有关内容进行设置。

5.11　旋　转　特　征

5.11.1　旋转特征简述

如图 5.11.1 所示，旋转（Revolve）特征是将截面绕着一条中心轴线旋转而形成的形状特征。注意旋转特征必须有一条绕其旋转的中心线。

要创建或重新定义一个旋转特征,可按下列操作顺序给定特征要素:定义特征属性(包括草绘平面、参考平面和参考平面的方位)→绘制旋转中心线→绘制特征截面→确定旋转方向→输入旋转角。

图 5.11.1　旋转特征示意图

5.11.2　创建旋转特征的一般过程

下面以瓶塞开启器产品中的一个零件——短轴(pin)为例,说明在新建一个以旋转特征为基础特征的零件模型时,创建旋转特征的详细过程。

Task1.　新建文件

Step1. 将工作目录设置至 D:\creo6.1\work\ch05.11。

Step2. 选择下拉菜单 文件 ➡ 新建(N) 命令(或单击"新建"按钮),新建一个零件模型,模型名为 pin,使用零件模板 mmns_part_solid 。

Task2.　创建图 5.11.1 所示的实体旋转特征

Step1. 选取特征命令。单击 模型 功能选项卡 形状 ▼ 区域中的 旋转 按钮,系统弹出图 5.11.2 所示的操控板。

图 5.11.2　"旋转特征"操控板

Step2. 定义旋转类型。在操控板中按下"实体类型"按钮 (默认选项)。

Step3. 定义特征的截面草图。

（1）在操控板中单击 放置 按钮，然后在系统弹出的界面中单击 定义... 按钮，系统弹出"草绘"对话框。

（2）定义截面草图的放置属性。选取 RIGHT 基准平面为草绘平面，采用模型中默认的方向为草绘视图方向；选取 TOP 基准平面为参考平面，方向为 左 ；单击对话框中的 草绘 按钮。

（3）系统进入草绘环境后，绘制图 5.11.3 所示的旋转特征旋转中心线和截面草图。

说明：本例接受系统默认的 TOP 基准平面和 FRONT 基准平面为草绘参考。

图 5.11.3　截面草图

① 单击 草绘 选项卡 基准 区域中的 中心线 按钮，在 FRONT 基准平面所在的线上绘制一条旋转中心线，如图 5.11.3 所示。

注意：使用 草绘 区域中的 中心线 ▾ 按钮绘制的中心线不能作为旋转特征的轴线。

② 绘制绕中心线旋转的封闭几何；按图中的要求标注、修改、整理尺寸；完成特征截面后，单击"确定"按钮 ✓ 。

旋转特征截面草绘的规则如下。

● 旋转截面必须有一条几何中心线，围绕几何中心线旋转的草图只能绘制在该几何中心线的一侧。

● 若草绘中使用的几何中心线多于一条，Creo 将自动选取草绘的第一条几何中心线作为旋转轴，除非用户另外选取。

● 实体特征的截面必须是封闭的，而曲面特征的截面则可以不封闭。

Step4. 定义旋转角度参数。

（1）在操控板中选取旋转角度类型 ⊥ （即草绘平面以指定的角度值旋转）。

（2）在"角度"文本框中输入角度值 360.0，并按 Enter 键。

说明：如图 5.11.2 所示，单击操控板中的 ⊥ 按钮后的 ▾ 按钮，可以选取特征的旋转角度类型，各选项说明如下。

● 单击 ⊥ 按钮，特征将从草绘平面开始按照所输入的角度值进行旋转。

● 单击 ⊟ 按钮，特征将在草绘平面两侧分别从两个方向以输入角度值的一半进行旋转。

● 单击 ⊥ 按钮，特征将从草绘平面开始旋转至选定的点、曲线、平面或曲面。

Step5. 完成特征的创建。

（1）特征的所有要素被定义完毕后，单击操控板中的"预览"按钮 ⊗∘，预览所创建的特征，以检查各要素的定义是否正确。如果所创建的特征不符合设计意图，可选择操控板中的相关项，重新定义。

（2）在操控板中单击"确定"按钮 ✓，完成创建图 5.11.1 所示的旋转特征。

5.12　倒　角　特　征

5.12.1　倒角特征简述

倒角（Chamfer）特征属于构建类特征。构建特征不能单独生成，而只能在其他特征之上生成，构建特征包括倒角特征、圆角特征、孔特征和修饰特征等。

在 Creo 中，倒角分为以下两种类型（图 5.12.1）。

- 🔸 边倒角 类型：边倒角是在选定边处截掉一块平直剖面的材料，以在共有该选定边的两个原始曲面之间创建斜角曲面，如图 5.12.2 所示。

- 🔸 拐角倒角 类型：拐角倒角是在零件的拐角处移除材料，如图 5.12.3 所示。

图 5.12.1　"倒角"命令　　　　　图 5.12.2　边倒角　　　　　图 5.12.3　拐角倒角

5.12.2　创建简单倒角特征的一般过程

下面以瓶塞开启器产品中的一个零件——瓶塞（cork）为例，说明在一个模型上添加倒角特征的详细过程（图 5.12.4）。

放大图

图 5.12.4　倒角特征

Task1．打开一个已有的零件三维模型

将工作目录设置至 D:\creo6.1\work\ch05.12，打开文件 cork_chamfer.prt。

Task2. 添加倒角（边倒角）

Step1. 单击 模型 功能选项卡 工程 ▾ 区域中的 ◇ 倒角 ▾ 按钮，系统弹出图 5.12.5 所示的"边倒角特征"操控板。

Step2. 选取模型中要倒角的边线，如图 5.12.6 所示。

Step3. 选择边倒角方案。本例选取 45 x D 方案。

图 5.12.5 "边倒角特征"操控板

说明： 如图 5.12.5 所示，倒角有如下几种方案。

- D x D ：创建的倒角沿两个邻接曲面距选定边的距离都为 D，随后要输入 D 的值。

- D1 x D2 ：创建的倒角沿第一个曲面距选定边的距离为 D1，沿第二个曲面距选定边的距离为 D2，随后要输入 D1 和 D2 的值。

- 角度x D ：创建的倒角沿一邻接曲面距选定边的距离为 D，并且与该面成一指定夹角。只能在两个平面之间使用该命令，随后要输入角度和 D 的值。

- 45 x D ：创建的倒角和两个曲面都成 45°，并且每个曲面边的倒角距离都为 D，随后要输入 D 的值。尺寸标注方案为 45° × D，将来可以通过修改 D 来修改倒角。只有在两个垂直面的交线上才能创建 45×D 倒角。

Step4. 设置倒角尺寸。在操控板的"倒角尺寸"文本框中输入值 1.5，并按 Enter 键。

说明： 在一般零件的倒角设计中，通过移动图 5.12.7 中的两个小方框来动态设置倒角尺寸是一种比较好的设计操作方法。

Step5. 在操控板中单击 ✔ 按钮，完成倒角特征的构建。

图 5.12.6 选取要倒角的边线　　　　　图 5.12.7 调整倒角大小

5.13 圆 角 特 征

5.13.1 圆角特征简述

使用圆角（Round）命令可创建曲面间的圆角或中间曲面位置的圆角。曲面可以是实体模型的曲面，也可以是曲面特征。在 Creo 中，可以创建两种不同类型的圆角：简单圆角和高级圆角。创建简单的圆角时，只能指定单个参考组，并且不能修改过渡类型；当创建高级圆角时，可以定义多个"圆角组"，即圆角特征的段。

创建圆角时，应注意下面几点。

- 在设计中尽可能晚些添加圆角特征。

- 可以将所有圆角放置到一个层上，然后隐含该层，以便加快工作进程。

- 为避免创建从属于圆角特征的子项，标注时，不要以圆角创建的边或相切边为参考。

5.13.2 创建一般简单圆角

下面介绍创建一般简单圆角的操作过程。

Step1. 将工作目录设置至 D:\creo6.1\work\ch05.13，打开文件 round_1.prt。

Step2. 单击 模型 功能选项卡 工程 ▼ 区域中的 倒圆角 ▼ 按钮，系统弹出图 5.13.1 所示的操控板。

图 5.13.1 "圆角特征"操控板

Step3. 选取圆角放置参考。在图 5.13.2 中的模型上选取要倒圆角的边线，此时模型的显示状态如图 5.13.3 所示。

Step4. 在操控板中输入圆角半径值 22，然后单击"确定"按钮 ✓，完成圆角特征的创建，如图 5.13.4 所示。

图 5.13.2　选取圆角边线　　　　图 5.13.3　调整圆角的大小　　　　图 5.13.4　创建一般简单圆角

5.13.3 创建完全圆角

如图 5.13.5 所示，通过指定一对边可创建完全圆角，此时这一对边所构成的曲面会被删除，圆角的大小被该曲面所限制。下面说明创建一般完全圆角的过程。

选取这两条边线

完全圆角

图 5.13.5　创建完全圆角

Step1. 将工作目录设置至 D:\creo6.1\work\ch05.13，打开文件 full_round.prt。

Step2. 单击 模型 功能选项卡 工程 ▼ 区域中的 倒圆角 ▼ 按钮。

Step3. 选取圆角的放置参考。在模型上选取图 5.13.5 所示的两条边线，操作方法为：先选取一条边线，然后按住键盘上的 Ctrl 键，再选取另一条边线。

Step4. 在操控板中单击 集 按钮，系统弹出图 5.13.6 所示的设置界面，在该界面中单击 完全倒圆角 按钮。

Step5. 在操控板中单击"确定"按钮 ✓，完成特征的创建。

5.13.4　自动倒圆角

通过使用"自动倒圆角"命令可以同时在零件的面组上创建多个恒定半径的倒圆角特征。下面通过图 5.13.7 所示的模型来说明创建自动倒圆角的一般过程。

Step1. 将工作目录设置至 D:\creo6.1\work\ch05.13，打开文件 auto_round.prt。

Step2. 单击 模型 功能选项卡 工程 ▼ 区域 倒圆角 ▼ 按钮中的 ▼，在系统弹出的菜单中选择 自动倒圆角 命令，系统弹出图 5.13.8 所示的操控板。

Step3. 设置自动倒圆角的范围。在操控板中单击 范围 按钮，在系统弹出的图 5.13.8 所示的"范围"界面上选中 ● 实体几何 单选项、 ✔ 凸边 和 ✔ 凹边 复选框。

单击此按钮，即可创建完全圆角

在该参考列表中，系统会列出要圆角的边线等内容，如果要删除其中的某项，可先单击该项，然后右击，从系统弹出的快捷菜单中选择 移除 命令

图 5.13.6　圆角的设置界面

图 5.13.7　创建自动倒圆角

图 5.13.8 "自动倒圆角特征"操控板

Step4. 定义圆角大小。在凸边 文本框中输入凸边的半径值 6.0,在凹边 文本框中输入凹边的半径值 3.0。

说明: 当只在凸边 文本框中输入半径值时,系统会默认凹边的半径值与凸边的相同。

Step5. 在操控板中单击"确定"按钮 ,系统弹出图 5.13.9 所示的"自动倒圆角播放器"窗口,完成"自动倒圆角"特征的创建。

图 5.13.8 所示的"自动倒圆角特征"操控板中各选项的说明如下。

- **范围** 按钮
  - ☑ **● 实体几何** 单选项:可以在模型的实体几何上创建"自动倒圆角"特征。
  - ☑ **● 面组** 单选项:一般用于曲面,可为每个面组创建一个单独的"自动倒圆角"特征。
  - ☑ **● 选择的边** 单选项:系统只对选取的边或目的链添加"自动倒圆角"特征。
  - ☑ **☑ 凸边** 复选框:可选取模型中所有的凸边,如图 5.13.10 所示。
  - ☑ **☑ 凹边** 复选框:可选取模型中所有的凹边,如图 5.13.10 所示。

图 5.13.9 "自动倒圆角播放器"窗口

图 5.13.10 凹边和凸边

- **排除** 按钮
  - ☑ **排除的边:**列表框:如果添加边线到**排除的边:**列表框中,系统将自动给**排除的边:**列表框中以外的边创建自动倒圆角特征。

- **选项** 按钮
  - ☑ ☑ 创建常规倒圆角 特征组 复选框：可以创建一组常规倒圆角特征，而不是创建"自动倒圆角"特征。

5.14 孔 特 征

Creo 中提供了专门的孔特征（Hole）命令，用户可以方便而快速地创建各种要求的孔。

5.14.1 孔特征简述

在 Creo 中，可以创建三种类型的孔特征。

- 直孔：具有圆截面的切口，它始于放置曲面并延伸到指定的终止曲面或用户定义的深度。
- 草绘孔：由草绘截面定义的旋转特征。锥形孔可作为草绘孔进行创建。
- 标准孔：具有基本形状的螺孔。它是基于相关的工业标准的，可带有不同的末端形状、标准沉孔和埋头孔。对选定的紧固件，既可计算攻螺纹所需参数，也可计算间隙直径；用户既可利用系统提供的标准查找表，也可创建自己的查找表来查找这些直径。

5.14.2 创建孔特征（直孔）的一般过程

下面以瓶塞开启器产品中的一个零件——活塞（piston）为例，说明在一个模型上添加孔特征（直孔）的详细操作过程。

Task1. 打开一个已有的零件模型

将工作目录设置至 D:\creo6.1\work\ch05.14，打开文件 piston_hole.prt，如图 5.14.1 所示。

图 5.14.1 创建孔特征

Task2. 添加孔特征（直孔）

Step1. 单击 模型 功能选项卡 工程 ▼ 区域中的 孔 按钮。

Step2. 选取孔的类型。完成上步操作后，系统弹出"孔特征"操控板。本例是添加直孔，由于直孔为系统默认，这一步可省略。如果创建标准孔或草绘孔，可单击创建标准孔的按钮，或"使用草绘定义钻孔轮廓"按钮 ，如图 5.14.2 所示。

图 5.14.2　"孔特征"操控板

图 5.14.2 所示的"孔特征"操控板中部分按钮的功能简介如下。

- ☑ 按钮：创建简单直孔。
- ☑ 按钮：创建螺钉孔和螺钉过孔，单击此按钮后会激活操控板的"沉头孔"和"埋头孔"按钮。
- ☑ 按钮：使用预定义矩形作为钻孔轮廓。
- ☑ 按钮：使用标准孔轮廓作为钻孔轮廓，单击按钮后会激活操控板的"沉头孔"和"埋头孔"按钮。
- ☑ 按钮：使用草绘定义钻孔轮廓。

Step3. 定义孔的放置。

（1）定义孔的放置参考。选取图 5.14.3 所示的端面为放置参考，此时系统以当前默认值自动生成孔的轮廓。可按照图中的说明进行相应动态操作。

注意： 孔的放置参考可以是基准平面或零件模型上的平面或曲面（如柱面、锥面等），也可以是基准轴。为了直接在曲面上创建孔，该孔必须是径向孔，且该曲面必须呈凸起状。

（2）定义孔放置的方向。单击图 5.14.2 所示的操控板中的 放置 按钮，系统弹出图 5.14.4 所示的界面，单击该界面中的 反向 按钮，可改变孔的放置方向（即孔放置在放置参考的另一边）。本例采用系统默认的方向，即孔在实体这一侧。

图 5.14.3　选取放置参考

图 5.14.4 "放置"界面

（3）定义孔的放置类型。单击"放置类型"下拉列表后的按钮[▼]，选取 线性 选项。**孔的放置类型介绍如下。**

- 线性 ：参考两边或两平面放置孔（标注两线性尺寸）。如果选择此放置类型，接下来必须选择参考边（平面）并输入距参考边的距离。

- 径向 ：绕一中心轴及参考一个面放置孔（需输入半径距离）。如果选择此放置类型，接下来必须选择中心轴及角度参考的平面。

- 直径 ：绕一中心轴及参考一个面放置孔（需输入直径）。如果选择此放置类型，接下来必须选择中心轴及角度参考的平面。

- 同轴 ：该选项只在选择现有的基准轴作为孔的中心轴时默认出现。

（4）定义偏移参考及定位尺寸。单击图 5.14.4 中 偏移参考 下的"单击此处添…"字符，然后选取 RIGHT 基准平面为第一线性参考，将距离设置为 对齐 ，如图 5.14.5 所示； 按住 Ctrl 键，可选取第二个参考平面 TOP 基准平面，在后面的"偏移"文本框中输入到第二线性参考的距离值 8.0，再按 Enter 键，如图 5.14.6 所示。

图 5.14.5 定义第一线性参考

Step4. 定义孔的直径及深度。在图 5.14.7 所示的操控板中输入直径值 4.0，选取深度类型 （即"穿透"）。

图 5.14.6 定义第二线性参考

图 5.14.7 "孔特征"操控板

说明：在图 5.14.7 所示的操控板中单击"深度"类型后的 ▾ 按钮，可出现如下几种深度选项。

- ⊥ （定值）：创建一个平底孔。如果选中此深度选项，接下来必须指定"深度值"。
- ⊟ （对称）：创建一个在草绘平面的两侧具有相等深度的双侧孔。
- ≡ （穿过下一个）：创建一个一直延伸到零件的下一个曲面的孔。
- ⊧ （穿透）：创建一个和所有曲面相交的孔。
- ⊥ （穿至）：创建一个穿过所有曲面直到指定曲面的孔。如果选取此深度选项，也必须选取曲面。
- ⊥ （指定的）：创建一个一直延伸到指定点、顶点、曲线或曲面的平底孔。如果选中此深度选项，则必须同时选择参考。

Step5. 在操控板中单击"确定"按钮 ✓，完成特征的创建。

5.14.3 创建螺孔（标准孔）

下面以瓶塞开启器产品中的一个零件——瓶口座（socket）为例，如图 5.14.8 所示，说明创建螺孔的一般过程。

螺孔特征

图 5.14.8 创建螺孔

Task1. 打开一个已有的零件三维模型

将工作目录设置至 D:\creo6.1\work\ch05.14，打开文件 socket_hole.prt。

Task2. 添加螺孔特征

Step1. 单击 模型 功能选项卡 工程 ▾ 区域中的 孔 按钮，系统弹出"孔特征"操控板。

Step2. 定义孔的放置。

（1）定义孔的放置参考。单击操控板中的 放置 按钮，选取图 5.14.9 所示的模型表面——圆柱面为放置参考。

（2）定义孔放置的方向及类型。采用系统默认的放置方向，放置类型为 径向 。

（3）定义偏移参考 1（角度参考）。

① 单击操控板中 偏移参考 下的"单击此处添…"字符。

② 选取图 5.14.9 所示的 FRONT 基准平面为偏移参考 1（角度参考）。

③ 在"角度"后面的文本框中输入角度值 0（此角度值用于孔的径向定位），并按 Enter 键。

（4）定义偏移参考 2（轴向参考）。

① 按住 Ctrl 键，选取图 5.14.9 所示的模型端面为偏移参考 2（轴向参考）。

② 在"轴向"后的文本框中输入距离值 20.0（此距离值用于孔的轴向定位），并按 Enter 键，如图 5.14.10 所示。

Step3. 在操控板中按下"创建标准孔"按钮 ，选择 ISO 螺孔标准，螺孔大小为 M4 ×0.7，深度类型为 （穿透），如图 5.14.11 所示。

图 5.14.9　孔的放置

图 5.14.10　定义偏移参考

图 5.14.11　螺孔操控板界面

Step4. 选择螺孔结构类型和尺寸。在操控板中按下 按钮，再单击 形状 ，在图 5.14.12 所示的"形状"界面中选中 ● 全螺纹 单选项。

Creo6.0
快速入门教程

Step5. 在操控板中单击"确定"按钮 ，完成特征的创建。

说明：螺孔有四种结构形式。

（1）一般螺孔形式。在操控板中单击 ，再单击 形状 ，系统弹出图 5.14.12 所示的界面。如果选中 可变 单选项，则螺孔形式如图 5.14.13 所示。

图 5.14.12　全螺纹螺孔　　　　　　　　图 5.14.13　深度可变螺孔

（2）埋头螺钉螺孔形式。在操控板中单击 和 ，再单击 形状 ，系统弹出图 5.14.14 所示的界面，如果选中 退出沉头孔 复选框（此处软件显示有误，实为"退出埋头孔"），则螺孔形式如图 5.14.15 所示。注意：如果不选中 包括螺纹曲面 复选框，则在将来生成工程图时，就不会有螺纹细实线。

图 5.14.14　埋头螺钉螺孔 1

图 5.14.15　埋头螺钉螺孔 2

（3）沉头螺钉螺孔形式。在操控板中单击 和 ，再单击 形状 ，系统弹出图 5.14.16 所示的界面，如果选中 全螺纹 单选项，则螺孔形式如图 5.14.17 所示。

（4）螺钉过孔形式。有三种形式的过孔。

● 在操控板中取消选择 、 和 ，选择"间隙孔" ，再单击 形状 ，则螺孔形式如图 5.14.18 所示。

图 5.14.16 沉头螺钉螺孔（可变）

图 5.14.17 沉头螺钉螺孔（全螺纹）

图 5.14.18 螺钉过孔

- 在操控板中单击 ![]，再单击 形状 ，则螺孔形式如图 5.14.19 所示。
- 在操控板中单击 ![]，再单击 形状 ，则螺孔形式如图 5.14.20 所示。

Step6. 在操控板中单击 ![] 按钮，预览所创建的孔特征；单击 ![] 按钮，完成特征的创建。

图 5.14.19 埋头螺钉过孔

图 5.14.20 沉头螺钉过孔

5.15 拔 模 特 征

5.15.1 拔模特征简述

注射件和铸件往往需要一个拔摸斜面才能顺利脱模，Creo 的拔摸（斜度）特征就是用来创建模型的拔摸斜面的。下面先介绍有关拔摸的几个关键术语。

- 拔模曲面：要进行拔模的模型曲面（图 5.15.1）。
- 枢轴平面：拔模曲面可绕着枢轴平面与拔模曲面的交线旋转而形成拔模斜面（图 5.15.1a）。
- 枢轴曲线：拔模曲面可绕着一条曲线旋转而形成拔模斜面。这条曲线就是枢轴曲线，它必须在要拔模的曲面上（图 5.15.1a）。
- 拔模参考：用于确定拔模方向的平面、轴和模型的边。
- 拔模方向：拔模方向总是垂直于拔模参考平面或平行于拔模参考轴或参考边。
- 拔模角度：拔模方向与生成的拔模曲面之间的角度（图 5.15.1b）。
- 旋转方向：拔模曲面绕枢轴平面或枢轴曲线旋转的方向。
- 分割区域：可对拔模曲面进行分割，然后为各区域分别定义不同的拔模角度和方向。

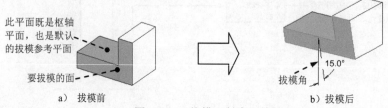

图 5.15.1 拔模（斜度）特征

5.15.2 根据枢轴平面拔模

1. 根据枢轴平面创建不分离的拔模特征

下面讲述如何根据枢轴平面创建一个不分离的拔模特征。

Step1. 将工作目录设置至 D:\creo6.1\work\ch05.15，打开文件 draft_general.prt。

Step2. 单击 模型 功能选项卡 工程▼ 区域中的 拔模▼ 按钮，此时出现图 5.15.2 所示的"拔模"操控板。

图 5.15.2 "拔模"操控板

Step3. 选取要拔模的曲面。选取图 5.15.3 所示的模型表面。

Step4. 选取拔模枢轴平面。

（1）在操控板中单击 图标后的 ●单击此处添加项 字符。

（2）选取图 5.15.4 所示的模型表面。完成此步操作后，模型如图 5.15.4 所示。

图 5.15.3 选取要拔模的曲面

图 5.15.4 选取拔模枢轴平面

说明：拔模枢轴既可以是一个平面，也可以是一条曲线。当选取一个平面作为拔模枢轴时，该平面称为枢轴平面；当选取一条曲线作为拔模枢轴时，该曲线称为枢轴曲线。

Step5. 选取拔模方向参考及改变拔模方向。一般情况下不进行此步操作，因为在用户选取拔模枢轴平面后，系统通常默认地以枢轴平面为拔模参考平面（图 5.15.5）；如果要重新选取拔模参考，例如选取图 5.15.6 所示的模型表面为拔模参考平面，则可进行如下操作。

图 5.15.5 拔模参考平面

图 5.15.6 拔模参考平面

（1）在图 5.15.7 所示的操控板中单击 图标后的 1个平面 字符。

（2）选取图 5.15.6 所示的模型表面。如果要改变拔模方向，则可单击按钮 。

图 5.15.7 "拔模"操控板

Step6. 修改拔模角度及拔模角方向。如图 5.15.8 所示，此时可在操控板中修改拔模角度（图 5.15.9）和改变拔模角的方向（图 5.15.10）。

Step7. 在操控板中单击 按钮，完成拔模特征的创建。

图 5.15.8 "拔模"操控板

145

拖动此小方块，可动
态调整拔模角度值

15.0

图 5.15.9　调整拔模角大小

15.0

图 5.15.10　改变拔模角方向

2. 根据枢轴平面创建分离的拔模特征

图 5.15.11a 所示为拔模前的模型，图 5.15.11b 所示为拔模后的模型。由该图可看出，拔模面被枢轴平面分离成两个拔模侧面（拔模 1 和拔模 2），这两个拔模侧面可以有独立的拔模角度和方向。下面以此模型为例，介绍如何根据枢轴平面创建一个分离的拔模特征。

此平面既是枢轴
平面，也是默认的
拔模参考平面

要拔模的面

a）拔模前

分离的拔模 1

分离的拔模 2

b）拔模后

图 5.15.11　创建分离的拔模特征

Step1. 将工作目录设置至 D:\creo6.1\work\ch05.15，打开文件 draft_split.prt。

Step2. 单击 模型 功能选项卡 工程 ▾ 区域中的 拔模 ▾ 按钮，此时出现图 5.15.12 所示的"拔模"操控板。

图 5.15.12　"拔模"操控板

Step3. 选取要拔模的曲面。选取图 5.15.13 所示的模型表面。

Step4. 选取拔模枢轴平面。先在操控板中单击 图标后的 单击此处添加项 字符，再选取图 5.15.14 所示的模型表面。

Step5. 采用默认的拔模方向参考（枢轴平面），如图 5.15.15 所示。

选取此表面为
要拔模的曲面

图 5.15.13　要拔模的曲面

选取此表面为
拔模枢轴平面

图 5.15.14　拔模枢轴平面

拔模方向箭头

此平面同时也是
拔模参考平面

1.0

图 5.15.15　拔模参考平面

Step6. 选取分割选项和侧选项。

（1）选取分割选项。在操控板中单击 **分割** 按钮，在系统弹出界面的 **分割选项** 下拉列表中选取 **根据拔模枢轴分割** 方式，如图5.15.16所示。

图5.15.16　"拔模"操控板

（2）选取侧选项。在该界面的 **侧选项** 列表框中选取 **独立拔模侧面**，如图5.15.17所示。

Step7. 在操控板的相应区域修改两个拔模侧的拔模角度和方向，如图5.15.18所示。

Step8. 单击操控板中的 ✔ 按钮，完成拔模特征的创建。

图5.15.17　"分割"界面

图5.15.18　"拔模"操控板

5.16　修　饰　特　征

修饰（Cosmetic）特征是在其他特征上绘制的复杂的几何图形，并能在模型上清楚地显示出来，如螺钉上的螺纹示意线、零件上的公司徽标等。由于修饰特征也被认为是零件的特征，它们一般也可以重定义和修改。下面介绍几种修饰特征：Thread（螺纹）、Sketch（草图）和Groove（凹槽）。

5.16.1　螺纹修饰特征

修饰螺纹（Thread）是表示螺纹直径的修饰特征。与其他修饰特征不同，修饰螺纹的线型不能修改，并且螺纹也不会受到"环境"菜单中隐藏线显示设置的影响。螺纹以默认极限公差设置来创建。

修饰螺纹可以是外螺纹或内螺纹，也可以是不通的或贯通的。可通过指定螺纹小径或螺纹大径（分别对于外螺纹和内螺纹）、起始曲面和螺纹长度或终止边来创建修饰螺纹。

下面介绍创建螺纹修饰特征的一般过程。

这里以前面创建的 shaft.prt 零件模型为例，说明如何在模型的圆柱面上创建图 5.16.1 所示的（外）螺纹修饰。

Step1. 先将工作目录设置至 D:\creo6.1\work\ch05.16，然后打开文件 shaft.prt。

Step2. 单击 模型 功能选项卡中的 工程 ▼ 按钮，在系统弹出的菜单中选择 修饰螺纹 选项，如图 5.16.2 所示。

图 5.16.1　创建螺纹修饰特征　　　　　图 5.16.2　"工程"子菜单

Step3. 选取要进行螺纹修饰的曲面。完成上步操作后，系统弹出图 5.16.3 所示的"螺纹"操控板；单击其中的 放置 按钮，选取图 5.16.1 所示的要进行螺纹修饰的曲面。

图 5.16.3　"螺纹"操控板

Step4. 选取螺纹的起始曲面。单击"螺纹"操控板中的 深度 按钮，选取图 5.16.1 所示的螺纹起始曲面。

注：对于螺纹的起始曲面，可以是一般模型特征的表面（比如拉伸、旋转、倒角、圆角和扫描等特征的表面）或基准平面，也可以是面组。

Step5. 定义螺纹的长度方向。完成上步操作后，模型上显示图 5.16.4 所示的螺纹深度方向箭头。箭头必须指向附着面的实体一侧，如方向错误，可以单击 按钮反转方向。

Step6. 定义螺纹长度。在 ⊥ 文本框中输入螺纹长度值 10.0。

Step7. 定义螺纹小径。在 ∅ 文本框中输入螺纹小径值 3.5。

说明：对于外螺纹，默认外螺纹小径值比轴的直径约小 10%；对于内螺纹，默认螺纹大径值比孔的直径约大 10%。

Step8. 定义螺纹节距。在 Ⅱ 文本框中输入值 1。

Step9. 编辑螺纹属性。完成上步操作后，单击"螺纹"操控板中的 **属性** 按钮，系统弹出图 5.16.5 所示的"属性"界面，用户可以用此界面进行螺纹参数设置，并能将设置好的参数文件保存，以便下次直接调用。

图 5.16.5 所示的"属性"界面中各命令的说明如下。

- **打开...** 按钮：用户可从硬盘（磁盘）上打开一个包含螺纹注释参数的文件，并把它们应用到当前的螺纹中。

- **保存...** 按钮：保存螺纹注释参数，以便以后再利用。

- **参数** 区域：修改螺纹参数（表 5.16.1）。

图 5.16.4　螺纹深度方向

图 5.16.5　"属性"界面

表 5.16.1　螺纹参数列表

参 数 名 称	参 数 值	参 数 描 述
MAJOR_DIAMETER	数字	螺纹的公称直径
PICTH	数字	螺距
FORM	字符串	螺纹形式
CLASS	数字	螺纹等级
PLACEMENT	字符	螺纹放置（A—轴螺纹，B—孔螺纹）
METRIC	YES/NO	螺纹为米制
MINOR_DIAMETER	数字	螺纹的小径

Step10. 单击"修饰：螺纹"对话框中的 ∞ 按钮，预览所创建的螺纹修饰特征（将模型显示切换到线框状态，可看到螺纹示意线），如果定义的螺纹修饰特征符合设计意图，可

单击对话框中的 按钮。

5.16.2　草绘修饰特征

草绘（Sketch）修饰特征被"绘制"在零件的曲面上。例如公司徽标或序列号等可"绘制"在零件的表面上。另外，在进行有限元分析计算时，也可利用草绘修饰特征定义有限元局部负荷区域的边界。

单击 模型 功能选项卡中的 工程 ▼ 按钮，在系统弹出的菜单中选择 修饰草绘 选项，系统弹出"草绘"对话框，选择草图平面后即可绘制修饰草图。

注意：其他特征不能参考修饰特征，即修饰特征的边线既不能作为其他特征尺寸标注的起始点，也不能作为"使用边"来使用。

5.16.3　凹槽修饰特征

凹槽修饰特征（Groove）是零件表面上凹下的绘制图形，它是一种投影类型的修饰特征。通过创建草绘图形并将其投影到曲面上即可创建凹槽，凹下的修饰特征是没有定义深度的。

注意：凹槽特征不能跨越曲面边界。在数控加工中，应选取凹槽修饰特征来定义雕刻加工。单击 模型 功能选项卡中的 工程 ▼ 按钮，在系统弹出的菜单中选择 修饰槽 选项，可以创建修饰凹槽。

5.17　抽 壳 特 征

如图 5.17.1 所示，"（抽）壳"特征（Shell）是将实体的一个或几个表面去除，然后掏空实体的内部，留下一定壁厚的壳。在使用该命令时，各特征的创建次序非常重要。

此表面为要
去除的曲面

a）抽壳前　　　　　　　　　　　　b）抽壳后

图 5.17.1　抽壳特征

下面以图 5.17.1 所示的长方体为例，说明抽壳操作的一般过程。

Step1. 将工作目录设置至 D:\creo6.1\work\ch05.17，打开文件 shell_1.prt。

Step2. 单击 模型 功能选项卡 工程 ▼ 区域中的 回壳 按钮。

Step3. 选取抽壳时要去除的实体表面。此时，系统弹出图 5.17.2 所示的"壳"特征操控板，并且在信息区提示 ⇨ 选择要从零件移除的曲面. ，选取图 5.17.1a 中的要去除的曲面。

图 5.17.2　"壳"特征操控板

注意： 这里可按住 Ctrl 键，再选取其他曲面来添加实体上要去除的表面。

Step4. 定义壁厚。在操控板的"厚度"文本框中输入抽壳的壁厚值 1.0。

注意： 这里如果输入正值，则壳的厚度保留在零件内侧；如果输入负值，壳的厚度将增加到零件外侧。也可单击按钮 来改变内侧或外侧。

Step5. 在操控板中单击"确定"按钮 ，完成抽壳特征的创建。

注意：

● 默认情况下，壳特征的壁厚是均匀的。

● 如果零件有三个以上的曲面形成的拐角，抽壳特征可能无法实现，在这种情况下，Creo 会加亮故障区。

5.18　筋（肋）特征

筋（肋）是设计用来加固零件的，也常用来防止出现不需要的折弯。筋（肋）特征的创建过程与拉伸特征基本相似，不同的是筋（肋）特征的截面草图是不封闭的，筋（肋）的截面只是一条直线。Creo 6.0 提供了两种筋（肋）特征的创建方法，分别是轨迹筋和轮廓筋。

5.18.1　轨迹筋

轨迹筋常用于加固塑料零件，通过在腔槽曲面之间草绘筋轨迹，或通过选取现有草绘来创建轨迹筋。

下面以图 5.18.1 所示的轨迹筋特征为例，说明轨迹筋特征创建的一般过程。

Step1. 将工作目录设置至 D:\creo6.1\work\ch05.18.01，打开文件 rib_01.prt。

Step2. 单击 模型 功能选项卡 工程 ▼ 区域 筋 ▼ 按钮中的 ▼，在系统弹出的菜单中选择 轨迹筋 ，系统弹出图 5.18.2 所示的操控板。该操控板反映了轨迹筋创建的过程及状态。

Step3. 定义草绘放置属性。在图 5.18.2 所示的操控板的 放置 界面中单击 定义... 按钮，选取 DTM1 基准平面为草绘平面，选取 RIGHT 平面为参考面，方向为 右 。

| a）添加轨迹筋前 | b）添加轨迹筋后 |

图 5.18.1 轨迹筋特征

图 5.18.2 "轨迹筋"特征操控板

Step4. 定义草绘参考。单击 草绘 功能选项卡 设置 ▼ 区域中的 按钮，系统弹出图 5.18.3 所示的"参考"对话框，选取图 5.18.4 所示的四条边线为草绘参考，单击 关闭(C) 按钮。

图 5.18.3 "参考"对话框

图 5.18.4 定义草绘参考

Step5. 绘制图 5.18.5 所示的轨迹筋特征截面图形。完成绘制后，单击"确定"按钮 ✓ 。

Step6. 定义加材料的方向。在模型中单击"方向"箭头，直至箭头的方向如图 5.18.6 所示（箭头方向指向壳体底面）。

图 5.18.5 轨迹筋特征截面图形

图 5.18.6 定义加材料的方向

Step7. 定义筋的厚度值 2.0。

Step8. 在操控板中单击"确定"按钮 ✓，完成筋特征的创建。

5.18.2 轮廓筋

轮廓筋是设计中连接到实体曲面的薄翼或腹板伸出项，一般通过定义两个垂直曲面之间的特征横截面来创建轮廓筋。

下面以图 5.18.7 所示的轮廓筋特征为例，说明轮廓筋特征创建的一般过程。

图 5.18.7　筋特征

Step1. 将工作目录设置至 D:\creo6.1\work\ch05.18.02，打开文件 rib_02.prt。

Step2. 单击 模型 功能选项卡 工程 ▾ 区域 筋 ▾ 按钮中的 ▾，在系统弹出的菜单中选择 轮廓筋，系统弹出图 5.18.8 所示的"轮廓筋"特征操控板。

图 5.18.8　"轮廓筋"特征操控板

Step3. 定义草绘截面放置属性。

（1）在图 5.18.8 所示的操控板的 参考 界面中单击 定义... 按钮，选取 TOP 基准平面为草绘平面。

（2）选取图 5.18.7 中的模型表面为参考面，方向为 右 。

说明：如果模型的表面选取较困难，可用"列表选取"的方法。其操作步骤介绍如下。

① 将鼠标指针移至目标附近，右击。

② 在系统弹出的图 5.18.9 所示的快捷菜单中选择 从列表中拾取 命令。

③ 在系统弹出的图 5.18.10 所示的"从列表中拾取"对话框中依次单击各项目，同时模型中对应的元素会变亮，找到所需的目标后，单击对话框下部的 确定(O) 按钮。

Step4. 定义草绘参考。单击 草绘 功能选项卡 设置 ▾ 区域中的 按钮，系统弹出图 5.18.11 所示的"参考"对话框，选取图 5.18.12 所示的两条边线为草绘参考，单击 关闭(C) 按钮。

图 5.18.9　快捷菜单

图 5.18.10　"从列表中拾取"对话框

图 5.18.11　"参考"对话框

Step5. 绘制图 5.18.12 所示的筋特征截面图形。完成绘制后，单击"确定"按钮。

Step6. 定义加材料的方向。在模型中单击"方向"箭头，直至箭头的方向如图 5.18.13 所示。

Step7. 定义筋的厚度值 4.0。

Step8. 在操控板中单击"确定"按钮，完成筋特征的创建。

图 5.18.12　截面图形

图 5.18.13　定义加材料的方向

5.19　常用的基准特征

Creo 中的基准包括基准平面、基准轴、基准曲线、基准点和坐标系。这些基准在创建零件一般特征、曲面、零件的剖切面以及装配中都十分有用。

5.19.1　基准平面

基准平面也称基准面。在创建一般特征时，如果模型上没有合适的平面，用户可以创建基准平面作为特征截面的草绘平面及其参考平面。

也可以根据一个基准平面进行标注，就好像它是一条边。基准平面的大小可以调整，以使其看起来适合零件、特征、曲面、边、轴或半径。

基准平面有两侧：橘黄色侧和灰色侧。法向方向箭头指向橘黄色侧。基准平面在屏幕中显示为橘黄色或灰色取决于模型的方向。当装配元件、定向视图和选择草绘参考时，应注意基准平面的颜色。

要选择一个基准平面，可以选择其名称，或选择它的一条边界。

1. 创建基准平面的一般过程

下面以一个范例来说明创建基准平面的一般过程。

如图 5.19.1 所示，现在要创建一个基准平面 DTM1，使其穿过图中模型的一条边线，并与模型上的一个表面成 30°的夹角。

图 5.19.1 基准平面的创建

Step1. 先将工作目录设置至 D:\creo6.1\work\ch05.19，然后打开文件 connecting_rod_plane.prt。

Step2. 单击 模型 功能选项卡 基准 ▼ 区域中的"平面"按钮 ▢，系统弹出图 5.19.2 所示的"基准平面"对话框。

图 5.19.2 "基准平面"对话框

Step3. 选取约束。

（1）穿过约束。选择图 5.19.1 所示的边线，此时对话框的显示如图 5.19.2 所示。

（2）角度约束。按住 Ctrl 键，选择图 5.19.1 所示的参考平面。

（3）给出夹角。在图 5.19.3 所示的对话框下部的文本框中输入夹角值 30.0，并按 Enter 键。

图 5.19.3　输入夹角值

说明：创建基准平面可使用如下一些约束。

● 通过轴/边线/基准曲线：要创建的基准平面通过一个基准轴，或模型上的某个边线，或基准曲线。

● 垂直轴/边线/基准曲线：要创建的基准平面垂直于一个基准轴，或模型上的某个边线，或基准曲线。

● 垂直平面：要创建的基准平面垂直于另一个平面。

● 平行平面：要创建的基准平面平行于另一个平面。

● 与圆柱面相切：要创建的基准平面相切于一个圆柱面。

● 通过基准点/顶点：要创建的基准平面通过一个基准点，或模型上的某顶点。

● 角度平面：要创建的基准平面与另一个平面成一定角度。

Step4. 修改基准平面的名称。如图 5.19.4 所示，可在 属性 选项卡的 名称 文本框中输入新的名称。

图 5.19.4　修改基准平面的名称

2. 创建基准平面的其他约束方法：通过平面

要创建的基准平面通过另一个平面，即与这个平面完全一致，该约束方法能单独确定一个平面。

Step1. 单击"平面"按钮 ▱ 。

Step2. 选取某一参考平面，再在对话框中选择 穿过 选项，如图 5.19.5 和图 5.19.6 所示。要创建的基准平面穿过所选择的参考平面。

图 5.19.5 "基准平面"对话框（一）

图 5.19.6 "基准平面"对话框（二）

3．创建基准平面的其他约束方法：偏距平面

Step1. 单击"平面"按钮 ⟋。

Step2. 选取某一参考平面，然后输入偏距的距离值 20.0，如图 5.19.7 和图 5.19.8 所示。要创建的基准平面平行于另一个平面，并且与该平面有一个偏距距离。

4．创建基准平面的其他约束方法：偏距坐标系

用此约束方法可以创建一个基准平面，使其垂直于一个坐标轴并偏离坐标原点。当使用该约束方法时，需要选择与该平面垂直的坐标轴，以及给出沿该轴线方向的偏距。

Step1. 单击"平面"按钮 ⟋，选取某一坐标系。

图 5.19.7 "基准平面"对话框（三）

图 5.19.8 "基准平面"对话框（四）

Step2. 如图 5.19.9 所示，选取所需的坐标轴，然后输入偏距的距离值 20.0。

图 5.19.9 "基准平面"对话框（五）

5. 控制基准平面的法向方向和显示大小

尽管基准平面实际上是一个无穷大的平面，但在默认情况下，系统根据模型大小对其进行缩放显示。显示的基准平面的大小随零件尺寸而改变。除了那些即时生成的平面以外，其他所有基准平面的大小都可以加以调整，以适应零件、特征、曲面、边、轴或半径。操作步骤如下。

Step1. 在模型树上单击一基准面，右击，从系统弹出的快捷菜单中选择 ✋ 命令。

Step2. 在图 5.19.10 所示的对话框中打开 显示 选项卡，如图 5.19.11 所示。

图 5.19.10　"放置"选项卡　　　　图 5.19.11　"显示"选项卡

Step3. 在图 5.19.11 所示的对话框中单击 反向 按钮，即可改变基准平面的法向方向。

Step4. 要确定基准平面的显示大小，有如下三种方法。

方法一：采用默认大小，根据模型（零件或组件）自动调整基准平面的大小。

方法二：拟合参考大小。在图 5.19.11 所示的对话框中选中 ✔调整轮廓 复选框，在其下拉列表中选择 参考，再通过选取特征/曲面/边/轴线/零件等参考元素，使基准平面的显示大小拟合所选参考元素的大小。

● 拟合特征：根据零件或组件特征调整基准平面的大小。

● 拟合曲面：根据任意曲面调整基准平面的大小。

● 拟合边：调整基准平面大小使其适合一条所选的边。

● 拟合轴线：根据一轴调整基准平面的大小。

● 拟合零件：根据选定零件调整基准平面的大小。该选项只适用于组件。

方法三：给出拟合半径。根据指定的半径来调整基准平面大小，半径中心定在模型的轮廓内。

5.19.2　基准轴

如同基准平面，基准轴也可以用于创建特征时的参考。基准轴对创建基准平面、同轴放置项目和径向阵列特别有用。

　　基准轴的产生也分两种情况：一是基准轴作为一个单独的特征来创建；二是在创建带有圆弧的特征期间，系统会自动产生一个基准轴，但此时必须将配置文件选项 show_axes_for_extr_arcs 设置为 yes。

　　创建基准轴后，系统用 A_1、A_2 等依次自动分配其名称。要选取一个基准轴，可选择基准轴线自身或其名称。

1. 创建基准轴的一般过程

　　下面以一个范例来说明创建基准轴的一般过程。

　　在图 5.19.12 所示的 body.prt 零件模型中，创建与内部轴线 Center_axis 相距为 8，并且位于 CENTER 基准平面内的基准轴特征。

图 5.19.12　基准轴的创建

　　注意：该例中要创建的 offset_axis 轴线是后面装配和运动分析中的一个重要基准轴，请读者认真做好这个例子。

　　Step1. 将工作目录设置至 D:\creo6.1\work\ch05.19，然后打开文件 body_axis.prt。

　　Step2. 在 FRONT 基准平面下部创建一个"偏距"基准平面 DTM_REF，偏距尺寸值为 8.0。

　　Step3. 单击 模型 功能选项卡 基准 ▼ 区域中的 / 轴 按钮。

　　Step4. 因为所要创建的基准轴通过基准平面 DTM_REF 和 CENTER 的相交线，所以应该选取这两个基准平面为约束参考。

　　（1）选取第一约束平面。选择图 5.19.12 所示的模型的基准平面 CENTER，系统弹出图 5.19.13 所示的"基准轴"对话框（一），将约束类型改为 穿过，如图 5.19.14 所示。

图 5.19.13　"基准轴"对话框（一）

图 5.19.14　"基准轴"对话框（二）

注意：由于 Creo 所具有的智能性，这里也可不必将约束类型改为 穿过 ，因为当用户再选取一个约束平面时，系统会自动将第一个平面的约束改为 穿过 。

（2）选取第二约束平面。按住 Ctrl 键，选择 Step2 中所创建的"偏距"基准平面 DTM_REF，此时对话框如图 5.19.15 所示。

说明：创建基准轴有如下一些约束方法。

- 过边界：要创建的基准轴通过模型上的一个直边。

- 垂直平面：要创建的基准轴垂直于某个"平面"。使用此方法，应先选取要与其垂直的参考平面，然后分别选取两条定位的参考边，并定义基准轴到参考边的距离。

- 过点且垂直于平面：要创建的基准轴通过一个基准点并与一个"平面"垂直，"平面"可以是一个现成的基准面或模型上的表面，也可以创建一个新的基准面作为"平面"。

- 过圆柱：要创建的基准轴通过模型上的一个旋转曲面的中心轴。使用此方法时，再选择一个圆柱面或圆锥面即可。

- 两平面：在两个指定平面（基准平面或模型上的平面表面）的相交处创建基准轴。两平面不能平行，但在屏幕上不必显示相交。

- 两个点/顶点：要创建的基准轴通过两个点，这两个点既可以是基准点，也可以是模型上的顶点。

Step5. 修改基准轴的名称。在对话框 属性 选项卡的"名称"文本框中键入新的名称，如图 5.19.16 所示。

图 5.19.15 "放置"选项卡

图 5.19.16 "属性"选项卡

2. 练习

练习要求：在图 5.19.17 所示的 body.prt 零件模型中部的切削特征上创建一个基准平面 ZERO_REF。在后面"装配模块"等章节的练习中，会用到这个基准平面。

图 5.19.17 body.prt 零件模型

Step1. 将工作目录设置至 D:\creo6.1\work\ch05.19，打开文件 body_plane.prt。

Step2. 创建一个基准轴 A_13。单击 轴 按钮，选择图 5.19.17 所示的圆柱面（见放大图）。

Step3. 创建一个基准平面 ZERO_REF。单击"平面"按钮，选取 A_13 轴，约束设置为"穿过"；按住 Ctrl 键，选取 TOP 基准平面，约束设置为"平行"；将此基准平面改名为 ZERO_REF。

5.19.3　基准点

基准点用来为网格生成加载点、在绘图中连接基准目标和注释、创建坐标系及管道特征轨迹，也可以在基准点处放置轴、基准平面、孔和轴肩。

在默认情况下，Creo 将一个基准点显示为叉号×，其名称显示为 PNTn，其中 n 是基准点的编号。要选取一个基准点，可选择基准点自身或其名称。

可以使用配置文件选项 datum_point_symbol 来改变基准点的显示样式。基准点的显示样式可使用下列任意一个：CROSS、CIRCLE、TRIANGLE 或 SQUARE。

可以重命名基准点，但不能重命名在布局中声明的基准点。

1．创建基准点的方法一：在曲线/边线上

用位置的参数值在曲线或边上创建基准点，该位置参数值确定从一个顶点开始沿曲线的长度。

如图 5.19.18 所示，现需要在模型边线上创建基准点 PNT0，操作步骤如下。

Step1. 先将工作目录设置至 D:\creo6.1\work\ch05.19，然后打开文件 point1.prt。

Step2. 单击 模型 功能选项卡 基准 ▼ 区域 ×× 点 ▼ 按钮中的 ▼，在图 5.19.19 所示的菜单中选择 ×× 点选项（或直接单击 ×× 点 ▼ 按钮）。

图 5.19.18　线上基准点的创建

图 5.19.19　"点"菜单

图 5.19.19 所示的"点"菜单中各按钮说明如下。

A：创建基准点。　　　　B：创建偏移坐标系基准点。　　　　C：创建域基准点。

Step3. 选择图 5.19.20 所示的模型的边线，系统立即产生一个基准点 PNT0，如图 5.19.21 所示。

图 5.19.20　选取边线　　　　　　　　图 5.19.21　产生基准点

Step4. 在图 5.19.22 所示的"基准点"对话框中，先选择基准点的定位方式（比率 或实际值），再键入基准点的定位数值（比率系数或实际长度值）。

2. 创建基准点的方法二：顶点

在零件边、曲面特征边、基准曲线或输入框架的顶点上创建基准点。

如图 5.19.23 所示，现需要在模型的顶点处创建一个基准点 PNT0，操作步骤如下。

Step1. 单击 ⁚ 点 ▼ 按钮。

Step2. 如图 5.19.23 所示，选取模型的顶点，系统立即在此顶点处产生一个基准点 PNT0，此时"基准点"对话框如图 5.19.24 所示。

图 5.19.22　"基准点"对话框

图 5.19.23　顶点基准点的创建

图 5.19.24　"基准点"对话框

3．创建基准点的方法三：过中心点

在一条弧、一个圆或一个椭圆图元的中心处创建基准点。

如图 5.19.25 所示，现需要在模型上表面的孔的圆心处创建一个基准点 PNT0，操作步骤如下。

Step1. 将工作目录设置至 D:\creo6.1\work\ch05.19，打开文件 point_center.prt。

Step2. 单击 ××点 ▼ 按钮。

Step3. 如图 5.19.25 所示，选取模型上表面的孔边线。

Step4. 在图 5.19.26 所示的"基准点"对话框的下拉列表中选取 居中 选项。

图 5.19.25 过中心点创建基准点　　　　图 5.19.26 "基准点"对话框

4．创建基准点的方法四：草绘

进入草绘环境，绘制一个基准点。

如图 5.19.27 所示，现需要在模型的表面上创建一个草绘基准点 PNT0，操作步骤如下。

Step1. 先将工作目录设置至 D:\creo6.1\work\ch05.19，然后打开文件 point2.prt。

Step2. 单击 模型 功能选项卡 基准 ▼ 区域中的"草绘"按钮 ，系统弹出"草绘"对话框。

Step3. 选取图 5.19.27 所示的两平面为草绘平面和参考平面，单击 草绘 按钮。

Step4. 进入草绘环境后，选取图 5.19.28 所示的模型的边线为草绘环境的参考，单击 关闭(C) 按钮；单击 草绘 选项卡 基准 区域中的 ×（创建几何点）按钮，如图 5.19.29 所示，再在图形区选择一点。

Step5. 单击 ✓ 按钮，退出草绘环境。

图 5.19.27 草绘基准点的创建　　图 5.19.28 截面图形　　图 5.19.29 工具按钮位置

5.19.4　坐标系

坐标系是可以增加到零件和装配件中的参考特征，它可用于：

- 计算质量属性。
- 装配元件。
- 为"有限元分析（FEA）"放置约束。
- 为刀具轨迹提供制造操作参考。
- 用于定位其他特征的参考（坐标系、基准点、平面和轴线、输入的几何等）。

在 Creo 系统中，可以使用下列三种形式的坐标系。

- 笛卡儿坐标系。系统用 X、Y 和 Z 表示坐标值。
- 柱坐标系。系统用半径、theta（θ ）和 Z 表示坐标值。
- 球坐标系。系统用半径、theta（θ ）和 phi（ψ ）表示坐标值。

创建坐标系方法：三个平面

选择三个平面（模型的表平面或基准平面），这些平面不必正交，其交点即为坐标原点，选定的第一个平面的法向定义一个轴的方向，第二个平面的法向定义另一轴的大致方向，系统使用右手定则确定第三轴。

如图 5.19.30 所示，现需要在三个垂直平面（平面 1、平面 2 和平面 3）的交点上创建一个坐标系 CSO，操作步骤如下。

Step1. 将工作目录设置至 D:\creo6.1\work\ch05.19，打开文件 csys_create.prt。

Step2. 单击 模型 功能选项卡 基准 ▼ 区域中的 坐标系 按钮。

Step3. 选择三个垂直平面。如图 5.19.30 所示，选择平面 1；按住键盘的 Ctrl 键，选择平面 2；按住 Ctrl 键，选择平面 3。此时系统就创建了图 5.19.31 所示的坐标系，注意字符 X、Y、Z 所在的方向正是相应坐标轴的正方向。

图 5.19.30　由三个平面创建坐标系

图 5.19.31　产生坐标系

Step4. 修改坐标轴的位置和方向。在图 5.19.32 所示的"坐标系"对话框中打开 方向 选项卡，在该选项卡的界面中可以修改坐标轴的位置和方向。操作方法参见图 5.19.32 中的说明。

此处显示修改前的坐标轴名称

单击此"反向"按钮,系统会将原来的坐标轴的正向变成负向

单击此处的 Y 项,系统会将原来的 X 轴变成Y 轴

图 5.19.32 "坐标系"对话框

5.19.5 基准曲线

基准曲线可用于创建曲面和其他特征,或作为扫描轨迹。创建曲线有很多方法,下面介绍两种基本方法。

1. 草绘基准曲线

草绘基准曲线的方法与草绘其他特征相同。草绘曲线可以由一个或多个草绘段以及一个或多个开放或封闭的环组成。但是将基准曲线用于其他特征,通常限定在开放或封闭环的单个曲线(它可以由许多段组成)。

草绘基准曲线时,Creo 在离散的草绘基准曲线上边创建一个单一复合基准曲线。对于该类型的复合曲线,不能重定义起点。

由草绘曲线创建的复合曲线可以作为轨迹选择,例如作为扫描轨迹。使用"查询选取"可以选择底层草绘曲线图元。

如图 5.19.33 所示,现需要在模型的表面上创建一个草绘基准曲线,操作步骤如下。

Step1. 将工作目录设置至 D:\creo6.1\work\ch05.19,打开文件 curve_sketch.prt。

Step2. 单击 模型 功能选项卡 基准 ▼ 区域中的"草绘"按钮 ∿ (图 5.19.34)。

选取此模型表面为草绘平面

选取此模型表面为草绘平面的参考平面

产生此基准曲线

图 5.19.33 创建草绘基准曲线

图 5.19.34 草绘基准曲线按钮的位置

Step3. 选取图 5.19.33 中的草绘平面及参考平面,单击 草绘 按钮进入草绘环境。

Step4. 进入草绘环境后，接受默认的平面为草绘环境的参考，然后单击 ∿ 样条 按钮，草绘一条样条曲线。

Step5. 单击 ✓ 按钮，退出草绘环境。

2. 经过点创建基准曲线

可以通过空间中的一系列点创建基准曲线，经过的点可以是基准点、模型的顶点以及曲线的端点。如图 5.19.35 所示，现需要经过基准点 PNT0、PNT1、PNT2 和 PNT3 创建一条基准曲线，操作步骤如下。

Step1. 将工作目录设置至 D:\creo6.1\work\ch05.19，打开文件 curve_point.prt。

Step2. 单击 模型 功能选项卡中的 基准 ▼ 按钮，在系统弹出的菜单中单击 ∿ 曲线 ▶ 选项后面的 ▼，然后选择 ∿ 通过点的曲线 命令（图 5.19.36）。

经过基准点 PNT0、PNT1、PNT2 和 PNT3 产生此基准曲线

图 5.19.35　经过点基准曲线的创建　　　　图 5.19.36　创建"基准"命令的位置

Step3. 完成上步操作后，系统弹出图 5.19.37 所示的"曲线：通过点"操控板，在图形区中依次选取图 5.19.35 中的基准点 PNT0、PNT1、PNT2 和 PNT3 为曲线的经过点。

图 5.19.37　"曲线：通过点"操控板

Step4. 单击"曲线：通过点"操控板中的 ✓ 按钮，完成曲线的创建。

5.20　特征的重新排序及插入操作

5.20.1　概述

在 5.17 节中，曾提到对一个零件进行抽壳时，零件中特征的创建顺序非常重要。如果各特征的顺序安排不当，抽壳特征会生成失败，有时即使能生成抽壳，但结果也不会符合设计的要求。

可按下面的操作方法进行验证。

Step1. 将工作目录设置至 D:\creo6.1\work\ch05.20，打开文件 wine_bottle.prt。

Step2. 将底部圆角半径从 R5 改为 R15，单击 模型 功能选项卡 操作 ▾ 区域中的 ⇄ 按钮重新生成模型，会看到瓶子的底部裂开一条缝，如图 5.20.1 所示，显然这不符合设计意图。之所以会产生这样的问题，是因为圆角特征和抽壳特征的顺序安排不当。解决办法是将圆角特征调整到抽壳特征的前面，这种特征顺序的调整就是特征的重新排序（Reorder）。

图 5.20.1　注意抽壳特征的顺序

5.20.2　重新排序的操作方法

这里以前面的酒瓶（wine_bottle）为例，说明特征重新排序（Reorder）的操作方法。

如图 5.20.2 所示，在零件的模型树中单击"倒圆角 2"特征，按住左键不放并拖动鼠标，拖至"壳"特征的上面，然后松开左键，这样瓶底倒圆角特征就调整到抽壳特征的前面了。

图 5.20.2　特征的重新排序

注意：特征的重新排序（Reorder）是有条件的，条件是不能将一个子特征拖至其父特征的前面。例如在这个酒瓶的例子中，不能把瓶口的伸出项（旋转）特征 旋转 2 移到完全圆角特征 倒圆角 1 的前面，因为它们存在父子关系，该伸出项特征是完全圆角的子特征。为什么存在这种父子关系呢？这要从该伸出项特征的创建过程说起，从图 5.20.3 可以看出，在创建该伸出项特征的草绘截面时，选取了属于完全圆角的一条边线为草绘参考，同时截面的定位尺寸 5.0 以这条边为参考进行标注，这样就在该伸出项特征与完全圆角间建立了父子关系。

如果要调整有父子关系的特征的顺序，必须先解除特征间的父子关系。解除父子关系有两种办法：一是改变特征截面的标注参考基准或约束方式；二是特征的重新排序（Reroute），即改变特征的草绘平面和草绘平面的参考平面。

5.20.3 特征的插入操作

在 5.20 节酒瓶的练习中，当所有的特征完成以后，假如还要添加一个图 5.20.4 所示的切削旋转特征，并要求该特征添加在模型的底部圆角特征的后面、抽壳特征的前面（图 5.20.4），则利用"特征的插入"功能可以满足这一要求。下面说明其操作过程。

图 5.20.3　查看草绘标注　　　　　　　　　　图 5.20.4　切削旋转特征

Step1. 在模型树中将特征插入符号➜ 在此插入 从末尾拖至抽壳特征的前面，如图 5.20.5 所示。

图 5.20.5　特征的插入操作

Step2. 单击 模型 功能选项卡 形状 ▼ 区域中的 旋转 按钮，创建槽特征，草图截面的尺寸如图 5.20.6 所示。

图 5.20.6　截面图形

Step3. 完成槽的特征创建后，再将插入符号➜ 在此插入 拖至模型树的底部。

5.21 特征生成失败及其解决方法

在创建或重定义特征时，由于给定的数据不当或参考的丢失，会出现特征生成失败。下面就特征生成失败的情况进行讲解。

5.21.1 特征生成失败的出现

这里还是以酒瓶（wine_bottle）为例进行说明。如果进行下列"编辑定义"操作（图5.21.1），将会产生特征生成失败。

Step1. 将工作目录设置至 D:\creo6.1\work\ch05.21，打开文件 wine_bottle_fail.prt。

Step2. 在图 5.21.2 所示的模型树中，先单击完全圆角标识 倒圆角 1，然后右击，从系统弹出的快捷菜单中选择 命令。

"编辑定义"
此完全圆角

图 5.21.1 "编辑定义"圆角

图 5.21.2 模型树

Step3. 重新选取圆角选项。在系统弹出的图 5.21.3 所示的操控板中单击 集 按钮；在"集"界面的 参考 栏中右击，从系统弹出的快捷菜单中选择 全部移除 命令（图 5.21.4）；按住 Ctrl 键，依次选取图 5.21.5 所示的瓶口的两条边线；在半径栏中输入圆角半径值 0.6，按 Enter 键。

图 5.21.3 "倒圆角"操控板

图 5.21.4　圆角的设置

Step4. 在操控板中单击"确定"按钮 后，系统弹出图 5.21.6 所示的"特征失败"提示对话框，此时模型树中"旋转 2"以红色高亮显示出来，如图 5.21.7 所示。前面曾讲到，该特征截面中的一个尺寸（5.0）的标注是以完全圆角的一条边线为参考的，重定义后，完全圆角不存在，瓶口旋转特征截面的参考便丢失，所以便出现特征生成失败。

图 5.21.5　选择圆角边线

图 5.21.6　"特征失败"提示对话框

图 5.21.7　模型树

5.21.2　特征生成失败的解决方法

1．解决方法一：取消

在图 5.21.6 所示的"特征失败"提示对话框中单击 按钮。

2. 解决方法二：删除特征

从图 5.21.7 所示的模型树中单击 ⊕⊠旋转 2，右击，在系统弹出的图 5.21.8 所示的快捷菜单中选择 ✕ 删除(D) 命令，在系统弹出的图 5.21.9 所示的"删除"对话框中选择 **确定** 按钮，删除后的模型如图 5.21.10 所示。

图 5.21.8 快捷菜单　　　　图 5.21.9 "删除"对话框　　　图 5.21.10 删除操作后的模型

注意：

（1）从模型树和模型上可看到瓶口伸出项旋转特征被删除。

（2）如果想找回以前的模型文件，请按如下方法操作。

① 选择下拉菜单 **文件** ➡ ✕关闭(C) 命令，关闭当前对话框。

② 选择下拉菜单 **文件** ➡ 管理会话(M) ▶ ➡ 选择工作目录(W)
选择工作目录。 命令，删除不显示的内存中的文件。

③ 再次打开酒瓶模型文件 wine_bottle_fail.prt。

3. 解决方法三：重定义特征

Step1. 从图 5.21.7 所示的模型树中单击 ⊕⊠旋转 2，右击，在系统弹出的图 5.21.11 所示的快捷菜单中选择 🖌 命令，系统会弹出图 5.21.12 所示的"旋转命令"操控板。

图 5.21.11 快捷菜单　　　　　　图 5.21.12 "旋转命令"操控板

Step2. 重定义草绘参考并进行标注。

（1）在操控板中单击 **放置** 按钮，然后在系统弹出的菜单区域中单击 **编辑...** 按钮。

（2）在系统弹出的图 5.21.13 所示的草图"参考"对话框中，先进行更新参考或删除丢失的参考，再选取新的参考 TOP 和 FRONT 基准平面，关闭"参考"对话框。

（3）在草绘环境中，对新的参考进行尺寸标注（即标注 195.0 这个尺寸），如图 5.21.14

所示。完成后，单击操控板中的 ✓ 按钮。

图 5.21.13　"参考"对话框

图 5.21.14　重定义特征

4．解决方法四：隐含特征

Step1. 从图 5.21.7 所示的模型树中单击 旋转 2，右击，在系统弹出的图 5.21.15 所示的快捷菜单中选择 命令，然后在系统弹出的图 5.21.16 所示的"隐含"对话框中选择 确定 按钮。

图 5.21.15　快捷菜单

图 5.21.16　"隐含"对话框

至此，特征生成失败已经解决，如果想进一步解决被隐含的瓶口伸出项旋转特征，请继续下面的操作。

注意：

（1）如图 5.21.17 所示，从模型树上看不到隐含的特征。

（2）如果想在模型树上看到该特征，可进行下列的操作。

① 选取导航选项卡中的 🔧 ▼ ➡ 树过滤器(F)...命令。

② 在系统弹出的模型树项目对话框中选中 ☑ 隐含的对象 复选框，然后单击该对话框中的 确定 按钮，此时隐含的特征又会在模型树中显示，如图 5.21.18 所示。

Step2. 如果右击该隐含的伸出项标识，然后从系统弹出的快捷菜单中选择 命令，那么系统再次进入特征"失败模式"，可参考上节介绍的方法进行重定义。

图 5.21.17 模型树（一）　　　　图 5.21.18 模型树（二）

5.22　特征的复制

特征的复制（Copy）命令用于创建一个或多个特征的副本，如图 5.22.1 所示。Creo 的特征复制包括镜像复制、平移复制、旋转复制和新参考复制，下面分别介绍它们的操作过程。

图 5.22.1　特征复制的多种方式

5.22.1　镜像复制特征

特征的镜像复制就是将源特征相对一个平面（这个平面称为镜像中心平面）进行镜像，从而得到源特征的一个副本。如图 5.22.2 所示，对这个圆柱体拉伸特征进行镜像复制的操作过程如下。

Step1. 将工作目录设置至 D:\creo6.1\work\ch05.22，打开文件 copy_mirror.prt。

Step2. 选取要镜像的特征。在图形区中选取要镜像复制的圆柱体拉伸特征（或在模型树中选择"拉伸 2"特征）。

Step3. 选择"镜像"命令。单击 模型 功能选项卡 编辑▼ 区域中的"镜像"按钮，

173

如图 5.22.3 所示。

图 5.22.2 镜像复制特征

图 5.22.3 "镜像"命令

Step4. 定义镜像中心平面。完成上步操作后，系统弹出图 5.22.4 所示的"镜像"操控板，选取 RIGHT 基准平面为镜像中心平面。

图 5.22.4 "镜像"操控板

Step5. 单击"镜像"操控板中的 按钮，完成镜像操作。

5.22.2 平移复制特征

下面对图 5.22.5 中的源特征进行平移（Translate）复制，操作步骤如下。

图 5.22.5 平移复制特征

Step1. 将工作目录设置至 D：\creo6.1\work\ch05.22，打开文件 copy_translate.prt。

Step2. 选取要平移复制的特征。在图形区中选取圆柱体拉伸特征为平移复制对象（或在模型树中选择"拉伸 2"特征）。

Step3. 选择"平移复制"命令。单击 模型 功能选项卡 操作 ▼ 区域中的 按钮，如图 5.22.6 所示，然后单击 ▼ 按钮中的 ▼，在系统弹出的菜单中选择 选择性粘贴 命令，系统弹出图 5.22.7 所示的"选择性粘贴"对话框。

Step4. 在"选择性粘贴"对话框中选中 ✔ 从属副本 和 ✔ 对副本应用移动/旋转变换 (A) 复选框，然后单击 确定 (0) 按钮，系统弹出图 5.22.8 所示的"移动（复制）"操控板。

图 5.22.6 "复制"命令　　图 5.22.7 "选择性粘贴"对话框

图 5.22.8 "移动（复制）"操控板

Step5. 设置移动参数。单击"移动（复制）"操控板中的 ↔ 按钮，选取 RIGHT 基准平面为平移方向参考面；在操控板的文本框中输入平移的距离值 45.0，并按 Enter 键。

说明：如果此时单击"移动（复制）"操控板中的 变换 按钮，系统将显示图 5.22.9 所示的"变换"界面（一），单击其中的 新移动 选项，显示图 5.22.10 所示的"变换"界面（二）。在该界面中，可以选择新的方向参考进行源特征的第二次移动复制操作。如果在图 5.22.10 所示的下拉列表中选择 旋转 选项，则可以对源特征进行旋转复制操作。

图 5.22.9 "变换"界面（一）

图 5.22.10 "变换"界面（二）

Step6. 单击 ✓ 按钮，完成平移复制操作。

5.22.3 旋转复制特征

下面对图 5.22.1 中的源特征进行旋转（Rotate）复制，操作提示如下。

请参考上一节的"平移"复制的操作方法，在图 5.22.8 所示的"移动（复制）"操控板

中单击 按钮，选取图 5.22.1 中的边线为旋转中心轴，最后输入旋转角度值即可。

5.22.4　特征的新参考复制

使用新参考复制工具可以对复制的源特征替换所有的参考，如草图平面、几何约束参考、尺寸标注参考等。下面对图 5.22.11 中的源特征进行新参考（New Refs）复制，操作步骤如下。

新参考复制前　　　　**新参考复制**　　　　新参考复制后

图 5.22.11　新参考复制特征

Step1. 将工作目录设置至 D：\creo6.1\work\ch05.22，打开文件 newrefs_copy.prt。

Step2. 选取要复制的特征。在图形区中选取圆柱体拉伸特征为平移复制对象（或在模型树中选择"拉伸 2"特征）。

Step3. 选择"平移复制"命令。单击 模型 功能选项卡 操作 ▼ 区域中的 按钮，然后单击 ▼ 按钮中的 ▼，在系统弹出的菜单中选择 选择性粘贴 命令，系统弹出"选择性粘贴"对话框。

Step4. 在"选择性粘贴"对话框中选中 ☑ 高级参考配置 复选框，然后单击 确定(0) 按钮，系统弹出图 5.22.12 所示的"高级参考配置"对话框。

Step5. 单击"高级参考配置"对话框 原始特征的参考 区域中的 曲面:F5(拉伸 1)，在图形区中选取图 5.22.13 所示的模型表面 1 为替换参考；单击 RIGHT:F1(基准平面)，在图形区中选取图 5.22.13 所示的模型表面 2；单击 TOP:F2(基准平面)，在图形区中选取图 5.22.13 所示的 FRONT 基准平面。

图 5.22.12　"高级参考配置"对话框

模型表面 2　　　模型表面 1　　　FRONT 基准平面

图 5.22.13　选择替换参考

Step6. 单击"高级参考配置"对话框中的 按钮，系统弹出图 5.22.14 所示的"预览"对话框，并显示图 5.22.15 所示的"预览"模型。

图 5.22.14　"预览"对话框　　　　　图 5.22.15　"预览"模型

Step7. 单击"预览"对话框中的 按钮，完成特征的新参考复制操作。

5.23　特征的阵列

特征的阵列（Pattern）命令用于创建一个特征的多个副本，阵列的副本称为"实例"。阵列可以是矩形阵列（图 5.23.1），也可以是环形阵列。在阵列时，各个实例的大小也可以递增变化。下面分别介绍其操作过程。

5.23.1　矩形阵列

下面介绍图 5.23.1 中圆柱体特征的矩形阵列的操作过程。

图 5.23.1　创建矩形阵列

Step1. 将工作目录设置至 D:\creo6.1\work\ch05.23，打开文件 pattern_rec.prt。

Step2. 在模型树中选取要阵列的特征——圆柱体拉伸特征，右击，选择 命令（另一种方法是先选取要阵列的特征，然后单击 模型 功能选项卡 编辑 ▼ 区域中的"阵列"按钮 ）。

注意：一次只能选取一个特征进行阵列，如果要同时阵列多个特征，应预先把这些特征组成一个"组（Group）"。

Step3. 选取阵列类型。在图 5.23.2 所示的"阵列"操控板的 选项 界面中单击 ▼ 按钮，然后选择 常规 选项。

图 5.23.2　"阵列"操控板

说明：

在图 5.23.2 所示的 "阵列" 操控板的 选项 界面中有下面三个阵列类型选项。

- 相同 阵列的特点和要求：
  - ☑ 所有阵列的实例大小相同。
  - ☑ 所有阵列的实例放置在同一曲面上。
  - ☑ 阵列的实例不与放置曲面边、任何其他实例边或放置曲面以外任何特征的边相交。

例如在图 5.23.3 所示的阵列中，虽然孔的直径大小相同，但其深度不同，所以不能用 相同 阵列，可用 可变 或 常规 进行阵列。

图 5.23.3　矩形阵列

- 可变 阵列的特点和要求：
  - ☑ 实例大小可变化。
  - ☑ 实例可放置在不同曲面上。
  - ☑ 没有实例与其他实例相交。

注意：对于 "可变" 阵列，Creo 分别为每个实例特征生成几何，然后一次生成所有交截。

- 常规 阵列的特点：

系统对 "一般" 特征的实例不做什么要求。系统计算每个单独实例的几何，并分别对每个特征求交。可用该命令使特征与其他实例接触、自交，或与曲面边界交叉。如果实例与基础特征内部相交，即使该交截不可见，也需要进行 "常规" 阵列。在进行阵列操作时，为了确保阵列创建成功，建议读者优先选中 常规 按钮。

Step4. 选择阵列控制方式。在操控板中选择以 "尺寸" 方式控制阵列。操控板中控制阵列的各命令说明如图 5.23.4 所示。

在该处为引导尺寸输入一个增量值。这种阵列方式的关键是要选取一个或多个合适的引导尺寸，如果引导尺寸为线性尺寸，获得的阵列将会是矩形阵列或"斜一字形"阵列；如果引导尺寸为角度尺寸，获得的阵列将会是环形阵列

增加一个驱动尺寸变化的关系

图 5.23.4 "阵列"操控板

Step5. 选取第一方向、第二方向引导尺寸并给出增量（间距）值。

（1）在操控板中单击 尺寸 按钮，选取图 5.23.5 中的第一方向阵列引导尺寸 24，再在"方向 1"的"增量"文本栏中输入值 30.0。

图 5.23.5 阵列引导尺寸

（2）在图 5.23.6 所示的"尺寸"界面中，单击"方向 2"区域"尺寸"栏中的"单击此处添加…"字符，然后选取图 5.23.5 中的第二方向阵列引导尺寸 20，再在"方向 2"的"增量"文本栏中输入值 40.0；完成操作后的界面如图 5.23.7 所示。

图 5.23.6 "尺寸"界面　　　　　　　　图 5.23.7 完成操作后的"尺寸"界面

Step6. 给出第一方向、第二方向阵列的个数。在操控板的第一方向的阵列个数栏中输入值 3，在第二方向的阵列个数栏中输入值 2。

Step7. 在操控板中单击"确定"按钮 ✓，完成后的模型如图 5.23.8 所示。

5.23.2 创建"斜一字形"阵列

下面要创建图 5.23.9 所示的圆柱体特征的"斜一字形"阵列。

图 5.23.8 完成后的模型   图 5.23.9 创建"斜一字形"阵列

Step1. 将工作目录设置至 D:\creo6.1\work\ch05.23，打开文件 pattern_1.prt。

Step2. 在模型树中右击圆柱体拉伸特征，选择 ⊞ 命令。

Step3. 选取阵列类型。在操控板中单击 选项 按钮，选择 常规 选项。

Step4. 选取引导尺寸，给出增量。

（1）在操控板中单击 尺寸 按钮，系统弹出图 5.23.10 所示的"尺寸"界面。

（2）选取图 5.23.9 中第一方向的第一引导尺寸 24，按住 Ctrl 键再选取第一方向的第二引导尺寸 20；在"方向 1"的"增量"栏中输入第一个增量值为 30.0，第二个增量值为 40.0。

Step5. 在操控板中的第一方向的阵列个数栏中输入值 3，然后单击 ✓ 按钮，完成操作。

5.23.3 创建特征的尺寸变化的阵列

下面要创建图 5.23.11 所示的圆柱体特征的"变化"阵列，操作过程如下。

Step1. 将工作目录设置至 D:\creo6.1\work\ch05.23，打开文件 pattern_dim.prt。

Step2. 在模型树中右击圆柱体拉伸特征，选择 ⊞ 命令。

Step3. 选取阵列类型。在操控板的 选项 界面中选择 常规 类型。

Step4. 选取第一方向、第二方向引导尺寸，给出增量。

（1）选取图 5.23.11a 中第一方向的第一引导尺寸 24，输入增量值 30.0；按住 Ctrl 键，再选取第一方向的第二引导尺寸 25（即圆柱的高度），输入相应增量值 30.0。

图 5.23.10 "尺寸"界面　　　　　　　图 5.23.11 阵列引导尺寸

（2）在操控板中单击 尺寸 按钮，单击"方向 2"的"单击此处添加..."字符，然后选取图 5.23.11a 中第二方向的第一引导尺寸 20，输入相应增量值 40.0；按住 Ctrl 键，选取第二方向的第二引导尺寸Φ15（即圆柱的直径），输入相应增量值 10.0。

Step5. 在操控板中第一方向的阵列个数栏中输入值 3，在第二方向的阵列个数栏中输入值 2。

Step6. 在操控板中单击 ✔ 按钮，完成操作。

5.23.4　删除阵列

下面举例说明删除阵列的操作方法。

如图 5.23.12 所示，在模型树中单击 ⊞ 阵列 1 / 拉伸 2，再右击，从系统弹出的快捷菜单中选择 删除阵列 命令。

5.23.5　环形阵列

先介绍用"引导尺寸"的方法进行环形阵列。下面要创建图 5.23.13b 所示的孔特征的环形阵列。作为阵列前的准备，先创建一个圆盘形的特征，再添加一个孔特征，由于环形阵列需要有一个角度引导尺寸，在创建孔特征时，要选择"径向"选项来放置这个孔特征。对该孔特征进行环形阵列的操作过程如下。

图 5.23.12 模型树

a）阵列前　　　　　　　　b）阵列后

图 5.23.13 创建环形阵列

181

Step1. 将工作目录设置至 D:\creo6.1\work\ch05.23，打开文件 pattern_3.prt。

Step2. 在模型树中单击孔特征，再右击，从系统弹出的快捷菜单中选择 ⊞ 命令。

Step3. 选取阵列类型。在操控板的 选项 界面中选择 常规 选项。

Step4. 选取引导尺寸、给出增量。选取图 5.23.13a 中的角度引导尺寸 30º，在"方向 1"的"增量"文本栏中输入角度增量值 45.0。

Step5. 在操控板中输入第一方向的阵列个数 8；单击 ✔ 按钮，完成操作。

另外，还有一种利用"轴"进行环形阵列的方法。下面以图 5.23.14 为例进行说明。

Step1. 将工作目录设置至 D:\creo6.1\work\ch05.23，打开文件 axis_pattern.prt。

Step2. 在图 5.23.15 所示的模型树中单击 ▶ 🔲 拉伸 2 特征，右击，从系统弹出的快捷菜单中选择 ⊞ 命令。

Step3. 选取阵列中心轴和阵列数目。

图 5.23.14　利用轴进行环形阵列

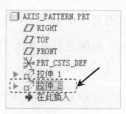

图 5.23.15　模型树

（1）在图 5.23.16 所示的操控板的阵列类型下拉列表中选择 轴 选项，再选取绘图区中模型的基准轴 A_4。

（2）在操控板的阵列数量栏中输入数量值 6，在增量栏中输入角度增量值 60.0。

Step4. 在操控板中单击 ✔ 按钮，完成操作。

图 5.23.16　"阵列"操控板

5.24　特征的成组

图 5.24.1 所示的模型中的凸台由三个特征组成：实体旋转特征、倒角特征和圆角特征。如果要对这个带倒角和圆角的凸台进行阵列，必须将它们归成一组，这就是 Creo 中特征成组（Group）的概念（注意：欲成为一组的数个特征在模型树中必须是连续的）。下面以此

为例说明创建"组"的一般过程。

Step1. 将工作目录设置至 D:\creo6.1\work\ch05.24，打开文件 group.prt。

Step2. 按住 Ctrl 键，在图 5.24.2a 所示的模型树中选取拉伸 2、倒圆角 1 和倒角 1 特征。

Step3. 单击 模型 功能选项卡中的 操作▼ 按钮，在系统弹出的菜单中选择 分组 命令，（图 5.24.3），此时拉伸 2、倒圆角 1 和倒角 1 特征合并为 组LOCAL_GROUP （图 5.24.2b），至此完成组的创建。

图 5.24.1 特征的成组　　　　图 5.24.2 模型树　　　　图 5.24.3 下拉菜单

5.25 扫 描 特 征

5.25.1 扫描特征简述

如图 5.25.1 所示，扫描（Sweep）特征是将一个截面沿着给定的轨迹"掠过"而生成的，所以也叫"扫掠"特征。要创建或重新定义一个扫描特征，必须给定两大特征要素，即扫描轨迹和扫描截面。

图 5.25.1 扫描特征

5.25.2 创建扫描特征的一般过程

下面以图 5.25.1 为例，说明创建扫描特征的一般过程。

Step1. 新建一个零件模型，将其命名为 sweep。

Step2. 绘制扫描轨迹曲线。

（1）单击 模型 功能选项卡 基准 ▼ 区域中的"草绘"按钮。

（2）选取 TOP 基准平面作为草绘面，选取 RIGHT 基准平面作为参考面，方向向右；单击 草绘 按钮，系统进入草绘环境。

（3）定义扫描轨迹的参考。接受系统给出的默认参考 FRONT 和 RIGHT。

（4）绘制并标注扫描轨迹，如图 5.25.2 所示。

（5）单击 ✔ 按钮，退出草绘环境，完成后的草图如图 5.25.3 所示。

创建扫描轨迹时应注意下面几点，否则扫描可能失败。

● 相对于扫描截面的大小，扫描轨迹中的弧或样条半径不能太小，否则扫描特征在经过该弧时会由于自身相交而出现特征生成失败。例如：图 5.25.2 中的圆角半径 R12 和 R6，相对于后面将要创建的扫描截面不能太小。

● 对于"切口"（切削材料）类的扫描特征，其扫描轨迹不能自身相交。

图 5.25.2 扫描轨迹（草绘环境）

图 5.25.3 扫描轨迹（建模环境）

Step3. 选择"扫描"命令。单击 模型 功能选项卡 形状 ▼ 区域中的 扫描 ▼ 按钮（图 5.25.4），系统弹出图 5.25.5 所示的"扫描"操控板。

图 5.25.4 "扫描"命令

图 5.25.5 "扫描"操控板

Step4. 定义扫描轨迹。

（1）在操控板中确认"实体"按钮 和"恒定轨迹"按钮 被按下。

（2）在图形区中选取图 5.25.3 所示的扫描轨迹曲线。

（3）单击图 5.25.6 所示的箭头，切换扫描的起始点，切换后的扫描轨迹曲线如图 5.25.7 所示。

Step5. 创建扫描特征的截面。

（1）在操控板中单击"创建或编辑扫描截面"按钮 ⬚，系统自动进入草绘环境。

（2）定义截面的参考。此时系统自动以 L1 和 L2 为参考，使截面完全放置。

图 5.25.6　切换起点之前

图 5.25.7　切换起点之后

注：L1 和 L2 虽然不在对话框中的"参考"列表区显示，但它们实际上是截面的参考。

说明：现在系统已经进入扫描截面的草绘环境。一般情况下，草绘区显示的情况如图 5.25.8 左边的部分所示，此时草绘平面与屏幕平行。前面在讲述拉伸（Extrude）特征和旋转（Revolve）特征时，都是建议在进入截面的草绘环境之前要定义截面的草绘平面，因此有的读者可能要问："现在创建扫描特征怎么没有定义截面的草绘平面呢？"。其实，系统已自动为我们生成了一个草绘平面。现在请读者按住鼠标中键移动鼠标，把图形调整到图 5.25.8 右边部分所示的方位，此时草绘平面与屏幕不平行。请仔细阅读图 5.25.8 中的注释，便可明白系统是如何生成草绘平面的。如果想返回到草绘平面与屏幕平行的状态，请单击"视图控制"工具栏中的按钮 ⬚ 。

这两条线为同一条线 L1（左边的为投影线），它在 RIGHT 基准平面上，并且在轨迹的起点与轨迹线垂直

这两条线为同一条线 L2（左边的为投影线），它在 TOP 基准平面上，并且在轨迹的起点与轨迹线垂直

L1 和 L2 相垂直，它们构成的平面就是扫描截面的草绘平面

图 5.25.8　查看不同的方位

（3）绘制并标注扫描截面的草图。

说明：在草绘平面与屏幕平行和不平行这两种视角状态下，都可创建截面草图，它们各有利弊。在图 5.25.9 所示的草绘平面与屏幕平行的状态下创建草图，符合用户在平面上进行绘图的习惯；在图 5.25.10 所示的草绘平面与屏幕不平行的状态下创建草图，一些用户

虽不习惯，但可清楚地看到截面草图与轨迹间的相对位置关系。建议读者在创建扫描特征（也包括其他特征）的二维截面草图时，交替使用这两种视角显示状态，在非平行状态下进行草图的定位；在平行的状态下进行草图形状的绘制和大部分标注。但在绘制三维草图时，草图的定位、形状的绘制和相当一部分标注需在非平行状态下进行。

图 5.25.9　草绘平面与屏幕平行

图 5.25.10　草绘平面与屏幕不平行

（4）完成截面的绘制和标注后，单击"确定"按钮 ✓。

Step6. 单击操控板中的 ✓ 按钮，此时系统弹出图 5.25.11 所示的"重新生成失败"对话框；单击 **确定** 按钮，特征失败的原因可从所定义的轨迹和截面两个方面来查找。

（1）查找轨迹方面的原因：检查是不是图 5.25.2 中的尺寸 R6 太小，将它改成 R9 试试看。操作步骤如下。

① 在模型树中右击 ⋯ 草绘 1，在系统弹出的快捷菜单中选择 🖉 命令，系统进入草绘环境。

② 在草绘环境中，将图 5.25.2 中的圆角半径尺寸 R6 改成 R9，然后单击"确定"按钮 ✓。

③ 如果系统仍然出现错误信息，说明不是轨迹中的圆角半径太小的原因。

（2）查找特征截面方面的原因：检查是不是截面距轨迹起点太远，或截面尺寸太大（相对于轨迹尺寸）。操作步骤如下。

① 在模型树中右击出错的特征 ⤢扫描 1，在系统弹出的快捷菜单中选择 🖉 命令，系统返回"扫描"操控板；在操控板中单击 📝 按钮，系统进入草绘环境。

② 在草绘环境中，按图 5.25.12 所示修改截面尺寸。将所有尺寸修改完毕后，单击"确定"按钮 ✓。

图 5.25.11　"重新生成失败"对话框

图 5.25.12　修改截面尺寸

Step7. 单击操控板中的 ✓ 按钮，完成扫描特征的创建。

5.26 扫描混合特征

5.26.1 扫描混合特征简述

将一组不同的截面沿引导线进行扫描形成一个连续的特征，就是扫描混合（Blend）特征。扫描混合特征至少需要两个截面和一条轨迹曲线。图 5.26.1 所示的混合特征是由两个截面和一条轨迹曲线扫描混合而成的。

图 5.26.1　扫描混合特征

5.26.2 创建扫描混合特征的一般过程

下面以图 5.26.1 所示的实体为例，说明创建扫描混合特征的一般过程。

Step1. 新建一个零件模型，将其命名为 sweep_blend。

Step2. 创建轨迹曲线。单击 模型 功能选项卡 基准 ▾ 区域中的"草绘"按钮 ，选取 TOP 基准平面作为草绘平面，RIGHT 基准平面作为参考平面，方向向右；单击 草绘 按钮，系统进入草绘环境，在草绘环境中绘制图 5.26.2 所示的草图，完成后轨迹曲线如图 5.26.3 所示。

图 5.26.2　轨迹曲线（草图环境）

图 5.26.3　轨迹曲线（建模环境）

Step3. 选择"扫描混合"命令。单击 模型 功能选项卡 形状 ▾ 区域中的 扫描混合 按钮，系统弹出图 5.26.4 所示的"扫描混合"操控板。

Step4. 定义轨迹曲线。

（1）在操控板中确认"实体"按钮 被按下。

（2）在图形区中选取图 5.26.3 所示的轨迹曲线。

图 5.26.4　"扫描混合"操控板

（3）单击箭头切换扫描混合的起始点，切换后的轨迹曲线如图 5.26.5 所示（如箭头与图示位置相符，则无须切换）。

Step5. 创建扫描混合截面。

（1）创建截面 1。

① 在操控板中单击 截面 按钮，在系统弹出的界面中选中 ● 草绘截面 单选项，单击 草绘 按钮，系统进入草绘环境，草绘的原点在轨迹起始点处。

② 在草绘环境绘制图 5.26.6 所示的截面草图。

③ 单击 ✓ 按钮，退出草绘环境。

注意：草绘混合特征中的每一个截面时，Creo 系统会在第一个图元的绘制起点产生一个带方向的箭头，此箭头表明截面的混合起点和方向。

图 5.26.5　定义轨迹曲线　　　　图 5.26.6　扫描混合截面 1

（2）创建截面 2。

① 此时系统返回到"扫描混合"操控板的 截面 界面，单击其中的 插入 按钮，然后单击 草绘 按钮，系统再次进入草绘环境，草绘的原点在轨迹终点处。

② 在草绘环境绘制图 5.26.7 所示的截面草图（一个圆，圆心的位置与截面 1 的中心位置不同）。

③ 将图 5.26.7 所示的截面草图（圆）分割成 4 个图元。首先绘制两条中心线并标注、修改尺寸，然后单击 草绘 功能选项卡 编辑 区域中的 按钮，将圆分割成 4 个图元，如图 5.26.8 所示。

图 5.26.7　未分割的截面 2

图 5.26.8　分割后的截面 2

④ 确认截面的起始点与混合方向，如图 5.26.9 所示，如与其不符，可以先选中目标位置点，再右击，从系统弹出的快捷菜单中选择 起点(S) 命令；再次选中目标点，右击，选择 起点(S) 命令，即可更改箭头方向。

创建扫描混合特征的截面有如下要求，请读者务必注意。

● 在创建扫描混合特征的多个截面时，Creo 要求各个截面的图元数（或顶点数）相同（当第一个截面或最后一个截面为一个单独的点时，不受此限制），否则无法生成特征。在本例中，截面 1 是长方形，有四条直线（即四个图元），而截面 2 为一个圆，只是一个图元，没有顶点。所以要将其分割成四个图元。

● 扫描混合时各截面的起始点首先进行对应混合，然后沿混合方向寻找下一组顶点进行混合，因此，扫描混合特征中的各个截面的起点应该如图 5.26.9 所示大致靠近，且方向相同（同为顺时针或逆时针方向），否则会生成图 5.26.10 所示的扭曲形状。

图 5.26.9　截面的起始箭头

图 5.26.10　扭曲的扫描混合特征

⑤ 单击 按钮，退出草绘环境。

Step6. 单击操控板中的 按钮，完成扫描混合特征的创建。

5.27　螺旋扫描特征

5.27.1　螺旋扫描特征简述

如图 5.27.1 所示，将一个截面沿着螺旋轨迹线进行扫描，可形成螺旋扫描（Helical

Sweep）特征。该特征常用于创建弹簧、螺纹与蜗杆等零件形状。

图 5.27.1　螺旋扫描特征

5.27.2　创建一个螺旋扫描特征

这里以图 5.27.1 所示的螺旋扫描特征为例，说明创建这类特征的一般过程。

Step1. 新建一个零件模型，将其命名为 helix_sweep。

Step2. 选择命令。单击 模型 功能选项卡 形状 ▼ 区域 扫描 ▼ 按钮中的 ▼，在系统弹出的菜单中选择 螺旋扫描 命令，系统弹出图 5.27.2 所示的"螺旋扫描"操控板。

图 5.27.2　"螺旋扫描"操控板

Step3. 定义螺旋扫描轨迹。

（1）在操控板中确认"实体"按钮 和"使用右手定则"按钮 被按下。

（2）单击操控板中的 参考 按钮，在系统弹出的界面中单击 定义... 按钮，系统弹出"草绘"对话框。

（3）选取 FRONT 基准平面作为草绘平面，选取 RIHGT 基准平面作为参考平面，方向向右，系统进入草绘环境，绘制图 5.27.3 所示的螺旋扫描轨迹草图。

（4）单击 按钮，退出草绘环境。

Step4. 定义螺旋节距。在操控板的 8.0 文本框中输入节距值 8.0，并按 Enter 键。

Step5. 创建螺旋扫描特征的截面。在操控板中单击按钮 ，系统进入草绘环境，绘制和标注图 5.27.4 所示的截面——圆，然后单击草绘工具栏中的 按钮。

图 5.27.3　螺旋扫描轨迹线　　　　　图 5.27.4　截面图形

Step6. 单击操控板中的 按钮，完成螺旋扫描特征的创建。

5.28　范例 1——连杆模型

范例概述

在本范例中，读者要重点掌握实体拉伸特征的创建过程，零件模型如图 5.28.1 所示。

Step1. 新建一个零件模型，将其命名为 connecting_rod。

Step2. 创建图 5.28.2 所示的实体拉伸特征 1。单击 模型 功能选项卡 形状 ▼ 区域中的 拉伸 按钮；在绘图区右击，在系统弹出的快捷菜单中选择 定义内部草绘... 命令，系统弹出"草绘"对话框；选择 RIGHT 基准平面为草绘平面，TOP 基准平面为参考平面，方向为 左；单击对话框中的 草绘 按钮，系统进入截面草绘环境，绘制图 5.28.3 所示的截面草图；绘制完成后，单击"确定"按钮 ，在操控板中选择深度类型 （即两侧拉伸），输入深度值 4.0；在操控板中单击按钮 ，预览所创建的特征，单击"确定"按钮 。

图 5.28.1　范例 1　　　图 5.28.2　实体拉伸特征 1　　图 5.28.3　截面草图

Step3. 创建图 5.28.4 所示的实体拉伸特征 2。单击 模型 功能选项卡中的 □拉伸 按钮，在绘图区右击，在系统弹出的快捷菜单中选择 定义内部草绘... 命令，系统弹出"草绘"对话框；选择 RIGHT 基准平面为草绘平面，TOP 基准平面为参考平面，方向为 左 ；绘制图 5.28.5 所示的截面草图；绘制完成后，单击"确定"按钮 ✔ ，在操控板中选择深度类型 ⬓ （即对称拉伸），输入深度值 2.5；在操控板中单击按钮 ∞ ，预览所创建的特征，单击"确定"按钮 ✔ 。

Step4. 创建图 5.28.6 所示的拉伸特征 3。单击"拉伸"命令按钮 □拉伸 ，确认"实体"按钮 □ 被按下，并按下操控板中的"移除材料"按钮 ◢ ；选取图 5.28.6 所示的零件表面作为草绘平面，接受系统默认的参考平面和方向；绘制图 5.28.7 所示的截面草图，深度类型为 ⇹ （即"穿透"）。

图 5.28.4　实体拉伸特征 2　　　　　　图 5.28.5　　截面草图

图 5.28.6　实体切削拉伸特征 3　　　　图 5.28.7　　截面草图

选取此表面为孔的草绘平面

5.29　范例 2——拉伸特征的应用

范例概述

　　在本范例中，读者要重点掌握实体薄壁拉伸特征的创建过程，并应注意当在一个特征上添加特征时，重新选取草绘参考的技巧。零件模型如图 5.29.1 所示。

　　Step1. 新建一个零件模型，将其命名为 body。

　　Step2. 进入零件环境后，将基准平面 RIGHT 改名为 CENTER。在模型树中选择 RIGHT 基准平面，右击，在系统弹出的快捷菜单中选择 重命名 命令，在文本框中输入名称 CENTER，并按 Enter 键确认。

　　Step3. 创建图 5.29.2 所示的基础特征——实体薄壁拉伸特征 1。单击"拉伸"命令按钮 □拉伸 ，在操控板中按下"薄壁类型"按钮 ⊏ ；右击，从系统弹出的快捷菜单中选择 定义内部草绘... 命令；选取 TOP 基准平面为草绘平面，CENTER 基准平面为参考平面，方向

为 **右**；单击 **草绘** 按钮，进入截面草绘环境后，绘制图 5.29.3 所示的特征截面；完成后，单击"确定"按钮 ✔；在操控板中选取深度类型 ⊥（即"定值"拉伸），输入深度值 225.5；在按钮 ⊏ 后的文本框中输入壁厚值 3.0，如有必要，可单击 ✗ 来切换壁厚的方向；在操控板中单击按钮 ∞ 预览所创建的特征，单击"确定"按钮 ✔。

注：壁厚方向一般有向内、向外、两侧三个方向。本例应选向内，即内壁直径值为 29.0 − 2×3.0 = 23.0，外壁直径值为 29.0。

图 5.29.1　范例 2

图 5.29.2　实体薄壁拉伸特征 1

图 5.29.3　特征截面图形

Step4. 添加图 5.29.4 所示的零件特征——实体切削拉伸特征 2。单击"拉伸"命令按钮 ⬜拉伸，在操控板中按下"移除材料"按钮 ◿；草绘平面为 CENTER 基准平面，参考平面为 TOP 基准平面，方向为 **左**；特征截面如图 5.29.5 所示；在操控板的"选项"界面中设置第一侧、第二侧的深度类型均为 ≢（穿过所有），切削方向如图 5.29.6 所示。

图 5.29.4　实体切削拉伸特征 2

图 5.29.5　特征截面图形

Step5. 添加图 5.29.7 所示的零件特征——实体拉伸特征 3。单击"拉伸"命令按钮 ⬜拉伸，设置 CENTER 基准平面为草绘平面，TOP 基准平面为参考平面，方向为 **左**；进入截面草绘环境后，单击 **草绘** 功能选项卡 设置▼ 区域中的 ▣ 按钮，选取图 5.29.8 所示的两条边作为参考，单击 **关闭(C)** 按钮；绘制图 5.29.8 所示的截面图形；选取深度类型 ⊟（对称拉伸），深度值为 5.0。

图 5.29.6　选择切削的方向

图 5.29.7　实体拉伸特征 3

图 5.29.8　特征截面图形

Step6. 添加图 5.29.9 所示的零件特征——实体拉伸特征 4。单击"拉伸"命令按钮 ，设置 CENTER 基准平面为草绘平面，TOP 基准平面为参考平面，方向为 **左** ；进入截面草绘环境后，选取图 5.29.10 所示的两条边作为参考，绘制图 5.29.10 所示的特征截面图形；选取深度类型 ⊟ （对称拉伸），深度值为 12.0。

图 5.29.9　实体拉伸特征 4　　　　　　图 5.29.10　特征截面图形

5.30　范例 3——旋转特征的应用

范例概述

本范例介绍瓶塞开启器中的零件——瓶口座（socket）的前几个特征，主要运用了实体拉伸、实体旋转、切削旋转等创建特征的命令。零件模型如图 5.30.1 所示。

Step1. 新建一个零件模型，文件名为 socket。

Step2. 创建图 5.30.2 所示的零件基础特征——实体拉伸特征 1。单击 **模型** 功能选项卡 **形状** ▾ 区域中的 按钮，设置 RIGHT 基准平面为草绘平面，TOP 基准平面为参考平面，方向为 **左** ；绘制图 5.30.3 所示的特征截面；选取拉伸深度类型 ⊥ ，拉伸深度值为 38.5。

图 5.30.1　范例 3　　　　图 5.30.2　实体拉伸特征 1　　　图 5.30.3　特征截面图形

Step3. 添加图 5.30.4 所示的特征——实体旋转特征 1。单击 **模型** 功能选项卡 **形状** ▾ 区域中的 按钮，设置 TOP 基准平面为草绘平面，FRONT 基准平面为参考平面，方向为 **下** ；进入截面草绘环境后，选取图 5.30.5 所示的边线为参考，绘制图 5.30.5 所示的截面草图；旋转类型为 ⊥ ，旋转角度值为 360。

Step4. 添加图 5.30.6 所示的特征——实体旋转特征 2。单击 **模型** 功能选项卡中的 旋转 按钮，按下"移除材料"按钮 ◿ ；设置草绘平面为 TOP 基准平面，参考平面为 FRONT

基准平面，方向为 下；特征的截面草图为图 5.30.7 中着色部分的轮廓线；旋转角度类型为 ⊥，旋转角度值为 360。

选取这条边和 FRONT 及 RIGHT 基准面为截面参考

FRONT 基准面

RIGHT 基准面

必须绘制该旋转中心轴线

图 5.30.4 实体旋转特征 1

图 5.30.5 截面草图

图 5.30.6 实体旋转特征 2

选取这条边和 FRONT 及 RIGHT 基准平面为截面参考

必须绘制该旋转中心轴线

FRONT 基准平面

R72.0

RIGHT 基准平面

图 5.30.7 特征截面图形

5.31 范例 4——孔特征的应用

范例概述

本范例着重讲解的是孔特征的创建过程，一个是螺孔，一个是直孔。读者要重点掌握孔类型的选取，以及孔的定位与选取参考的技巧。零件模型如图 5.31.1 所示。

Task1. 打开一个已有的零件三维模型

将工作目录设置至 D:\creo6.1\work\ch05.31，打开文件 body_hole.prt。

Task2. 添加螺钉过孔 1

Step1. 单击 模型 功能选项卡 工程 ▼ 区域中的 孔 按钮。

Step2. 定义孔的放置。选取图 5.31.2 所示的模型表面为主参考，采用系统默认的孔放置方向，孔的放置类型为 径向；次参考 1 为 FRONT 基准平面，角度值为 0，如图 5.31.3 所示；次参考 2 为 TOP 基准平面，轴向偏距值为 20.0。

选取此 FRONT 基准面为次参考 1（角度参考）

选取模型的此圆柱表面为主参考

选取此 TOP 基准面（或模型的外端面）为次参考 2（轴向参考）

模型的外端面

螺钉过孔 1

直孔 2

图 5.31.1 范例 4

图 5.31.2 孔的放置

Step3. 在操控板中按下"螺孔"按钮 ，选择 ISO 螺纹标准，螺钉尺寸选择 M4×0.7，过孔的深度类型为 ⊒⊧（穿透）。

Step4. 选择配合类型。在操控板中取消选中 ⊕、⑴ 和 ⑴ 按钮，并按下"间隙孔"按钮 ⊐⊏；单击 形状 按钮，在"形状"界面中选择 自由拟合 选项，单击"确定"按钮 ✔。

Task3. 添加直孔 2

Step1. 单击 模型 功能选项卡 工程 ▼ 区域中的 ⑴孔 按钮。

Step2. 选取图 5.31.4 所示的模型表面为主参考，按住 CTRL 键，选取图 5.31.4 所示的轴线为同心轴。

Step3. 在操控板中选取直孔的类型，输入直径值 4.0，选取深度类型 ⊒⊧（穿透）；单击 ✔ 按钮，完成特征的创建。

图 5.31.3 定义次参考

选取此轴线为同心轴

选取此模型表面为主参考

图 5.31.4 孔的放置

5.32 范例 5——基准特征的应用（一）

范例概述

本范例要掌握的重点是：如何借助基准特征更快、更准确地创建所要的特征。三维模型如图 5.32.1 所示，操作步骤如下。

Step1. 新建一个零件模型，将其命名为 actuating_rod。

Step2. 进入零件环境后，将基准平面 FRONT 改名为 CENTER。

Step3. 创建图 5.32.2 所示的零件基础特征——实体拉伸特征 1。单击 模型 功能选项卡 形状 ▼ 区域中的 🗇拉伸 按钮；右击，从系统弹出的快捷菜单中选择 定义内部草绘... 命令；设置草绘平面为 RIGHT 基准平面，草绘视图方向为默认方向，参考平面为 TOP 基准平面，参考方向为 右，单击 草绘 按钮；进入截面草绘环境后，绘制图 5.32.3 所示的特征截面；完成绘制后，单击工具栏中的"确定"按钮 ✔，在操控板中选取深度类型为 日（对称），深度值为 10.0；单击"预览"按钮 ∞，预览所创建的拉伸特征，然后单击"确定"按钮 ✔。

图 5.32.1 范例 5

图 5.32.2 实体拉伸特征 1

图 5.32.3 特征截面图形

Step4. 添加图 5.32.4 所示的零件第二特征——实体拉伸特征 2。首先创建一个基准平面作为草绘平面（这是本步的关键之一）。单击 模型 功能选项卡 基准▼ 区域中的"平面"按钮 ▢，系统弹出图 5.32.5 所示的"基准平面"对话框，在模型树中选取 TOP 基准平面为偏距的参考面，在对话框中输入偏移距离值 135.0（如果设计意图与箭头方向相反，可在数字前加负号"－"），单击 确定 按钮；单击 模型 功能选项卡中的 拉伸 按钮；设置前面创建的基准平面 DTM1 为草绘平面，RIGHT 基准平面为参考平面（图 5.32.6），方向为 下；特征截面如图 5.32.7 所示，在操控板中选取深度类型 ⊥（至曲面），然后选择图 5.32.4 所示的曲面。选取该曲面时，可按鼠标中键把模型旋转到合适的方位，在操控板中单击"预览"按钮 ∞，预览所创建的拉伸特征，然后单击"确定"按钮 ✓。

特征拉伸至此曲面

图 5.32.4 实体拉伸特征 2

图 5.32.5 "基准平面"对话框

图 5.32.6 草绘截面的放置

图 5.32.7 特征截面图形

5.33 范例 6——基准特征的应用（二）

范例概述

本范例是一个特殊用途的轴，看起来似乎需要用到高级特征命令才能完成模型的创建，其实用一些基本的特征命令（拉伸、旋转命令）就可完成。通过对本范例的练习，读者可以进一步掌握这些基本特征命令的使用技巧。零件模型如图 5.33.1 所示。

Step1. 新建并命名零件的模型为 drive_shaft。

Step2. 创建图 5.33.2 所示的基准轴 A_1,相关操作如下。单击 模型 功能选项卡 基准 ▼ 区域中的 ✏ 轴 按钮,系统弹出图 5.33.3 所示的"基准轴"对话框;选取基准平面 TOP,定义为 穿过;按住 Ctrl 键,选取 FRONT 基准平面,定义为 穿过;单击对话框中的 确定 按钮。

图 5.33.1 范例 6

图 5.33.2 创建基准轴 A_1

图 5.33.3 "基准轴"对话框

Step3. 创建图 5.33.4 所示的实体拉伸特征 1,相关操作如下。单击 模型 功能选项卡 形状 ▼ 区域中的 拉伸 按钮;在绘图区中右击,从系统弹出的快捷菜单中选择 定义内部草绘... 命令,进入"草绘"对话框,选择 FRONT 基准平面作为草绘平面,采用模型中默认的方向为草绘视图方向,选取 TOP 基准平面作为草绘平面的参考,选取 上 作为草绘平面参考的方向;单击对话框中的 草绘 按钮。绘制图 5.33.5 所示的特征截面图形(圆),完成特征截面后,单击"确定"按钮 ✔;在操控板中设置两侧的深度类型均为 ⯊,再在"深度"文本框中输入第一侧深度值 120.0,第二侧深度值 50.0;单击"确定"按钮 ✔,完成拉伸特征 1 的创建。

Step4. 创建图 5.33.6 所示的基准平面 DTM1。单击"平面"按钮 ▱,系统弹出"基准平面"对话框,如图 5.33.7 所示;在模型中选取 FRONT 基准平面,设置为"偏移";按住 Ctrl 键,在模型中选取 A_1 基准轴,设置为"穿过";在"旋转"文本框中输入值 10.0,单击 确定 按钮。

图 5.33.4 实体拉伸特征 1

Φ30.0

图 5.33.5 截面图形

图 5.33.6 创建 DTM1

Step5. 添加图 5.33.8 所示的实体拉伸特征 2,相关操作如下。单击 模型 功能选项卡中的 拉伸 按钮;在绘图区中右击,从系统弹出的快捷菜单中选择 定义内部草绘... 命令,进入"草绘"对话框;选择 DTM1 基准平面作为草绘平面,选取 RIGHT 基准平面作为草绘平面的参考,选取 上 作为草绘平面参考的方向;单击对话框中的 草绘 按钮。选取基准平面 RIGHT

和基准轴 A_1 为草绘参考，绘制图 5.33.9 所示的特征截面，完成后单击 ✓ 按钮；在操控板中选取深度类型 ⊟，再输入深度值 40.0，单击"确定"按钮 ✓。

图 5.33.7　"基准平面"对话框　　　图 5.33.8　实体拉伸特征 2　　图 5.33.9　特征截面图形

Step6. 创建图 5.33.10 所示的基准平面 DTM2。单击"平面"按钮 ⬚；在模型中选取图 5.33.11 所示的平面为参考平面，参考类型为"偏移"；在"偏移"文本框中输入值 2.0 （注意设置正确的方向）。

图 5.33.10　创建 DTM2　　　　　　　　图 5.33.11　选取参考平面

Step7. 创建图 5.33.12 所示的基准平面 DTM3。单击"平面"按钮 ⬚；在模型中选取图 5.33.13 所示的平面，设置为"偏移"；在"偏移"文本框中输入值 2.0。

图 5.33.12　创建 DTM3　　　　　　　　图 5.33.13　选取平面

Step8. 添加图 5.33.14 所示的实体切削拉伸特征 3，相关操作如下。单击 ⬚拉伸 按钮，在出现的操控板中确认"实体"类型按钮 ⬚ 被按下，并按下"移除材料"按钮 ⬚ 和"加厚草绘"按钮 ⬚；在绘图区中右击，从系统弹出的快捷菜单中选择 定义内部草绘... 命令，进入"草绘"对话框。草绘平面为 DTM2 基准平面，参考平面为 RIGHT 基准平面，参考平面方向为 左；单击对话框中的 草绘 按钮。进入截面草绘环境后，利用"投影"命令（即单

击按钮 □ 投影 ）创建特征的截面草图（图 5.33.15）；完成特征截面后，单击工具栏中的"确定"按钮 ✔；在操控板中选取深度类型 ╧，再在"深度"文本框中输入深度值 3.0，并在"厚度"文本框中输入厚度值 3.0；单击"确定"按钮 ✔，则完成特征的创建。

Step9. 添加图 5.33.16 所示的实体切削拉伸特征 4，相关操作如下。单击 □ 拉伸 按钮，在出现的操控板中确认"实体"类型按钮 □ 被按下，并按下"移除材料"按钮 ⬜ 和"加厚草绘"按钮 ⊏；右击，从系统弹出的快捷菜单中选择 定义内部草绘… 命令，进入"草绘"对话框。草绘平面为 DTM3 基准平面，参考平面为 RIGHT 基准平面，参考平面方向为 右 ，其余的操作步骤参见 Step8。

图 5.33.14　实体切削拉伸特征 3　　图 5.33.15　截面草图　　| 5.33.16　实体切削拉伸特征 4

Step10. 创建图 5.33.17b 所示的倒圆角特征。单击 模型 功能选项卡 工程 ▼ 区域中的 倒圆角 ▼ 按钮；按住 Ctrl 键，在模型上选择图 5.33.17a 所示的两条边线；在操控板中的"圆角半径"文本框中输入值 6.5，并按 Enter 键；单击"确定"按钮 ✔，则完成特征的创建。

选择这两条边线

a）倒圆角前　　　　　　　　　　　　　　　　b）倒圆角后

图 5.33.17　创建倒圆角特征

Step11. 添加图 5.33.18b 所示的倒角特征。单击 模型 功能选项卡 工程 ▼ 区域中的 倒角 ▼ 按钮；选取图 5.33.18a 所示的边线为倒角放置参考；选取倒角方案为 D x D ，输入 D 值 2.0；预览并完成倒角特征。

选择这两条边线

a）倒角前　　　　　　　　　　　　　　　b）倒角后

图 5.33.18　创建倒角特征

5.34　范例 7——特征的成组与阵列

范例概述

本范例的零件模型如图 5.34.1 所示，难点主要集中在带倾斜角零件的创建及其阵列，读者要重点掌握基准平面的创建及组阵列的技巧和思路。

Step1. 新建一个零件的三维模型，将其命名为 fan_hub。

Step2. 添加图 5.34.2 所示的实体旋转特征。单击 模型 功能选项卡 形状▼ 区域中的 ◆◆ 旋转 按钮；设置 TOP 基准平面为草绘平面，RIGHT 基准平面为参考平面，方向为 右；特征截面如图 5.34.3 所示；旋转角度类型为 ⊥，角度值为 360.0。

图 5.34.1 范例 7

图 5.34.2 添加实体旋转特征

图 5.34.3 特征截面图形

Step3. 添加图 5.34.4 所示的实体拉伸特征。创建基准平面 DTM1。单击"平面"按钮 ▱，选取 A_1 轴（即 Step2 中的旋转轴）为要穿过的轴；按住 Ctrl 键，在模型树中选取 RIGHT 基准平面为偏移的参考面，输入角度值 30；单击对话框中的 确定 按钮，该平面穿过 A_1 轴并且与 DTM1 基准平面垂直（法向）；单击"平面"命令按钮 ▱，在模型树中选取 FRONT 基准平面为偏移基准平面，偏移距离值为 100.0，单击 确定 按钮；单击按钮 ╱ 轴，该轴穿过 DTM3 基准平面及 DTM1 基准平面；单击"平面"命令按钮 ▱，选取 A_2 轴为要穿过的轴，选取 DTM3 基准平面为偏移的参考面，输入角度值 10.0；单击 确定 按钮。单击"拉伸"命令按钮 ▱ 拉伸；设置基准平面 DTM4 为草绘平面，DTM2 为参考平面，方向为 上；选取 A_2 轴及 DTM2 为草绘参考，特征截面如图 5.34.5 所示，深度类型为 ⊥，深度值为 20.0。

图 5.34.4 添加实体拉伸特征

图 5.34.5 特征截面图形

Step4. 添加图 5.34.6 所示的阵列特征，相关操作如下。按住 Ctrl 键，分别选取 DTM1、DTM2、DTM3、A_2、DTM4 及 Step3 中创建的实体拉伸特征；单击 模型 功能选项卡中的 操作▼ 按钮，在系统弹出的菜单中选择 分组 命令，此时 DTM1、DTM2、DTM3、A_3、DTM4 及 Step3 中创建的实体拉伸特征合并为 ▱组 LOCAL_GROUP；单击 ▱组 LOCAL_GROUP，然后右击，从系统弹出的快捷菜单中选择 重命名 命令，将 ▱组 LOCAL_GROUP 重命名为组 F，则完成组的创建。在模型树中单击"组 F",右击,选择 ⊞ 命令;在操控板中选择 轴 选项,然后选取绘图区中的轴 A_1,在"方向 1"的"增量"文本框中输入角度增量值为 90.0;在操控板中输入第一方向的阵列个数 4;单击 ✓ 按钮,完成阵列操作。

Step5. 添加图 5.34.7 所示的实体切削特征。单击 拉伸 按钮,然后在操控板中按下"移除材料"按钮 ;选取图 5.34.7 所示的模型表面为草绘平面,参考平面为默认;特征的截面草图如图 5.34.8 所示,拉伸方式为 ,深度值为 150.0。

图 5.34.6 添加阵列特征

图 5.34.7 添加实体切削特征

图 5.34.8 截面草图

5.35 范例 8——抽壳与扫描特征的应用

范例概述

本范例主要运用了实体拉伸、扫描、倒圆角和抽壳等命令。首先创建作为主体的拉伸及扫描实体,然后进行倒圆角,最后利用抽壳做成壳体。零件模型如图 5.35.1 所示。

Step1. 新建一个零件的三维模型,将零件模型命名为 cover_up。

Step2. 创建图 5.35.2 所示的零件基础特征——实体拉伸特征 1。单击 模型 功能选项卡 形状 ▼ 区域中的 拉伸 按钮,右击,选择 定义内部草绘... 命令;选择 FRONT 基准平面作为草绘面,选取 RIGHT 基准平面作为参考平面,方向为 右;单击 草绘 按钮。绘制图 5.35.3 所示的特征截面,完成后单击"确定"按钮 ✓;在操控板中选择深度类型 ,深度值为 200.0,单击"确定"按钮 ✓。

图 5.35.1 范例 8

图 5.35.2 实体拉伸特征 1

图 5.35.3 特征截面草图

Step3. 添加图 5.35.4 所示的草图 1。单击 模型 功能选项卡 基准 ▼ 区域中的"草绘"按钮 ;选取 RIGHT 基准平面作为草绘面,选取 TOP 基准平面作为参考面,方向为 下;单击 草绘 按钮,系统进入草绘环境;选取图 5.35.5 中的边线为草绘参考,在草图环境中绘制并标注图 5.35.5 所示的草图 1；单击 ✓ 按钮，退出草绘环境。

图 5.35.4　草图 1（建模环境）　　　　图 5.35.5　草图 1（草绘环境）

Step4. 添加图 5.35.6 所示的扫描特征——扫描 1。单击 模型 功能选项卡 形状 ▾ 区域中的 ✎扫描 ▾ 按钮，在操控板中确认"实体"按钮 □ 和"恒定轨迹"按钮 ⊟ 被按下，在图形区中选取图 5.35.4 所示的草图 1 为扫描轨迹曲线；单击扫描起始箭头，使其如图 5.35.7 所示；在操控板中单击"创建或编辑扫描截面"按钮 ☑，系统进入草绘环境；绘制并标注图 5.35.8a 所示的扫描截面草图，完成后单击草绘工具栏中的"确定"按钮 ✓；单击操控板中的 ✓ 按钮，完成扫描 1 的创建。

图 5.35.6　扫描 1　　　　　　图 5.35.7　添加扫描特征

a）与屏幕平行的状态　　　　　　b）与屏幕不平行的状态

图 5.35.8　扫描截面草图

Step5. 添加图 5.35.9 所示的实体拉伸特征 2。单击 模型 功能选项卡中的 ⊿拉伸 按钮，草绘平面及草绘平面的参考平面如图 5.35.9 所示，参考方向是 左；特征的截面草图如图 5.35.10 所示（四条边线均为"投影边"），拉伸方式为 ╧（即至曲面）；选择图 5.35.9 所示的曲面。

图 5.35.9　实体拉伸特征 2　　　　图 5.35.10　特征截面草图

Step6. 添加图 5.35.11b 所示的圆角特征 1。单击 模型 功能选项卡 工程 ▼ 区域中的
🗋倒圆角 ▼ 按钮，选择图 5.35.11a 中的两条边线为要倒圆角的边线，圆角半径值为 3.0。

a）倒圆角前   b）倒圆角后

图 5.35.11　创建圆角特征 1

Step7. 添加图 5.35.12b 所示的圆角特征 2，相关操作参见 Step6，圆角半径值为 5.0。

a）倒圆角前   b）倒圆角后

图 5.35.12　创建圆角特征 2

Step8. 添加抽壳特征 1。单击 模型 功能选项卡 工程 ▼ 区域中的 回壳 按钮；要去除的
面如图 5.35.13 所示，壁厚值为 2.0。

图 5.35.13　抽壳特征 1

5.36　范例 9——扫描混合特征的应用

范例概述

本范例是一个比较综合的练习，其关键是模型中扫描混合特征的创建。零件模型如图 5.36.1
所示。

Step1. 新建一个零件模型，将其命名为 instance_top_cover。

Step2. 创建图 5.36.2 所示的零件基础特征——实体拉伸特征 1。单击 模型 功能选项卡
形状 ▼ 区域中的 🗋拉伸 按钮，右击，从系统弹出的快捷菜单中选择 定义内部草绘… 命令；选
取 FRONT 基准平面作为草绘平面，选取 RIGHT 基准平面作为参考平面，方向为"右"；

在"草绘"对话框中单击 草绘 按钮，创建特征截面，绘制图 5.36.3 所示的特征截面；完成特征截面后，单击"确定"按钮 ✓；在操控板中选取深度类型 🔲，输入深度值 250.0，单击"确定"按钮 ✓。

图 5.36.1 范例9

图 5.36.2 实体拉伸特征1

图 5.36.3 截面图形

Step3. 添加图 5.36.4 所示的实体切削拉伸特征2。单击"拉伸"命令按钮 拉伸；在出现的操控板中确认"实体"类型按钮 🔲 被按下，并按下"移除材料"按钮 ；在绘图区中右击，从系统弹出的快捷菜单中选择 定义内部草绘... 命令，进入"草绘"对话框；选取图 5.36.4 所示的模型表面为草绘平面，参考平面的方向是"顶"，参考平面为 FRONT 基准平面；在"草绘"对话框中单击 草绘 按钮，进入截面草绘环境后，绘制图 5.36.5 所示的截面草图；完成特征截面后，单击工具栏中的"确定"按钮 ✓；在操控板中选取深度类型 非 （即"穿过所有"），可单击 来切换切削的方向；单击"确定"按钮 ✓，完成拉伸特征的创建。

图 5.36.4 实体切削拉伸特征2

图 5.36.5 截面草图

Step4. 创建图 5.36.6 所示的基准平面 DTM1。在模型树中选取 TOP 基准平面为偏移基准平面，偏移距离值为 110.0。

Step5. 创建图 5.36.7 所示的基准平面 DTM2，选取 TOP 基准平面为偏移参考，偏移距离值为 15。

图 5.36.6 基准平面 DTM1

图 5.36.7 基准平面 DTM2

Step6. 添加图 5.36.8 所示的草图1。单击 模型 功能选项卡 基准 ▼ 区域中的"草绘"按钮 ，选取 FRONT 基准平面作为草绘面，选取 RIGHT 基准平面作为参考面，方向为 右；单击 草绘 按钮，系统进入草绘环境；在草图环境中选取 DTM1 与 DTM2 为草绘参考，绘制并标注图 5.36.9 所示的草图；单击 ✓ 按钮，退出草绘环境。

图 5.36.8　草图 1（建模环境）

图 5.36.9　草图 1（草绘环境）

Step7. 添加图 5.36.10 所示的草图 2。单击"草绘"按钮，选取 DTM1 作为草绘面，选取 RIGHT 基准平面作为参考面，方向为 **右**；单击 **草绘** 按钮，系统进入草绘环境；在草图环境中选取圆孔的边线为草绘参考，绘制并标注图 5.36.11 所示的草图；单击 ✔ 按钮，退出草绘环境。

图 5.36.10　草图 2（建模环境）

图 5.36.11　草图 2（草绘环境）

Step8. 添加图 5.36.12 所示的草图 3。单击"草绘"按钮，选取 DTM2 作为草绘面，选取 RIGHT 基准平面作为参考面，方向为 **右**；单击 **草绘** 按钮，系统进入草绘环境；在草图环境中选取圆孔边线为草绘参考，绘制一个圆，然后选取草图 2 的 4 个顶点为参考，绘制 4 条中心线，最后在相应的位置将其分割成 4 个部分，如图 5.36.13 所示；单击 ✔ 按钮，退出草绘环境。

图 5.36.12　草图 3（建模环境）

图 5.36.13　草图 3（草绘环境）

Step9. 添加图 5.36.14 所示的扫描混合切削特征。单击 **模型** 功能选项卡 **形状▼** 区域中的按钮 ✐扫描混合，系统弹出"扫描混合"操控板；在操控板中确认"实体"按钮□被按下，并按下"移除材料"按钮✑；在图形区中选取图 5.36.8 所示的草图 1 为轨迹曲线，单击起始箭头切换扫描混合的起始点，切换后的轨迹曲线如图 5.36.15 所示（如箭头与图示位置相符，则无须切换）；在操控板中单击 **截面** 按钮，在系统弹出的界面中选中 ⦿ 选定截面 单选项；在图形区中选取图 5.36.10 所示的草图 2 为截面 1，拖动图 5.36.16 所示的截面上的顶点滑块，使其处于图 5.36.16 所示的位置；确认混合方向与图示位置相符，如不符，可以单击箭头反转方向；单击操控板中的 **插入** 按钮，在图形区中选取图 5.36.12 所示的草图 3 为截面 2；拖动图 5.36.17 所示的截面上的顶点滑块，使其处于图示位置；确认混合方向与图示位置相符；单击操控板中的 ✓ 按钮，完成扫描混合特征的创建。

图 5.36.14　扫描混合切削特征

图 5.36.15　切换起始箭头

图 5.36.16　定义截面 1

图 5.36.17　定义截面 2

Step10. 添加图 5.36.18 所示的变半径倒圆角特征 1。单击 **模型** 功能选项卡 **工程▼** 区域中的 **倒圆角 ▼** 按钮，在模型上选择图 5.36.18 中的四条边线；在操控板中单击 **集** 按钮，在定义半径的栏中右击，选择 **添加半径** 命令；如图 5.36.19 所示，修改各处的半径值。完成后，"设置"界面如图 5.36.20 所示。浏览所创建的倒圆角特征，单击"确定"按钮 ✓，则完成特征的创建。

图 5.36.18　倒圆角特征 1

图 5.36.19　修改各处半径

图 5.36.20　"设置"界面

Step11. 添加图 5.36.21 所示的实体切削拉伸特征 3。直接单击"拉伸"命令按钮 **拉伸**，在出现的操控板中确认"实体"类型按钮 □ 被按下，并按下"移除材料"按钮 ⬠；在绘图区中右击，从系统弹出的快捷菜单中选择 **定义内部草绘…** 命令，进入"草绘"对话框；草绘平面为图 5.36.21 所示的模型表面，参考平面为 RIGHT 基准平面，方向是"右"；单击 **草绘**

按钮，系统进入截面草绘环境；进入截面草绘环境后，绘制图 5.36.22 所示的截面草图；完成特征截面后，单击工具栏中的"确定"按钮 ✓；在操控板中选取深度类型 ⊥，输入深度值 8.0，单击"确定"按钮 ✓。

图 5.36.21　实体切削拉伸特征 3

图 5.36.22　截面草图

Step12. 镜像特征。镜像复制 Step11 中的实体切削拉伸特征 3，相关操作如下。在图形区中选取要镜像复制的切削拉伸特征（或在模型树中选择"拉伸 3"），单击 模型 功能选项卡 编辑 ▼ 区域中的"镜像"按钮 ⅠⅠⅠ，选择 FRONT 基准平面为镜像中心平面；单击"镜像"操控板中的 ✓ 按钮，完成镜像操作。

Step13. 添加图 5.36.23 所示的倒圆角特征 2。单击 模型 功能选项卡 工程 ▼ 区域中的 倒圆角 ▼ 按钮，在模型上选择图 5.36.23 中的两条内侧边线；在操控板中的"圆角半径"文本框中输入值 3.0，并按 Enter 键；单击"确定"按钮 ✓，完成特征的创建。

Step14. 添加图 5.36.24 所示的倒圆角特征 3，相关操作参见 Step13，圆角半径值为 5.0。

图 5.36.23　倒圆角特征 2

图 5.36.24　倒圆角特征 3

Step15. 添加图 5.36.25 所示的倒圆角特征 4，圆角半径值为 5.0。

Step16. 添加图 5.36.26 所示的倒圆角特征 5（两切削特征的外沿），圆角半径值为 3.0。

图 5.36.25　倒圆角特征 4

图 5.36.26　倒圆角特征 5

Step17. 添加抽壳特征 1。单击 模型 功能选项卡 工程 ▼ 区域中的 壳 按钮，选取图 5.36.27 所示的模型表面为要去除的面，抽壳的壁厚值为 3.0。

图 5.36.27　添加抽壳特征 1

Step18. 添加图 5.36.28 所示的倒圆角特征 6,圆角半径值为 10.0。

放大图

图 5.36.28　倒圆角特征 6

5.37　范例 10——螺旋扫描特征的应用

范例概述

本范例介绍了一个钻头的创建过程,此过程的关键是要创建一个切口螺旋扫描特征,然后对其阵列。零件模型如图 5.37.1 所示。

Step1. 新建一个零件模型,将其命名为 driller。

Step2. 创建图 5.37.2 所示的零件基础特征——实体拉伸特征,相关操作如下。单击 模型 功能选项卡 形状 ▼ 区域中的 拉伸 按钮;在图形区中空白处右击,从系统弹出的快捷菜单中选择 定义内部草绘... 命令;选取 FRONT 基准平面为草绘平面,RIGHT 基准平面为参考平面,方向为 右 ;单击按钮 草绘 。进入截面草绘环境后,绘制图 5.37.3 所示的截面草图,完成后单击“确定”按钮 ✓ ;在操控板中选取深度类型 ╧ (即“定值”拉伸),深度值为 90.0,单击“确定”按钮 ✓ 。

图 5.37.1　范例 10

图 5.37.2　实体拉伸特征

12.0

图 5.37.3　截面草图

Step3. 创建图 5.37.4 所示的切削旋转特征,相关操作如下。单击 模型 功能选项卡 形状 ▼ 区域中的 旋转 按钮,按下“移除材料”按钮 ✓ ;右击,选择 定义内部草绘... 命令,草绘平面为 TOP 基准平面,参考平面为 RIGHT 基准平面,方向为 上 ;单击 草绘 按钮。进入截面草绘环境后,选取图 5.37.5 所示的边线 1 和边线 2 作为草绘参考;绘制图 5.37.5 所示的特征截面,绘制完成后单击按钮 ✓ ;在操控板中选取旋转角度类型 ╧ ,旋转角度值为 360.0;单击“确定”按钮 ✓ 。

图 5.37.4　切削旋转特征

旋转轴　　边线 1　　放大图

54.0

边线 2

图 5.37.5　截面图形

Step4. 创建图 5.37.6 所示的切削螺旋扫描特征，相关操作如下。单击 模型 功能选项卡 形状 ▾ 区域 扫描 ▾ 按钮中的 ▾，在系统弹出的菜单中选择 螺旋扫描 命令，系统弹出"螺旋扫描"操控板；在操控板中确认"实体"按钮 和"使用右手定则"按钮 被按下，然后按下"移除材料"按钮 ；单击操控板中的 参考 按钮，在系统弹出的界面中单击 定义... 按钮，系统弹出"草绘"对话框；选取 RIGHT 基准平面作为草绘平面，选取 FRONT 基准平面作为参考平面，方向为 右 ，系统进入草绘环境；绘制图 5.37.7 所示的螺旋扫描轨迹草图，单击按钮 ✔，退出草绘环境；在操控板的 8.0 ▾ 文本框中输入节距值 30.0，并按 Enter 键；在操控板中单击按钮 ，系统进入草绘环境，绘制和标注图 5.37.8 所示的截面，然后单击"草绘"工具栏中的 ✔ 按钮；单击操控板中的 ✔ 按钮，完成特征的创建。

图 5.37.6 切削螺旋扫描特征   图 5.37.7   螺旋的扫描线

Step5. 创建图 5.37.9 所示的阵列特征，相关操作如下。在模型树中单击 螺旋扫描 1 特征，再右击，选择 阵列... 命令；在操控板的"阵列类型"下拉列表中选择 轴 选项，再选取图 5.37.9 所示的基准轴；在操控板中的"阵列数量"文本框中输入数量值 2，在"增量"文本框中输入角度增量值 180.0，单击"确定"按钮 ✔。

图 5.37.8   螺旋截面   图 5.37.9   阵列特征

5.38 综 合 范 例

5.38.1 范例 1——手机护套

范例概述

本范例介绍了一个手机护套的创建过程，此过程综合运用了拉伸、倒圆角、自动倒圆角、抽壳和扫描等命令。零件模型如图 5.38.1 所示。

Step1. 新建一个零件模型，将其命名为 plastic_sheath。

Step2. 创建图 5.38.2 所示的零件基础特征——实体拉伸特征 1，相关操作如下。单击 模型 功能选项卡 形状 ▼ 区域中的 □拉伸 按钮；在图形区中空白处右击，从系统弹出的快捷菜单中选择 定义内部草绘... 命令，选取 TOP 基准平面为草绘平面，RIGHT 基准平面为参考平面，方向为 右 ，单击 草绘 按钮。进入截面草绘环境后，绘制图 5.38.3 所示的截面草图，完成后单击"确定"按钮 ✓；在操控板中选取深度类型 ⊥ （即"定值"拉伸），深度值为 45.0；单击"确定"按钮 ✓，完成实体拉伸特征 1 的创建。

图 5.38.1 零件模型

图 5.38.2 实体拉伸特征 1

图 5.38.3 截面草图

Step3. 添加图 5.38.4b 所示的倒圆角特征 1。单击 模型 功能选项卡 工程 ▼ 区域中的 倒圆角 ▼ 按钮，在模型上选择图 5.38.4a 中的两条边线；在操控板的"圆角半径"文本框中输入数值 8.0，并按 Enter 键；单击"确定"按钮 ✓，完成倒圆角特征 1 的创建。

选取这两条内边线

a) 倒圆角前　　　　　　　　　　　　　　　　　　　b) 倒圆角后

图 5.38.4 添加倒圆角特征 1

Step4. 添加图 5.38.5b 所示的自动倒圆角特征 1。单击 模型 功能选项卡 工程 ▼ 区域 倒圆角 ▼ 按钮中的 ▼ ，在系统弹出的菜单中选择 自动倒圆角 命令；在操控板中单击 范围 按钮，在系统弹出的"范围"界面上选取 ● 实体几何 单选项、 ✓ 凸边 和 ✓ 凸边 复选框；在"自动倒圆角"操控板中单击 排除 按钮后，选取图 5.38.5a 所示的四条边；在"凸边" ▼ 文本框中输入凸边的半径值 6.0，采用默认的凹边半径值；在操控板中单击"确定"按钮 ✓，完成自动倒圆角特征 1 的创建。

Step5. 添加抽壳特征 1。单击 模型 功能选项卡 工程 ▼ 区域中的 抽壳 按钮，选取图 5.38.6a 所示的面为"去除面"；在 厚度 文本框中输入壁厚值为 1.0，在操控板中单击"确定"按钮 ✓，完成抽壳特征的创建。

选取这四条内边线

a）倒圆角前

b）倒圆角后

图 5.38.5　添加自动倒圆角特征 1

选取此面为要移除的面

a）抽壳前

b）抽壳后

图 5.38.6　添加抽壳特征 1

Step6. 创建图 5.38.7 所示的拉伸特征 2。单击 模型 功能选项卡 形状 ▼ 区域中的 拉伸 按钮，按下操控板中的"移除材料"按钮 ；在图形区空白处右击，从系统弹出的快捷菜单中选择 定义内部草绘... 命令；选取 RIGHT 基准平面为草绘平面，TOP 基准平面为参考平面，方向为 左；单击 草绘 按钮。进入截面草绘环境后，绘制图 5.38.8 所示的截面草图，完成后单击"确定"按钮 ；在操控板上单击 选项 按钮，在系统弹出的 深度 面板的 侧 1 下拉列表中选取深度类型 （即"穿透"拉伸），在 侧 2 下拉列表中也选取深度类型 ；单击"确定"按钮 ，完成实体切削拉伸特征 2 的创建。

图 5.38.7　实体切削拉伸特征 2

图 5.38.8　截面草图

Step7. 创建图 5.38.9 所示的实体切削拉伸特征 3。单击 拉伸 按钮，按下"移除材料"按钮 ；右击，从系统弹出的快捷菜单中选择 定义内部草绘... 命令；选取 TOP 基准平面为草绘平面，RIGHT 基准平面为参考平面，方向为 右；单击 草绘 按钮，进入截面草绘环境后，绘制图 5.38.10 所示的截面草图，完成后单击"确定"按钮 ；在操控板上选取深度类型 （即"穿透"拉伸），然后单击 按钮，单击"确定"按钮 ，完成实体切削拉伸特征 3 的创建。

图 5.38.9　实体切削拉伸特征 3

图 5.38.10　截面草图

Step8. 创建图 5.38.11 所示的实体切削拉伸特征 4。单击 ⬚拉伸 按钮，按下"移除材料"按钮 ◿ ；选取 RIGHT 基准平面为草绘平面，TOP 基准平面为参考平面，方向为 左 ；进入截面草绘环境后，绘制图 5.38.12 所示的截面草图；在操控板上选取深度类型 非 （即"穿透"拉伸），然后单击 ⅍ 按钮，单击"确定"按钮 ✓ 。

图 5.38.11 实体切削拉伸特征 4

图 5.38.12 截面草图

Step9. 添加图 5.38.13 所示的倒圆角特征 2。单击 模型 功能选项卡 工程 ▼ 区域中的 倒圆角 ▼ 按钮，在模型上选择图 5.38.14 中的两条边线；在操控板中的"圆角半径"文本框中输入值 2.0，并按 Enter 键；单击"确定"按钮 ✓ ，完成倒圆角特征 2 的创建。

图 5.38.13 倒圆角特征 2

图 5.38.14 选取边线

Step10. 添加图 5.38.15 所示的倒圆角特征 3。在模型上选择图 5.38.16 中的两条边线，圆角半径值为 4.0。

图 5.38.15 倒圆角特征 3

图 5.38.16 选取边线

Step11. 添加图 5.38.17 所示的倒圆角特征 4。在模型上选择图 5.38.18 中的两条边线，圆角半径值为 3.0。

图 5.38.17 倒圆角特征 4

图 5.38.18 选取边线

Step12. 添加图 5.38.19 所示的倒圆角特征 5。在模型上选择图 5.38.20 中的三条边线，圆角半径值为 1.0。

图 5.38.19　倒圆角特征 5

图 5.38.20　选取边线

Step13. 创建图 5.38.21 所示的实体切削拉伸特征 5。单击 按钮，按下"移除材料"按钮 ；选取图 5.38.21 所示的表面为草绘平面，采用系统默认的参考平面和方向；进入截面草绘环境后，绘制图 5.38.22 所示的截面草图；在操控板上选取深度类型为 （定值），在"拉伸深度"文本框中输入深度值 0.5，单击"确定"按钮 。

图 5.38.21　实体切削拉伸特征 5

图 5.38.22　截面草图

Step14. 添加图 5.38.23 所示的特征——扫描特征。绘制图 5.38.24 所示的扫描轨迹曲线。单击 **模型** 功能选项卡 **基准 ▼** 区域中的"草绘"按钮 ；选取 RIGHT 基准平面作为草绘面，选取 TOP 基准平面作为参考平面，方向为 **左** ，单击 **草绘** 按钮，系统进入草绘环境；绘制并标注扫描轨迹，如图 5.38.25 所示；单击 按钮，退出草绘环境。单击 **模型** 功能选项卡 **形状 ▼** 区域中的 **扫描 ▼** 按钮，系统弹出"扫描"操控板；在操控板中确认"实体"按钮 和"恒定轨迹"按钮 被按下；在图形区中选取图 5.38.24 所示的扫描轨迹曲线；单击箭头切换扫描的起始点，如图 5.38.26 所示；在操控板中单击"创建或编辑扫描截面"按钮 ，系统进入草绘环境；绘制并标注图 5.38.27 所示的截面草图，完成后，单击"草绘完成"按钮 ；单击操控板中的 按钮，完成扫描特征的创建。

图 5.38.23　扫描特征

图 5.38.24　扫描轨迹（建模环境）

图 5.38.25　扫描轨迹（草绘环境）

Step15. 创建图 5.38.28 所示的实体拉伸特征 6。单击 拉伸 按钮，按下"移除材料"按钮 ，右击，从系统弹出的快捷菜单中选择 定义内部草绘... 命令；选取图 5.38.28 所示的表面为草绘平面，方向为 **右** ；单击 **草绘** 按钮，进入截面草绘环境后，绘制图 5.38.29 所示的截面草图，完成后单击"确定"按钮 ✔；在操控板上选取深度类型 ‡ (即"穿透"拉伸)，然后单击 ⁒ 按钮。

图 5.38.26 切换扫描起始点

图 5.38.27 扫描截面草图

图 5.38.28 实体切削拉伸特征 6

Step16. 创建图 5.38.30 所示的实体旋转特征 1。单击 模型 功能选项卡 形状 ▼ 区域中的 ⊕ 旋转 按钮；选取 RIGHT 基准平面为草绘平面，采用模型中默认的参考和方向；绘制图 5.38.31 所示的截面草图；旋转角度类型为 ⊥ (即草绘平面以指定的角度值旋转)，角度值为 360.0。

图 5.38.29 截面草图

图 5.38.30 实体旋转特征 1

Step17. 添加图 5.38.32 所示的自动倒圆角特征 2。单击 模型 功能选项卡 倒圆角 ▼ 按钮中的 ▼，选择 自动倒圆角 命令；在操控板中单击 范围 按钮，在系统弹出的 "范围"界面上选中 ⊙ 实体几何 单选项、 ☑ 凸边 和 ☑ 凹边 复选框；在"凸边" 文本框中输入凸边的半径值 0.3，采用默认的凹边半径值；在操控板中单击"确定"按钮 ✔，完成自动倒圆角特征 2 的创建。

图 5.38.31 截面草图

图 5.38.32 添加自动倒圆角特征 2

5.38.2 范例2——盒子

范例概述

本范例主要运用了拉伸、抽壳、阵列和孔等命令。在进行"阵列"特征时，读者要注意选择恰当的阵列方式，此外在绘制拉伸截面草图的过程中要选取合适的草绘参照，以便简化草图的绘制。零件模型及模型树如图 5.38.33 所示。

图 5.38.33　零件模型及模型树

Step1. 新建零件模型。新建一个零件模型，命名为 BOX，并选用 `mmns_part_solid` 零件模板。

Step2. 创建图 5.38.34 所示的拉伸特征 1。在操控板中单击"拉伸"按钮 拉伸，选取 FRONT 基准平面为草绘平面，选取 RIGHT 基准平面为参考平面，方向为 右；单击 草绘 按钮，绘制图 5.38.35 所示的截面草图；在操控板中选择拉伸类型为 ，输入深度值 30.0；单击 按钮，完成拉伸特征 1 的创建。

图 5.38.34　拉伸 1　　　　　图 5.38.35　截面草图

R10.0
90.0
125.0

Step3. 创建图 5.38.36b 所示的抽壳特征 1。单击 模型 功能选项卡 工程 ▼ 区域中的"壳"按钮 壳，选取图 5.38.36a 所示的面为移除面，在 厚度 文本框中输入壁厚值为 10.0，单击 按钮，完成抽壳特征 1 的创建。

选取此面为要移除的面

a）抽壳前　　　　　　　b）抽壳后

图 5.38.36　壳 1

Step4. 创建图 5.38.37b 所示的拉伸特征 2。在操控板中单击"拉伸"按钮 拉伸。在操控板中按下"移除材料"按钮 ；选取图 5.38.37a 所示的模型表面为草绘平面，RIGHT

基准面为参照平面，方向为 右；单击 草绘 按钮，绘制图 5.38.38 所示的截面草图；在操控板中选择拉伸类型为 ⌶，输入深度值 27.0；单击 ✔ 按钮，完成拉伸特征 2 的创建。

a）拉伸前　　　　　b）拉伸后

图 5.38.37　拉伸 2

图 5.38.38　截面草图

Step5. 创建图 5.38.39b 所示的抽壳特征 2。单击 模型 功能选项卡 工程 ▼ 区域中的"壳"按钮 回壳，选取图 5.38.39a 所示的面(如图所示的上表面及各侧面)为移除面，在 厚度 文本框中输入壁厚值为 3.0，单击 ✔ 按钮，完成抽壳特征 2 的创建。

选取要移除的面

a）抽壳前　　　　图 5.38.39　壳 2　　　　b）抽壳后

Step6. 创建图 5.38.40 所示的拉伸特征 3。在操控板中单击"拉伸"按钮 拉伸，在操控板中按下"移除材料"按钮；选取 FRONT 基准平面为草绘平面，选取 RIGHT 基准平面为参考平面，方向为 右；单击 草绘 按钮，绘制图 5.38.41 所示的截面草图，在操控板中选择拉伸类型为 非；单击 ╱ 按钮，单击 ✔ 按钮，完成拉伸特征 3 的创建。

Step7. 创建图 5.38.42 所示的拉伸特征 4。在操控板中单击"拉伸"按钮 拉伸，在操控板中按下"移除材料"按钮，选取 FRONT 基准平面为草绘平面，选取 RIGHT 基准平面为参考平面，方向为 右；单击 草绘 按钮，绘制图 5.38.43 所示的截面草图；在操控板中选择拉伸类型为 ⌶，输入深度值 29.0；单击 ╱ 按钮，单击 ✔ 按钮，完成拉伸特征 4 的创建。

图 5.38.40　拉伸 3

图 5.38.41　截面草图

放大图

图 5.38.42　拉伸 4

Step8. 创建图 5.38.44 所示的拉伸特征 5。在操控板中单击"拉伸"按钮 拉伸，选取图 5.38.45 所示的模型表面为草绘平面；选取 RIGHT 基准平面为参考平面，方向为 右；单击 草绘 按钮，绘制图 5.38.46 所示的截面草图；在操控板中选择拉伸类型为 ⌶，输入深度值 3.0；单击 按钮调整拉伸方向，单击 ✔ 按钮，完成拉伸特征 5 的创建。

图 5.38.43　截面草图

图 5.38.44　拉伸 5

图 5.38.45　定义草绘平面

图 5.38.46　截面草图

Step9. 创建图 5.38.47b 所示的倒圆角特征 1。单击 模型 功能选项卡 工程 ▾ 区域中的 ⌒倒圆角 ▾ 按钮，选取图 5.38.47a 所示的边线为倒圆角的边线，输入倒圆角半径值 4.0。

Step10. 创建倒圆角特征 2。单击 模型 功能选项卡 工程 ▾ 区域中的 ⌒倒圆角 ▾ 按钮，选取图 5.38.48 所示的边线为倒圆角的边线，在"倒圆角半径"文本框中输入值 4.0。

a）圆角前　　　　　　　　　b）圆角后

图 5.38.47　倒圆角 1　　　　　图 5.38.48　定义倒圆角 2 的参照

Step11. 创建倒圆角特征 3。单击 模型 功能选项卡 工程 ▾ 区域中的 ⌒倒圆角 ▾ 按钮，选取图 5.38.49 所示的边线为倒圆角的边线，在"倒圆角半径"文本框中输入值 4.0。

Step12. 创建倒圆角特征 4。单击 模型 功能选项卡 工程 ▾ 区域中的 ⌒倒圆角 ▾ 按钮，选取图 5.38.50 所示的边线为倒圆角的边线，在"倒圆角半径"文本框中输入值 4.0。

图 5.38.49　定义倒圆角 3 的参照　　　　　图 5.38.50　定义倒圆角 4 的参照

Step13. 创建图 5.38.51b 所示的倒圆角特征 5。单击 模型 功能选项卡 工程 ▾ 区域中的 ⌒倒圆角 ▾ 按钮，选取图 5.38.51a 所示的边线为倒圆角的边线，输入倒圆角半径值 2.0。

选取此边线为圆角参照
放大图
a）圆角前
放大图
b）圆角后

图 5.38.51　倒圆角 5

Step14. 创建图 5.38.52 所示的拉伸特征 6。在操控板中单击"拉伸"按钮 ，在操控板中按下"移除材料"按钮 ，选取图 5.38.53 所示的平面为草绘平面和参照平面，方向为 上；单击 草绘 按钮，绘制图 5.38.54 所示的截面草图；在操控板中选择拉伸类型为 ，输入深度值 10.0；单击 按钮，完成拉伸特征 6 的创建。

Step15. 创建图 5.38.55b 所示的倒圆角特征 6。单击 模型 功能选项卡 工程 ▼ 区域中的 倒圆角 ▼ 按钮，选取图 5.38.55a 所示的边线为倒圆角的边线，输入倒圆角半径值 2.0。

选取此面为参照平面
选取此面为草绘平面
20.0

图 5.38.52　拉伸 6　图 5.38.53　定义草绘和参照平面　图 5.38.54　截面草图

选取此边线为圆角参照
a）圆角前
b）圆角后

图 5.38.55　倒圆角 6

Step16. 创建图 5.38.56 所示的孔特征 1。单击 模型 功能选项卡 工程 ▼ 区域中的 孔 按钮，按住 Ctrl 键，选取图 5.38.57 所示的面和基准轴 A_3 为主参照；在操控板中单击 按钮，再单击"深加沉头孔" 按钮；单击 形状 按钮，按照图 5.38.58 所示的"形状"界面中的参数设置来定义孔的形状；在操控板的 文本框中输入直径值 3.0；选取深度类型 ，输入深度值 10.0；在操控板中单击 按钮，完成孔特征 1 的创建。

选取此面为参照
放大图
A_3
放大图
选取该圆柱面对应的轴 A_3 为参照

图 5.38.56　孔 1　图 5.38.57　定义孔的放置参照

图 5.38.58 孔参数设置

Step17. 创建图 5.38.59b 所示的镜像特征 1。在模型树中选取 Step16 创建的特征 孔 1，单击 模型 功能选项卡 编辑 ▾ 区域中的"镜像"按钮 ，选取 RIGHT 基准平面为镜像平面，单击 ✔ 按钮，完成镜像特征 1 的创建。

a）镜像前　　　　　　　　　　　　　　　　　　　b）镜像后

图 5.38.59　镜像 1

Step18. 创建图 5.38.60b 所示的镜像特征 2。在模型树中单击 孔 1 和 镜像 1，单击 模型 功能选项卡 编辑 ▾ 区域中的"镜像"按钮 ，选取 TOP 基准平面为镜像平面，单击 ✔ 按钮，完成镜像特征 2 的创建。

Step19. 创建倒圆角特征 7。单击 模型 功能选项卡 工程 ▾ 区域中的 倒圆角 ▾ 按钮，选取图 5.38.61 所示的边线为倒圆角的边线，在"倒圆角半径"文本框中输入值 1.5。

选取此边线为圆角参照

a）镜像前　　　　　　　　　　　b）镜像后

图 5.38.60　镜像 2　　　　　　　　　　　　　图 5.38.61　定义倒圆角 7 的参照

Step20. 创建图 5.38.62b 所示的倒圆角特征 8。单击 模型 功能选项卡 工程 ▾ 区域中的 倒圆角 ▾ 按钮，选取图 5.38.62a 所示的边线为倒圆角的边线，输入倒圆角半径值 1.0。

Step21. 创建图 5.38.63b 所示的倒圆角特征 9。单击 模型 功能选项卡 工程 ▾ 区域中的 倒圆角 ▾ 按钮，选取图 5.38.63a 所示的边线为倒圆角的边线，输入倒圆角半径值 1.0。

a) 圆角前　　　　　　　　　　　　　　　　　　　b) 圆角后

图 5.38.62　倒圆角 8

选取圆角参照

放大图

a) 圆角前　　　　　　　　　　　　　　　　　　　b) 圆角后

图 5.38.63　倒圆角 9

Step22. 创建倒圆角特征 10。单击 模型 功能选项卡 工程 ▼ 区域中的 倒圆角 ▼ 按钮，选取图 5.38.64 所示的边线为倒圆角的边线，在"倒圆角半径"文本框中输入值 1.0。

Step23. 创建倒圆角特征 11。单击 模型 功能选项卡 工程 ▼ 区域中的 倒圆角 ▼ 按钮，选取图 5.38.65 所示的边线为倒圆角的边线，在"倒圆角半径"文本框中输入值 1.0。

选取此边线为圆角参照

图 5.38.64　定义倒圆角 10 的参照

选取此边线为圆角参照

图 5.38.65　定义倒圆角 11 的参照

Step24. 保存零件模型文件。

5.38.3　范例 3——挖掘手

范例概述

本范例主要运用了拉伸、倒圆角、抽壳、阵列和镜像等命令，其中的主体造型是通过实体倒了一个大圆角后抽壳而成的，构思很巧妙。零件模型及模型树如图 5.38.66 所示。

图 5.38.66　零件模型及模型树

Step1. 新建零件模型。模型命名为 DIG_HAND。

Step2. 创建图 5.38.67 所示的拉伸特征 1。单击 模型 功能选项卡 形状 ▼ 区域中的"拉伸"按钮 ⬛拉伸；在图形区右击，从系统弹出的快捷菜单中选择 定义内部草绘... 命令；选取 TOP 基准平面为草绘平面，选取 RIGHT 基准平面为参考平面，方向为 右；单击 草绘 按钮，绘制图 5.38.68 所示的截面草图；在操控板中定义拉伸类型为 ⬛，输入深度值 400.0；在操控板中单击"确定"按钮 ✔，完成拉伸特征 1 的创建。

图 5.38.67 拉伸特征 1

图 5.38.68 截面草图

Step3. 创建倒圆角特征 1。单击 模型 功能选项卡 工程 ▼ 区域中的 倒圆角 ▼ 按钮，选取图 5.38.69 所示的边线为倒圆角的边线；在"倒圆角半径"文本框中输入值 170.0。

Step4. 创建图 5.38.70b 所示的抽壳特征 1。单击 模型 功能选项卡 工程 ▼ 区域中的"壳"按钮 回壳；选取图 5.38.70a 所示的面为移除面；在 厚度 文本框中输入壁厚值 20.0；在操控板中单击 ✔ 按钮，完成抽壳特征 1 的创建。

图 5.38.69 倒圆角特征 1   a) 抽壳前   图 5.38.70 抽壳特征 1   b) 抽壳后

Step5. 创建图 5.38.71 所示的拉伸特征 2。在 模型 功能选项卡的 形状 ▼ 区域中单击"拉伸"按钮 ⬛拉伸；选取图 5.38.72 所示的模型表面为草绘平面，RIGHT 基准平面为参考平面，方向为 右；绘制图 5.38.73 所示的截面草图；在操控板中定义拉伸类型为 ⬛，输入深度值 40.0；单击 ✔ 按钮，完成拉伸特征 2 的创建。

图 5.38.71 拉伸特征 2   图 5.38.72 定义草绘平面   图 5.38.73 截面草图

Step6. 创建图 5.38.74 所示的阵列特征 1。在模型树中单击选中 Step5 中所创建的拉伸特征 2 并右击，选择 🎛 命令；在"阵列"操控板的 选项 选项卡的下拉列表中选择 常规 选项；在操控板中的阵列控制方式下拉列表中选择 方向 选项，选取图 5.38.75 所示的平面为阵列参考平面，单击 % 按钮调整方向；在操控板中输入第一方向阵列个数 5.0，间距值 80.0；在操控板中单击 ✔ 按钮，完成阵列特征 1 的创建。

Step7. 创建图 5.38.76 所示的 DTM1 基准平面。单击 模型 功能选项卡 基准 ▼ 区域中的"平面"按钮 ◻；在模型树中选取 TOP 基准平面为偏距参考面，在"基准平面"对话框中输入偏移距离值 192.0；单击该对话框中的 确定 按钮。

图 5.38.74　阵列特征 1

图 5.38.75　定义阵列参考平面

图 5.38.76　DTM1 基准平面

Step8. 创建图 5.38.77 所示的拉伸特征 3。在 模型 功能选项卡的 形状 ▼ 区域中单击"拉伸"按钮 拉伸；选取 DTM1 基准平面为草绘平面，选取 RIGHT 基准平面为参考平面，方向为 右；绘制图 5.38.78 所示的截面草图；在操控板中定义拉伸类型为 ；单击 ✔ 按钮，完成拉伸特征 3 的创建。

图 5.38.77　拉伸特征 3

图 5.38.78　截面草图

Step9. 创建图 5.38.79b 所示的镜像特征 1。在模型树中选取拉伸特征 3 为镜像特征；单击 模型 功能选项卡 编辑 ▼ 区域中的"镜像"按钮 ；在图形区选取 TOP 基准平面为镜像平面；在操控板中单击 ✔ 按钮，完成镜像特征 1 的创建。

a）镜像前

b）镜像后

图 5.38.79　镜像特征 1

Creo6.0
快速入门教程

Step10. 创建图 5.38.80 所示的拉伸特征 4。在 模型 功能选项卡的 形状 ▼ 区域中单击"拉伸"按钮 拉伸；选取 TOP 基准平面为草绘平面，选取 RIGHT 基准平面为参考平面，方向为 右；绘制图 5.38.81 所示的截面草图；在操控板中定义拉伸类型为 日，输入深度值 180；单击 ✓ 按钮，完成拉伸特征 4 的创建。

图 5.38.80　拉伸特征 4

图 5.38.81　截面草图

Step11.创建图 5.38.82 所示的拉伸特征 5。在 模型 功能选项卡的 形状 ▼ 区域中单击"拉伸"按钮 拉伸，按下"移除材料"按钮 ；选取图 5.38.83 所示的面为草绘平面和参考平面，方向为 右；绘制图 5.38.84 所示的截面草图；在操控板中定义拉伸类型为 非；单击 ✓ 按钮，完成拉伸特征 5 的创建。

图 5.38.82　拉伸特征 5　　　图 5.38.83　定义草绘平面　　　图 5.38.84　截面草图

Step12. 保存零件模型文件。

5.38.4　范例 4——排气管

范例概述

该范例中使用的命令比较多，主要运用了拉伸、扫描、混合、倒圆角及抽壳等命令。建模思路是先创建互相交叠的拉伸、扫描、混合特征，再对其进行抽壳，从而得到模型的主体结构，其中扫描、混合特征的综合使用是重点，务必保证草绘的正确性，否则此后的倒圆角将难以创建。零件模型及模型树如图 5.38.85 所示。

图 5.38.85　零件模型及模型树

224

Step1. 新建零件模型。模型命名为 INSTANCE_MAIN_HOUSING。

Step2. 创建图 5.38.86 所示的拉伸特征 1。

（1）选择命令。单击 模型 功能选项卡 形状 ▼ 区域中的"拉伸"按钮 拉伸。

（2）绘制截面草图。在图形区右击，从系统弹出的快捷菜单中选择 定义内部草绘... 命令；选取 TOP 基准平面为草绘平面，选取 RIGHT 基准平面为参考平面，方向为 右；单击 草绘 按钮，绘制图 5.38.87 所示的截面草图。

图 5.38.86 拉伸特征 1

图 5.38.87 截面草图

（3）定义拉伸属性。在操控板中选择拉伸类型为 ⊟，输入深度值 220。

（4）在操控板中单击"确定"按钮 ✓，完成拉伸特征 1 的创建。

Step3. 创建图 5.38.88 所示的扫描特征 1。

（1）绘制扫描轨迹曲线。

① 单击 模型 功能选项卡 基准 ▼ 区域中的"草绘"按钮 。

② 选取 TOP 基准平面为草绘平面，选取 FRONT 基准平面作为参考平面，方向为 下；单击 草绘 按钮，系统进入草绘环境。

③ 绘制并标注扫描轨迹，如图 5.38.89 所示。

图 5.38.88 扫描特征 1

图 5.38.89 绘制并标注扫描轨迹

④ 单击 ✓ 按钮，退出草绘环境。

（2）选择"扫描"命令。单击 模型 功能选项卡 形状 ▼ 区域中的 扫描 ▼ 按钮。

（3）定义扫描轨迹。

① 在操控板中确认"实体"按钮 □ 和"恒定截面"按钮 ⊨ 被按下。

② 在图形区中选取图 5.38.90 所示的扫描轨迹曲线。

③ 单击箭头，切换扫描的起始点，切换后的扫描轨迹曲线如图 5.38.90 所示。

（4）创建扫描特征的截面。

① 在操控板中单击"创建或编辑扫描截面"按钮 ，系统自动进入草绘环境。

② 绘制并标注扫描截面的草图，如图 5.38.91 所示。

③ 完成截面的绘制和标注后，单击"确定"按钮 。

（5）单击操控板中的 ✓ 按钮，完成扫描特征 1 的创建。

图 5.38.90　扫描轨迹曲线

图 5.38.91　扫描截面草图

Step4. 创建图 5.38.92 所示的混合特征。

（1）选择命令。在 模型 功能选项卡的 形状 ▾ 下拉菜单中选择 ⬧混合 命令。

（2）定义混合类型。在操控板中确认"混合为实体"按钮 □ 和"与草绘截面混合"按钮 ☑ 被按下。

（3）创建混合特征的第一个截面。单击"混合"选项卡中的 截面 按钮，在系统弹出的界面中选中 ⦿ 草绘截面 单选项，单击 定义... 按钮；在绘图区选取图 5.38.93 所示的平面为草绘平面，选取 FRONT 基准平面为参考平面，方向为 上；单击 草绘 按钮，进入草绘环境后，选取草绘平面的边线作为参考，绘制图 5.38.94 所示的截面草图 1。

说明：定义截面草图 1 中起点及方向位置如图 5.38.94 所示（具体操作：选中起点并右击，在系统弹出的快捷菜单中选择 起点⑤ 命令）。

图 5.38.92　混合特征

图 5.38.93　定义草绘平面

（4）创建混合特征的第二个截面。单击"混合"选项卡中的 截面 按钮，选中 ⦿ 截面 2 选项，定义"草绘平面位置定义方式"类型为 ⦿ 偏移尺寸，偏移自"截面 1"的偏移距离为 160，单击 草绘... 按钮；绘制图 5.38.95 所示的截面草图 2，单击工具栏中的 ✓ 按钮，退出草绘环境。

图 5.38.94　截面草图 1

图 5.38.95　截面草图 2

（5）单击 ✓ 按钮，完成混合特征的创建。

Step5. 创建图 5.38.96 所示的拉伸特征 2。在 模型 功能选项卡的 形状 ▾ 区域中单击"拉伸"按钮 📄 拉伸，选取图 5.38.97 所示的平面为草绘平面和参考平面，方向为 下 ；绘制图 5.38.98 所示的截面草图，在操控板中定义拉伸类型为 ⥾ ，输入深度值 15，单击 ⅍ 按钮调整拉伸方向；单击 ✓ 按钮，完成拉伸特征 2 的创建。

图 5.38.96 拉伸特征 2

参考平面 草绘平面

图 5.38.97 定义草绘参考

图 5.38.98 截面草图

Step6. 创建图 5.38.99b 所示的倒圆角特征 1。单击 模型 功能选项卡 工程 ▾ 区域中的 ⌒ 倒圆角 ▾ 按钮，选取图 5.38.99a 所示的四条边线为倒圆角的边线；在"倒圆角半径"文本框中输入数值 30.0。

这四条边线为圆角放置参考

a）倒圆角前

b）倒圆角后

图 5.38.99 倒圆角特征 1

Step7. 创建图 5.38.100b 所示的倒圆角特征 2。选取图 5.38.100a 所示的边线为倒圆角的边线；倒圆角半径值为 30.0。

此边线为圆角放置参考

a）倒圆角前

b）倒圆角后

图 5.38.100 倒圆角特征 2

Step8. 创建图 5.38.101b 所示的倒圆角特征 3。选取图 5.38.101a 所示的边线为倒圆角的边线；倒圆角半径值为 400.0。

此边线为圆角放置参考

a）倒圆角前

b）倒圆角后

图 5.38.101 倒圆角特征 3

Step9. 创建图 5.38.102 所示的拉伸特征 3。

（1）选择命令。单击 模型 功能选项卡 形状 ▼ 区域中的"拉伸"按钮 拉伸 。

（2）绘制截面草图。在图形区右击，从系统弹出的快捷菜单中选择 定义内部草绘... 命令；选取图 5.38.103 所示的面为草绘平面和参考平面，方向为 上 ；单击 草绘 按钮，绘制图 5.38.104 所示的截面草图。

（3）定义拉伸属性。在操控板中选择拉伸类型为 非，单击 按钮调整拉伸方向，按下"移除材料"按钮 。

（4）在操控板中单击"确定"按钮 ，完成拉伸特征 3 的创建。

图 5.38.102　拉伸特征 3　　　图 5.38.103　定义草绘参考　　　图 5.38.104　截面草图

Step10. 创建图 5.38.105 所示的阵列特征 1。

（1）选取阵列特征。在模型树中右击 Step9 所创建的拉伸特征 3，选择 命令。

（2）定义阵列类型。在"阵列"操控板的 选项 选项卡的下拉列表中选择 一般 选项。

（3）选择阵列控制方式。在操控板的阵列控制方式下拉列表中选择 尺寸 选项。

（4）定义阵列增量。在操控板中单击 尺寸 选项卡，选取图 5.38.106 所示的尺寸 20 作为第一方向阵列参考尺寸，在 方向1 区域的 增量 文本框中输入增量值 90.0。

（5）定义阵列个数。在操控板的第一方向"阵列个数"文本框中输入值 3。

（6）在操控板中单击 按钮，完成阵列特征 1 的创建。

图 5.38.105　阵列特征 1　　　　　　图 5.38.106　阵列方向设置

Step11. 创建图 5.38.107b 所示的镜像特征 1。

a）镜像前　　　　　　　　　　　　b）镜像后

图 5.38.107　镜像特征 1

（1）选取镜像特征。按住 Ctrl 键，在模型树中选取拉伸特征 2 和阵列特征 1 为镜像源。

（2）选择"镜像"命令。单击 模型 功能选项卡 编辑 ▼ 区域中的"镜像"按钮 。

（3）定义镜像平面。在图形区选取 RIGHT 基准平面为镜像平面。

（4）在操控板中单击 ✔ 按钮，完成镜像特征 1 的创建。

Step12. 创建图 5.38.108b 所示的抽壳特征 1。

（1）选择命令。单击 模型 功能选项卡 工程 ▾ 区域中的"壳"按钮 回壳。

（2）定义移除面。按住 Ctrl 键，选取图 5.38.108a 所示的两个表面为要移除的面。

（3）定义壁厚。在 厚度 文本框中输入壁厚值 8.0。

（4）在操控板中单击 ✔ 按钮，完成抽壳特征 1 的创建。

a）抽壳前　　　　　　　　　　　　　　b）抽壳后

图 5.38.108　抽壳特征 1

Step13. 创建图 5.38.109 所示的拉伸特征 4。在 模型 功能选项卡的 形状 ▾ 区域中单击"拉伸"按钮 拉伸，按下"移除材料"按钮；选取图 5.38.110 所示的面为草绘平面，RIGHT 基准平面为参考平面，方向为 右；绘制图 5.38.111 所示的截面草图，在操控板中定义拉伸类型为 ⇌，输入深度值 225.5，单击 ％ 按钮调整拉伸方向；单击 ✔ 按钮，完成拉伸特征 4 的创建。

图 5.38.109　拉伸特征 4　　　　图 5.38.110　定义草绘平面　　　　图 5.38.111　截面草图

Step14. 创建图 5.38.112 所示的拉伸特征 5。在 模型 功能选项卡的 形状 ▾ 区域中单击"拉伸"按钮 拉伸，按下"移除材料"按钮；选取图 5.38.113 所示的模型表面为草绘平面，RIGHT 基准平面为参考平面，方向为 左；绘制图 5.38.114 所示的截面草图，在操控板中定义拉伸类型为 ⇌，输入深度值 225.5，单击 ✔ 按钮，完成拉伸特征 5 的创建。

图 5.38.112　拉伸特征 5　　　　图 5.38.113　定义草绘平面　　　　图 5.38.114　截面草图

Step15. 创建图 5.38.115b 所示的倒圆角特征 4。选取图 5.38.115a 所示的边线为倒圆角的边线；倒圆角半径值为 8.0。

a）倒圆角前　　　　　　　　　　　　　　　b）倒圆角后

图 5.38.115　倒圆角特征 4

Step16. 保存零件模型文件。

5.38.5 范例 5——操纵杆

范例概述

　　该范例的创建方法是一种典型的"搭积木"式的方法，大部分命令也都是一些基本命令（如拉伸、镜像、旋转、阵列、孔、倒圆角等），但要提醒读者注意，其中"筋"特征创建的方法和技巧很有特点。零件模型如图 5.38.116 所示。

图 5.38.116　操纵杆

　　本范例的详细操作过程请参见随书光盘中 video\ch05.38 下的语音视频讲解文件。模型文件为 D:\creo6.1\work\ch05.38\HANDLE-BODY.prt。

5.38.6 范例 6——塑料凳

范例概述

　　本范例详细讲解了一款塑料凳的设计过程，该设计过程运用了如下命令：实体拉伸、拔模、壳、阵列和倒圆角等。其中拔模的操作技巧性较强，需要读者用心体会。零件模型如图 5.38.117 所示。

　　本范例的详细操作过程请参见随书光盘中 video\ch05.38 下的语音视频讲解文件。模型文件为 D:\creo6.1\work\ch05.38\plastic_stool.prt。

5.38.7 范例 7——塑料挂钩

范例概述

本范例讲解了一个普通的塑料挂钩的设计过程，其中运用了简单建模的一些常用命令，如拉伸、镜像和筋等命令，其中筋特征运用很巧妙。零件模型如图 5.38.118 所示。

　本范例的详细操作过程请参见随书光盘中 video\ch05.38 下的语音视频讲解文件。模型文件为 D:\creo6.1\work\ch05.38\top_dray.prt。

5.38.8 范例 8——把手

范例概述

该零件在进行设计的过程中要充分利用创建的曲面。该零件主要运用了拉伸、镜像、偏移曲面等特征命令。零件模型如图 5.38.119 所示。

　本范例的详细操作过程请参见随书光盘中 video\ch05.38 下的语音视频讲解文件。模型文件为 D:\creo6.1\work\ch05.38\handle.prt。

图 5.38.117　塑料凳

图 5.38.118　塑料挂钩

图 5.38.119　把手

5.39 习　　题

1. 习题 1

练习概述：

本练习是一个电气元件——电阻。在实际的产品设计中，创建电气元件往往要进行简化，简化包括结构简化和材质简化。本练习中的电阻结构简化为旋转和扫描两个特征，金属丝和电阻主体的材质简化为同一材质。零件模型如图 5.39.1 所示，操作步骤提示如下。

Step1. 新建并命名零件的模型为 resistor.prt。

Step2. 创建图 5.39.2 所示的实体旋转特征。截面草图如图 5.39.3 所示。

图 5.39.1　电阻模型

图 5.39.2　实体旋转特征

图 5.39.3　截面草图

Step3. 创建图 5.39.4 所示的扫描特征。轨迹草图如图 5.39.5 所示，截面草图如图 5.39.6 所示。

图 5.39.4　扫描特征

图 5.39.5　轨迹草图

图 5.39.6　截面草图

2. 习题 2

练习概述：

根据图 5.39.7 所示的提示步骤创建带轮的三维模型（所缺尺寸可自行确定），将零件的模型命名为 strap_wheel.prt。

a）实体拉伸　　b）旋转实体　　c）旋转切削　　d）孔特征

放大图

g）倒圆角与倒角　　f）孔特征（沉孔）　　e）拉伸切削（键槽）

图 5.39.7　带轮三维模型的创建步骤

3. 习题 3

练习概述：

根据图 5.39.8 所示的提示步骤，采用"堆积木"的方法创建多头连接机座的三维模型（所缺尺寸可自行确定），将零件的模型命名为 multiple_connecting_base.prt。

a) 旋转特征 1   b) 拉伸特征 1   c) 拉伸特征 2   d) 拉伸特征 3   e) 拉伸特征 4

j) 孔 3   i) 孔 2   h) 孔 1   g) 旋转特征 2   f) 拉伸特征 5

k) 孔阵列 1   l) 孔阵列 2   m) 孔阵列 3   n) 倒角特征   o) 最终模型

图 5.39.8   模型创建步骤

4. 习题 4

练习概述：

根据图 5.39.9 所示的轴承座（bearing_base.prt）的各个视图，创建零件三维模型（所缺尺寸可自行确定）。

主视图（剖视图）   侧视图（局部剖视）   轴测图 1

俯视图   轴测图 2

图 5.39.9   轴承座的各个视图

5．习题5

练习概述：

本练习是一个瓶塞开启器中的零件——抓起瓶塞的勾爪（claw），主要是练习螺旋扫描特征的运用，零件模型如图 5.39.10 所示。

Step1. 新建一个零件的三维模型，将零件的模型命名为 claw.prt。

Step2. 创建图 5.39.11 所示的零件基础特征——实体拉伸特征，截面草图如图 5.39.12 所示，深度值为 160.0。

Step3. 添加图 5.39.13 所示的倒角特征。

图 5.39.10　瓶塞的勾爪

图 5.39.11　实体拉伸特征　　　　　图 5.39.12　截面草图

Step4. 创建图 5.39.14 所示的切削螺旋扫描特征。扫描轨迹线为图 5.39.15 所示的一条线段，定义螺旋节距值 8，螺旋的截面如图 5.39.16 所示。

图 5.39.13　倒角特征　　　　　图 5.39.14　切削螺旋扫描特征

图 5.39.15　螺旋的扫描线

图 5.39.16　螺旋的截面

Step5. 添加图 5.39.17 所示的切削旋转特征，截面草图如图 5.39.18 所示。

图 5.39.17 切削旋转特征

图 5.39.18 截面草图

Step6. 阵列 Step5 所创建的切削旋转特征，如图 5.39.19 所示。

Step7. 添加图 5.39.20 所示的伸出项螺旋扫描特征。扫描线为图 5.39.21 所示的一条线段，定义螺旋节距值 8，螺旋的截面如图 5.39.22 所示。

图 5.39.19 阵列特征

图 5.39.20 伸出项螺旋扫描特征

图 5.39.21 螺旋的扫描线

图 5.39.22 螺旋的截面

6. 习题 6

练习概述：

本练习是瓶塞开启器中的一个零件反向块（reverse_block），主要是练习拉伸特征、孔特征、螺旋扫描特征以及倒角特征的创建，零件模型如图 5.39.23 所示。

Step1. 新建一个零件的三维模型，将零件的模型命名为 reverse_block.prt。

Step2. 创建图 5.39.24 所示的零件基础特征——实体拉伸特征，截面草图如图 5.39.25 所示，深度值为 160.0。

图 5.39.23 "反向块"零件模型

图 5.39.24 实体拉伸特征

图 5.39.25 截面草图

Step3. 创建图 5.39.26 所示的孔特征。孔类型为直孔；主参考如图 5.39.26 所示，放置类型为"线性"；次参考 1 为 RIGHT 基准平面，偏移值为 0；次参考 2 为 TOP 基准平面，偏移值为 8；孔直径为 4.0；深度类型为穿过所有。

　　Step4. 添加图 5.39.27 所示的伸出项螺旋扫描特征。扫描轨迹线为图 5.39.28 所示的一条线段，定义螺旋节距值 8；螺旋的截面如图 5.39.29 所示。

此平面为主参考

旋转轴

图 5.39.26　创建孔特征　　　图 5.39.27　伸出项螺旋扫描特征　　　图 5.39.28　截面图形

放大图

图 5.39.29　螺旋的截面

　　Step5. 添加图 5.39.30 所示的实体拉伸特征，截面草图如图 5.39.31 所示，移除材料的方向如图 5.39.32 所示。

　　Step6. 两端添加倒角特征，如图 5.39.33 所示。

45°×1

图 5.39.30　实体拉伸特征　　图 5.39.31　截面草图　　图 5.39.32　切除方向　　图 5.39.33　倒角特征

　　学习拓展：扫码学习更多视频讲解。

　　讲解内容：零件设计实例精选，包含六十多个各行各业零件设计的全过程讲解。讲解中，首先分析了设计的思路以及建模要点，然后对设计操作步骤做了详细的演示，最后对设计方法和技巧做了总结。

第6章 曲面设计

本章提要 Creo 的曲面造型工具对于创建复杂曲面零件非常有用。与一般实体零件的创建相比，曲面零件的创建过程和方法比较特殊，技巧性也很强，掌握起来不太容易，本章将介绍曲面造型的基本知识。主要内容包括：

- 平整、拉伸、旋转、边界曲面等基本曲面的创建。
- 曲面的复制。
- 曲面的修剪。
- 曲面的合并。
- 将曲面特征转化为实体特征。

6.1 曲面设计概述

Creo 中的曲面（Surface）设计模块主要用于创建形状复杂的零件。这里要注意，曲面是没有厚度的几何特征，不要将曲面与实体里的薄壁特征相混淆，薄壁特征有一个壁的厚度值，薄壁特征本质上是实体，只不过它的壁很薄。

在 Creo 中，通常将一个曲面或几个曲面的组合称为面组（Quilt）。

用曲面创建形状复杂的零件的主要过程如下。

（1）创建数个单独的曲面。

（2）对曲面进行修剪（Trim）、切削（Cut）、偏移（Offset）等操作。

（3）将各个单独的曲面合并（Merge）为一个整体的面组。

（4）将曲面（面组）转化为实体零件。

6.2 创 建 曲 面

6.2.1 Creo 曲面创建工具简介

Creo 的曲面创建命令主要分布在 模型 功能选项卡的 形状 ▼ 区域（图 6.2.1）与 曲面 ▼ 区域（图 6.2.2）。单击 形状 ▼ 区域中的某个命令按钮，在"特征""操控板中按下"曲面类型"按钮，即可采用该命令创建曲面，创建方法与创建实体的方法基本相同。 曲面 ▼ 区域主要包括各种高级曲面的创建方法及 Creo 专业曲面造型模块，如边界混合曲面、填充曲面、交互式曲面（ISDX）和细分曲面算法的自由曲面等。

图 6.2.1 "形状"区域

图 6.2.2 "曲面"区域

6.2.2 创建平整曲面——填充特征

模型 功能选项卡 曲面 ▼ 区域中的 填充 命令用于创建平整曲面——填充特征，它创建的是一个二维平面特征。利用 拉伸 命令也可创建某些平整曲面，不过 拉伸 是有深度参数的，而 填充 无深度参数（图 6.2.3）。

注意：填充特征的截面草图必须是封闭的。

平整曲面　　　　　　相同的特征截面　　　　　　拉伸曲面

图 6.2.3 平整曲面与拉伸曲面

创建平整曲面的一般操作步骤如下。

Step1. 新建一个零件模型，将其命名为 surface_fill。

Step2. 单击 模型 功能选项卡 曲面 ▼ 区域中的 填充 按钮，此时屏幕上方出现图 6.2.4 所示的"填充"操控板。

图 6.2.4 "填充"操控板

Step3. 单击操控板中的 参考 按钮，选择 定义... ；进入草绘环境后，创建一个封闭的截面草图，完成后单击 ✔ 按钮。

Step4. 在操控板中单击"确定"按钮 ✔ ，完成平整曲面特征的创建。

6.2.3 创建拉伸和旋转曲面

拉伸、旋转、扫描和混合等曲面的创建与实体基本相同。下面仅举例说明拉伸曲面和旋转曲面的创建过程。

1．创建拉伸曲面

图 6.2.5 所示的曲面特征为拉伸曲面，创建过程如下。

图 6.2.5　不封闭拉伸曲面

Step1. 新建一个零件模型，将其命名为 surface_extrude。

Step2. 单击 模型 功能选项卡 形状▼ 区域中的 拉伸 按钮，此时系统弹出图 6.2.6 所示的"拉伸"操控板。

图 6.2.6　"拉伸"操控板

Step3. 按下操控板中的"曲面类型"按钮。

Step4. 定义草绘截面放置属性。单击操控板中的 参考 按钮，选择 定义...；指定 FRONT 基准平面为草绘面，采用模型中默认的草绘视图方向，指定 RIGHT 基准平面为参考面，方向为 右 。

Step5. 创建特征截面。进入草绘环境后，首先接受默认参考，然后绘制图 6.2.7 所示的截面草图，完成后单击 按钮。

Step6. 定义曲面特征的"开放"或"闭合"。单击操控板中的 选项 按钮，在其界面中：

- 选中 封闭端 复选框，使曲面特征的两端部封闭（图 6.2.8）。

注意：对于封闭的截面草图，才可选择该项。

- 取消选中 封闭端 复选框，可以使曲面特征的两端部开放（图 6.2.5）。
- 当使用封闭的截面草图时，选中 添加锥度 复选框可以使曲面特征带有一定的拔模斜度（图 6.2.9），该选项对于实体特征同样适用。

图 6.2.7 截面草图

图 6.2.8 封闭的拉伸曲面

图 6.2.9 带锥度的拉伸曲面

Step7. 选取深度类型及其深度。选取深度类型 ⊥，输入深度值 80.0 并按 Enter 键。

Step8. 在操控板中单击"确定"按钮 ✓，完成曲面特征的创建。

2. 创建旋转曲面

图 6.2.10 所示的曲面特征为旋转曲面，创建的操作步骤如下。

Step1. 新建一个零件模型，将其命名为 surface_revolve。

Step2. 单击 模型 功能选项卡 形状 ▾ 区域中的 ⬥ 旋转 按钮，按下操控板中的"曲面类型"按钮 ◻。

Step3. 定义草绘截面放置属性。指定 FRONT 基准平面为草绘面，RIGHT 基准平面为参考面，方向为 右 。

Step4. 创建特征截面，接受默认参考；绘制图 6.2.11 所示的特征截面（截面可以不封闭），注意必须有一条几何中心线作为旋转轴，完成后单击 ✓ 按钮。

图 6.2.10 旋转曲面

图 6.2.11 截面图形

说明：用户在创建旋转曲面截面草图的时候，必须利用"几何中心线"命令（单击 草绘 选项卡 基准 区域中的 ⋮ 中心线 按钮）手动绘制旋转轴；如果用户在绘制截面草图的时候绘制一条几何中心线，系统会默认为此几何中心线就是所创建的旋转曲面的旋转轴；如果用户在绘制截面草图的时候绘制两条及两条以上的几何中心线，这时系统会将用户绘制的第一条几何中心线作为旋转轴，用户也可以手动来指定（右击要指定为旋转轴的几何中心线，然后选择"旋转轴"命令）所创建曲面的旋转轴。

Step5. 定义旋转类型及角度。选取旋转类型 ⊥（即草绘平面以指定角度值旋转），角度值为 360.0。

Step6. 在操控板中单击"确定"按钮 ✓，完成曲面特征的创建。

6.2.4　创建边界混合曲面

边界混合曲面即是由若干参考图元（它们在一个或两个方向上定义曲面）所确定的混合曲面。在每个方向上选定的第一个和最后一个图元定义曲面的边界。如果添加更多的参考图元（如控制点和边界），则能更精确、更完整地定义曲面形状。

选取参考图元的规则如下。

- 曲线、模型边、基准点、曲线或边的端点可作为参考图元使用。
- 在每个方向上，都必须按连续的顺序选择参考图元。
- 对于在两个方向上定义的混合曲面来说，其外部边界必须形成一个封闭的环，这意味着外部边界必须相交。

1. 创建边界混合曲面的一般过程

下面以图 6.2.12 为例介绍创建边界混合曲面的一般过程。

图 6.2.12　创建边界曲面

Step1. 设置工作目录和打开文件。

（1）选择下拉菜单 文件 ➡ 管理会话(M) ▶ ➡ 选择工作目录(W) 命令（或单击 主页 选项卡中的 按钮），将工作目录设置至 D:\creo6.1\work\ch06.02。

（2）选择下拉菜单 文件 ➡ 打开(O) 命令，打开文件 surface_boundary_blended.prt。

Step2. 单击 模型 功能选项卡 曲面 ▼ 区域中的"边界混合"按钮 ，屏幕上方出现图 6.2.13 所示的操控板。

图 6.2.13　操控板

Step3. 定义第一方向的边界曲线。按住 Ctrl 键，分别选取图 6.2.12 所示的第一方向的三条边界曲线。

Step4. 定义第二方向的边界曲线。在操控板中单击 *⏢* 图标后面的第二方向曲线操作栏中的"单击此处添加项"字符，按住 Ctrl 键，分别选取第二方向的两条边界曲线。

Step5. 在操控板中单击"确定"按钮 *✓*，完成边界曲面的创建。

2．边界曲面的练习

本练习将介绍用"边界混合曲面"的方法，创建图 6.2.14 所示的鼠标盖曲面的详细操作过程。

Stage1．创建基准曲线

Step1. 新建一个零件的三维模型，将其命名为 mouse_cover。

Step2. 创建图 6.2.15 所示的基准曲线 1，相关提示如下。

（1）单击 *模型* 功能选项卡 *基准 ▾* 区域中的"草绘"按钮 *⌇*。

（2）设置 FRONT 基准平面为草绘平面，RIGHT 基准平面为参考平面，方向为 *右*；接受系统默认参考 TOP 和 RIGHT 基准平面；特征的截面草图如图 6.2.16 所示。

图 6.2.14　鼠标盖曲面　　　　　图 6.2.15　基准曲线 1　　　　　图 6.2.16　截面草图

Step3. 将图 6.2.15 中的基准曲线 1 进行镜像，获得基准曲线 2，相关提示如下。

（1）选取要镜像的特征。在图形区中选取要镜像复制的基准曲线 1（或在模型树中选择"草绘 1"）。

（2）选择"镜像"命令。单击 *模型* 功能选项卡 *编辑 ▾* 区域中的"镜像"按钮 *⫲*。

（3）定义镜像中心平面。选取 TOP 基准平面为镜像中心平面。

（4）单击"镜像"操控板中的 *✓* 按钮，完成镜像操作。

Step4. 创建图 6.2.17 所示的基准曲线 3，相关提示如下。

（1）创建基准平面 DTM1，使其平行于 RIGHT 基准平面并且过基准曲线 1 的顶点，对话框如图 6.2.18 所示。

（2）单击"草绘"命令按钮 *⌇*。设置 DTM1 基准平面为草绘平面，TOP 基准平面为参考平面，方向为 *右*；接受系统给出的默认参考；特征的截面草图如图 6.2.19 所示。

图 6.2.17 创建基准曲线 3

图 6.2.18 "基准平面"对话框

注意：草绘时，为了绘制方便，将草绘平面旋转、调整到图 6.2.19 所示的空间状态。另外要将基准曲线 3 的顶点与基准曲线 1、2 的顶点对齐。为了确保对齐，应该创建基准点 PNT1 和 PNT0，它们分别过基准曲线 1、2 的顶点，如图 6.2.19 所示，然后选取这两个基准点作为草绘参考，创建这两个基准点的操作提示如下。

① 创建基准点时，无须退出草绘环境，直接单击 模型 功能选项卡 基准 ▼ 区域中的 ××点 ▼ 按钮。

② 选择基准曲线 1 或 2 的顶点；单击"基准点"对话框（图 6.2.20）中的 确定 按钮。

图 6.2.19 截面草图

图 6.2.20 "基准点"对话框

Step5. 创建图 6.2.21 所示的基准曲线 4，相关提示如下。单击"草绘"命令按钮 ；设置 FRONT 基准平面为草绘平面，RIGHT 基准平面为参考平面，方向为 右 ；特征的截面草图如图 6.2.22 所示（为了便于将基准曲线 4 的顶点与基准曲线 1、2 的顶点对齐并且相切，有必要选取基准曲线 1、2 为草绘参考）。

图 6.2.21 创建基准曲线 4

图 6.2.22 截面草图

Step6. 创建图 6.2.23 所示的基准曲线 5。

相关提示：草绘平面为 RIGHT 基准平面，截面草图如图 6.2.24 所示。

Stage2. 创建边界曲面1

如图 6.2.25 所示，该鼠标盖零件模型包括两个边界曲面，下面是创建边界曲面 1 的操作步骤。

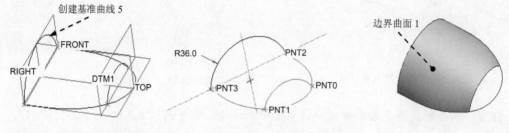

图 6.2.23　创建基准曲线 5　　　　图 6.2.24　截面草图　　　　图 6.2.25　两个边界曲面

Step1. 单击 模型 功能选项卡 曲面▼ 区域中的"边界混合"按钮，此时在屏幕上方出现图 6.2.26 所示的操控板。

图 6.2.26　操控板

Step2. 选取边界曲线。在操控板中单击 曲线 按钮，系统弹出图 6.2.27 所示的"曲线"界面；按住 Ctrl 键，选择图 6.2.28 所示的第一方向的两条边界曲线；单击"第二方向"区域中的"单击此..."字符，然后按住 Ctrl 键，选择图 6.2.28 所示的第二方向的两条边界曲线。

Step3. 在操控板中单击按钮，预览所创建的曲面，确认无误后，再单击"确定"按钮。

图 6.2.27　"曲线"界面

图 6.2.28　选取边界曲线

Stage3. 创建边界曲面2

Step1. 创建图 6.2.29 所示的基准曲线 6，相关提示如下。单击"草绘"命令按钮 ；设置 TOP 基准平面为草绘平面，RIGHT 基准平面为参考平面，方向为 右 ，草绘视图方向为反向；特征的截面草图如图 6.2.30 所示（基准曲线 6 与边界曲面 1 和草绘平面产生的交线是相切关系，基准曲线 6 的下端点与基准曲线 4 和草绘平面产生的交点是重合关系）。

图 6.2.29 创建基准曲线 6   图 6.2.30 截面草图

Step2. 单击"边界混合"按钮 ；按住 Ctrl 键，依次选择图 6.2.31 所示的基准曲线 4 和基准曲线 3 为方向 1 的边界曲线；单击"第二方向"区域中的"单击此…"字符，选择图 6.2.29 所示的基准曲线 6 为方向 2 的边界曲线；在操控板中单击 约束 按钮，在图 6.2.32 所示的"约束"界面中将"方向 1"的"最后一条链"的"条件"设置为 相切 ，然后单击图 6.2.32 所示的区域，在系统 ⇨选择位于加宽边界元件上的曲面- 的提示下，选取图 6.2.31 所示的边界曲面 1；单击操控板中的"确定"按钮 ，结果如图 6.2.33 所示。

图 6.2.31 选取边界曲线   图 6.2.32 "约束"界面   图 6.2.33 边界曲面 2

6.2.5 偏移曲面

单击 模型 功能选项卡 编辑 ▼ 区域中的 偏移 按钮，可以对现有的曲面或实体表面进行偏距。注意要激活 偏移 工具，首先必须选取一个曲面或实体表面。偏移操作由图 6.2.34 所示的操控板完成。

曲面"偏移"操控板的说明如下。

● 参考 ：用于指定要偏移的曲面，操作界面如图 6.2.35 所示。

- 选项：用于指定要排除的曲面等，操作界面如图 6.2.36 所示。

  ☑ 垂直于曲面：偏距方向将垂直于原始曲面（默认项）。

  ☑ 自动拟合：系统自动将原始曲面进行缩放，并在需要时平移它们。不需要其他的用户输入。

  ☑ 控制拟合：在指定坐标系下将原始曲面进行缩放并沿指定轴移动，以创建"最佳拟合"偏距。要定义该元素，选择一个坐标系，并通过在"X 轴""Y 轴"和"Z 轴"选项之前放置检查标记，选择缩放的允许方向（图 6.2.37）。

图 6.2.34　操控板

图 6.2.35　"参考"界面　　　　　　　　图 6.2.36　"选项"界面

- 偏移类型：偏移类型的各选项如图 6.2.38 所示。

图 6.2.37　选择"控制拟合"　　　　　　　图 6.2.38　偏移类型

1. 标准偏移

标准偏移是从一个实体的表面创建偏移的曲面（图 6.2.39），或者从一个曲面创建偏移的曲面（图 6.2.40）。操作步骤如下。

图 6.2.39 实体表面偏移

图 6.2.40 曲面面组偏移

Step1. 将工作目录设置至 D:\creo6.1\work\ch06.02，打开文件 surface_offset.prt。

Step2. 选取要偏移的对象。选取图 6.2.39 所示的实体的圆弧面作为要偏移的曲面。

Step3. 单击 模型 功能选项卡 编辑 ▼ 区域中的 偏移 按钮。

Step4. 定义偏移类型。在操控板的偏移类型栏中选取 （标准）。

Step5. 定义偏移值。在操控板的偏移数值栏中输入偏移距离。

Step6. 在操控板中单击按钮 ∞，预览所创建的偏移曲面，然后单击 ✓ 按钮，完成操作。

2. 拔模偏移

曲面的拔模偏移就是在曲面上创建带斜度侧面的区域偏移。拔模偏移特征可用于实体表面或面组。下面介绍在图 6.2.41 所示的面组上创建拔模偏移的操作过程。

Step1. 将工作目录设置至 D:\creo6.1\work\ch06.02，打开文件 surface_draft_offset.prt。

Step2. 选取图 6.2.41 所示的要拔模偏移的面组。

Step3. 单击 模型 功能选项卡 编辑 ▼ 区域中的 偏移 按钮。

Step4. 定义偏移类型。在操控板的偏移类型栏中选取 （即带有斜度的偏移）。

Step5. 定义偏移控制属性。单击操控板中的 选项 ，选取 垂直于曲面 。

Step6. 定义偏移选项属性。在操控板中选取 侧曲面垂直于 为 ⦿ 曲面，选取 侧面轮廓 为 ⦿ 直 。

Step7. 草绘拔模区域。单击操控板中的 参考 按钮，选择 定义... ；设置 FRONT 基准平面为草绘平面，RIGHT 基准平面为参考平面，方向为 左 ；接受系统给出的默认参考；创建图 6.2.42 所示的封闭草绘几何（可以绘制多个封闭草绘几何）。

图 6.2.41 拔模偏移

图 6.2.42 截面图形

Step8. 输入偏移值 6.0；输入侧面的拔模角度值 10.0，并单击 ✗ 按钮，系统使用该角度相对于它们的默认位置对所有侧面进行拔模，此时的操控板界面如图 6.2.43 所示。

Step9. 在操控板中单击按钮 ⊙⊙，预览所创建的偏移曲面，然后单击 ✓ 按钮，完成操作。

图 6.2.43　操控板界面

6.2.6　复制曲面

模型 功能选项卡 操作 ▼ 区域中的"复制"按钮 ⓑ 和"粘贴"按钮 ⓑ▼ 可以用于曲面的复制，复制的曲面与源曲面形状和大小相同。曲面的复制功能在模具设计中定义分型面时特别有用。注意要激活 ⓑ 工具，首先必须选取一个曲面。

1. 曲面复制的一般过程

在 Creo 6.0 中，曲面复制的操作过程如下。

Step1. 在屏幕右下方的"选定项"栏中选择"几何"或"面组"选项，然后在模型中选取某个要复制的曲面。

Step2. 单击 模型 功能选项卡 操作 ▼ 区域中的"复制"按钮 ⓑ。

Step3. 单击 模型 功能选项卡 操作 ▼ 区域中的"粘贴"按钮 ⓑ▼，系统弹出图 6.2.44 所示的操控板，在该操控板中选择合适的选项（按住 Ctrl 键，可选取其他要复制的曲面）。

Step4. 在操控板中单击"确定"按钮 ✓，则完成曲面的复制操作。

图 6.2.44 所示的操控板的说明如下。

参考 按钮：设定复制参考。操作界面如图 6.2.45 所示。

图 6.2.44　操控板

图 6.2.45　"复制参考"界面

选项 按钮：

- ◉ 按原样复制所有曲面 单选项：按照原来样子复制所有曲面。

- ◉ 排除曲面并填充孔 单选项：复制某些曲面，可以选择填充曲面内的孔。操作界面如图 6.2.46 所示。

  - ☑ 排除轮廓：选取要从当前复制特征中排除的曲面。

  - ☑ 填充孔/曲面：在选定曲面上选取要填充的孔。

- ◉ 复制内部边界 单选项：仅复制边界内的曲面。操作界面如图 6.2.47 所示。

  - ☑ 边界曲线：定义包含要复制的曲面的边界。

- ◉ 取消修剪包络 单选项：复制曲面，移除所有内轮廓，并用当前轮廓的包络替换外轮廓。

- ◉ 取消修剪定义域 单选项：复制曲面，移除所有内轮廓，并用与曲面定义域相对应的轮廓替换外轮廓。

图 6.2.46　排除曲面并填充孔

图 6.2.47　复制内部边界

2. 曲面选取的方法介绍

读者可打开文件 D:\creo6.1\work\ch06.02\surface_copy.prt 进行练习。

- 选取独立曲面：在曲面复制状态下，选取图 6.2.48 所示的"选定项"栏中的 曲面 ，再选取要复制的曲面。要选取多个独立曲面，需按 Ctrl 键；要去除已选的曲面，只需单击此面即可，如图 6.2.49 所示。

图 6.2.48　"选定项"栏

图 6.2.49　选取要复制的曲面

● 通过定义种子曲面和边界曲面来选择曲面：这种方法将选取从种子曲面开始向四周延伸直到边界曲面的所有曲面（其中包括种子曲面，但不包括边界曲面）。如图 6.2.50 所示，单击选取螺钉的底部平面，使该曲面成为种子曲面，然后按住 Shift 键，同时单击螺钉头的顶部平面，使该曲面成为边界曲面，完成这两个操作后，则从螺钉的底部平面到螺钉头的顶部平面间的所有曲面都将被选取（不包括螺钉头的顶部平面），如图 6.2.51 所示。

图 6.2.50 定义"种子曲面"　　　　　　　　图 6.2.51 完成曲面的复制

● 选取面组曲面：在图 6.2.48 所示的"选定项"栏中选择"面组"选项，再在模型上选择一个面组，面组中的所有曲面都将被选取。

6.3 曲面的修剪

曲面的修剪（Trim）就是将选定曲面上的某一部分剪除掉，它类似于实体的切削（Cut）功能。曲面的修剪有许多方法，下面将分别介绍。

6.3.1 一般的曲面修剪

在 模型 功能选项卡 形状 ▼ 区域中各命令特征的操控板中按下"曲面类型"按钮 及"切削特征"按钮 ，可产生一个"修剪"曲面，用这个"修剪"曲面可将选定曲面上的某一部分剪除掉。

注意：产生的"修剪"曲面只用于修剪，而不会出现在模型中。

下面以对图 6.3.1a 中的鼠标盖进行修剪为例，说明基本形式的曲面修剪的一般操作过程。

a）修剪前　　　　　　　　　　　　　　　　b）修剪后

图 6.3.1 曲面的修剪

Step1. 将工作目录设置至 D:\creo6.1\work\ch06.03，打开文件 surface_trim.prt。

Step2. 单击 模型 功能选项卡 形状 ▾ 区域中的 拉伸 按钮，此时系统弹出"拉伸特征"操控板。

Step3. 按下操控板中的"曲面类型"按钮 及"移除材料"按钮 ，如图 6.3.2 所示。

Step4. 选择要修剪的曲面，如图 6.3.3 所示。

Step5. 定义修剪曲面特征的截面要素。在操控板中单击 放置 按钮，选择 定义... 进入"草绘"界面，设置 TOP 基准平面为草绘平面，RIGHT 基准平面为参考平面，方向为 左 ；特征截面如图 6.3.4 所示。

Step6. 在操控板中单击 选项 按钮，然后选择两侧深度类型均为 ⯗ （穿过所有），切削方向如图 6.3.5 所示。

图 6.3.2　"拉伸"操控板

图 6.3.3　选择要修剪的曲面

图 6.3.4　截面图形

图 6.3.5　切削方向

Step7. 在操控板中单击"预览"按钮 查看所创建的特征，然后单击 按钮，完成操作。

6.3.2　用面组或曲线修剪面组

通过 模型 功能选项卡 编辑 ▾ 区域中的 修剪 命令按钮，可以用另一个面组、基准平面或沿一个选定的曲线链来修剪面组。其操控板界面如图 6.3.6 所示。

下面以图 6.3.7 为例，说明其操作过程。

Step1. 将工作目录设置至 D：\creo6.1\work\ch06.03，打开文件 surface_sweep_trim.prt。

Step2. 选取要修剪的曲面，如图 6.3.7 所示。

图 6.3.6　操控板

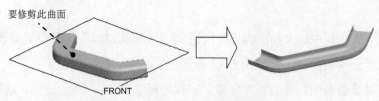

图 6.3.7　修剪面组

Step3. 单击 模型 功能选项卡 编辑 ▾ 区域中的 修剪 按钮，系统弹出"修剪"操控板。

Step4. 在系统 ⇨ 选择任意平面、曲线链或曲面以用作修剪对象. 的提示下选取修剪对象，此例中选取FRONT 基准平面作为修剪对象。

Step5. 确定要保留的部分。一般采用默认的箭头方向。

Step6. 在操控板中单击 ∞ 按钮，预览修剪的结果；单击 ✔ 按钮，则完成修剪。

如果用曲线进行曲面的修剪，要注意如下几点。

● 修剪面组的曲线可以是基准曲线，或者是模型内部曲面的边线，或者是实体模型边的连续链。

● 用于修剪的基准曲线应该位于要修剪的面组上。

● 如果曲线未延伸到面组的边界，系统将计算它到面组边界的最短距离，并在该最短距离方向继续修剪。

6.3.3　用"顶点倒圆角"选项修剪面组

使用 曲面 ▾ 按钮中的 顶点倒圆角 工具，可以在面组的某个顶点处创建一个圆角来修剪面组，如图 6.3.8b 所示。

a）顶点倒圆角前　　　　　　　　　　　　　　　　　b）顶点倒圆角后

图 6.3.8　用"顶点倒圆角"选项修剪面组

操作步骤如下。

Step1. 先将工作目录设置至 D:\creo6.1\work\ch06.03，然后打开文件 surface_trim_adv.prt。

Step2. 单击 模型 功能选项卡中的 曲面 ▾ 按钮，在系统弹出的菜单中选择 顶点倒圆角 命令（图 6.3.9），系统弹出图 6.3.10 所示的"顶点倒圆角"操控板。

图 6.3.9 "特征信息"对话框

图 6.3.10 "顶点倒圆角"操控板

Step3. 此时系统提示 ➡ 选择要进行倒圆角的顶点. ，按住 Ctrl 键不放，选取图 6.3.8 中的两个顶点；在操控板中输入半径值 2.0，并按 Enter 键。

Step4. 在操控板中单击 ✔ 按钮，完成操作。

6.4 薄曲面的修剪

薄曲面的修剪（Thin Trim）也是一种曲面的修剪方式，它类似于实体的薄壁切削功能。

在 **模型** 功能选项卡 **形状 ▼** 区域中各命令特征的操控板中按下"曲面类型"按钮 🗀、"切削特征"按钮 ⬜ 及"薄壁"按钮 ▭，可以产生一个"薄壁"曲面，用这个"薄壁"曲面可以将选定曲面上的某一部分剪除掉。同样，产生的"薄壁"曲面只用于修剪，而不会出现在模型中，如图 6.4.1b 所示。

a）薄曲面修剪前   b）薄曲面修剪后

图 6.4.1 薄曲面的修剪

6.5 曲面的合并与延伸操作

6.5.1 曲面的合并

使用 **模型** 功能选项卡 **编辑 ▼** 区域中的 ⬚合并 命令按钮，可以对两个相邻或相交的曲面（或者面组）进行合并（Merge）。

合并后的面组是一个单独的特征，"主面组"将变成"合并"特征的父项。如果删除"合并"特征，原始面组仍保留。在"组件"模式中，只有属于相同元件的曲面，才可用曲面合并。

1. 合并两个面组

下面以一个例子来说明合并两个面组的操作过程。

Step1. 将工作目录设置至 D:\creo6.1\work\ch06.05，打开文件 surface_merge_01.prt。

Step2. 按住 Ctrl 键，选取要合并的两个面组（曲面）。

Step3. 单击 模型 功能选项卡 编辑 ▼ 区域中的 合并 按钮，系统弹出"合并"操控板，如图 6.5.1 所示。

图 6.5.1 所示的操控板中各命令按钮的说明如下。

A: 合并两个相交的面组，可有选择性地保留原始面组的各部分。

B: 合并两个相邻的面组，一个面组的一侧边必须在另一个面组上。

C: 改变要保留的第一面组的侧。

D: 改变要保留的第二面组的侧。

图 6.5.1 "合并"操控板

Step4. 选择合适的按钮，定义合并类型。默认时，系统使用 ◉ 相交 合并类型。

● ◉ 相交 单选项：即交截类型，合并两个相交的面组。通过单击图 6.5.1 中的 C 按钮或 D 按钮，可指定面组相应的部分包括在合并特征中，如图 6.5.2 所示。

● ◉ 联接 单选项：即连接类型，合并两个相邻面组，其中一个面组的边完全落在另一个面组上。如果一个面组超出另一个面组，通过单击图 6.5.1 中的 C 按钮或 D 按钮，可指定面组的哪一部分包括在合并特征中，如图 6.5.3 所示。

Step5. 单击 👓 按钮，预览合并后的面组，确认无误后，单击"确定"按钮 ✓。

图 6.5.2 "相交"类型

图 6.5.3 "联接"类型

2. 合并多个面组

下面以图 6.5.4 所示的模型为例，说明合并多个面组的操作过程。

Step1. 将工作目录设置至 D:\creo6.1\work\ch06.05，打开文件 surface_merge_02.prt。

Step2. 按住 Ctrl 键，选取要合并的四个面组（曲面）。

Step3. 单击 模型 功能选项卡 编辑 ▼ 区域中的 合并 按钮，系统弹出"合并"操控板，如图 6.5.5 所示。

Step4. 单击 按钮，预览合并后的面组，确认无误后，单击"确定"按钮 。

注意：

● 如果多个面组相交，将无法合并。

● 所选面组的所有边不得重叠，而且必须彼此邻接。

● 面组会以选取时的顺序放在 面组 列表框中。不过，如果使用区域选取， 面组 列表框中的面组会根据它们在"模型树"上的特征编号加以排序。

图 6.5.4　合并多个面组　　　　　　　　　　图 6.5.5　"合并"操控板

6.5.2　曲面的延伸

曲面的延伸（Extend）就是将曲面延长某一距离或延伸到某一平面，延伸部分曲面与原始曲面类型可以相同，也可以不同。下面以图 6.5.6 所示为例，说明曲面延伸的一般操作过程。

Step1. 将工作目录设置至 D：\creo6.1\work\ch06.05，打开文件 surface_extend.prt。

a）延伸前　　　　　　　　　　　　　　　　　b）延伸后

图 6.5.6　曲面延伸

Step2. 在"选定项"栏中选取 几何 选项（图 6.5.7），然后选取图 6.5.6a 中的边作为要延伸的边。

Step3. 单击 模型 功能选项卡 编辑 ▼ 区域中的 ⊡ 延伸 按钮，此时系统弹出图 6.5.8 所示的"延伸"操控板。

Step4. 在操控板中单击按钮 （延伸类型为"至平面"）。

Step5. 选取延伸中止面，如图 6.5.6a 所示。

图 6.5.7 "选定项"栏

图 6.5.8 "延伸"操控板

延伸类型说明：

- ● : 将曲面边延伸到一个指定的终止平面。

- ● : 沿原始曲面延伸曲面，包括下列三种方式。

  ☑ **相同**：创建与原始曲面相同类型的延伸曲面（如平面、圆柱、圆锥或样条曲面），将按指定距离并经过其选定的原始边界延伸原始曲面。

  ☑ **相切**：创建与原始曲面相切的延伸曲面。

  ☑ **逼近**：延伸曲面与原始曲面形状逼近。

Step6. 单击 ⊙⊙ 按钮，预览延伸后的面组，确认无误后，单击"确定"按钮 ✔。

6.6 将曲面面组转化为实体或实体表面

6.6.1 使用"实体化"命令创建实体

使用 模型 功能选项卡 编辑 ▼ 区域中的 实体化 按钮命令，可将面组用作实体边界来创建实体。

1. 用封闭的面组创建实体

如图 6.6.1 所示，把一个封闭的面组转化为实体特征，操作过程如下。

Step1. 将工作目录设置至 D：\creo6.1\work\ch06.06，打开文件 surface_solid-1.prt。

图 6.6.1　用封闭的面组创建实体

Step2. 选取要将其变成实体的面组。

Step3. 单击 **模型** 功能选项卡 **编辑 ▼** 区域中的 **实体化** 按钮，系统弹出图 6.6.2 所示的"实体化"操控板。

Step4. 单击 ✔ 按钮，完成实体化操作。完成后的模型树如图 6.6.3 所示。

注意：使用该命令前，需将模型中所有分离的曲面"合并"成一个封闭的整体面组。

图 6.6.2　"实体化"操控板　　　　图 6.6.3　模型树

2. 用"曲面"创建实体表面

如图 6.6.4 所示，可以用一个面组替代实体表面的一部分，替换面组的所有边界都必须位于实体表面上，操作过程如下。

Step1. 将工作目录设置至 D:\creo6.1\work\ch06.06，打开文件 surface_solid_replace.prt。

a）"实体化"前　　　　b）"实体化"后

图 6.6.4　用"曲面"创建实体表面

Step2. 选取要将其变成实体的曲面。

Step3. 单击 模型 功能选项卡 编辑 ▼ 区域中的 实体化 按钮，此时系统弹出图 6.6.5 所示的"实体化"操控板。

图 6.6.5　"实体化"操控板

Step4. 确认实体保留部分的方向。

Step5. 单击"确定"按钮，完成实体化操作。

6.6.2　使用"偏移"命令创建实体

在 Creo 中，可以用一个面组替换实体零件的某一整个表面，如图 6.6.6 所示。其操作过程如下。

Step1. 将工作目录设置至 D:\creo6.1\work\ch06.06，打开文件 surface_ surface_patch.prt。

Step2. 选取要被替换的一个实体表面，如图 6.6.6a 所示。

要被替换的实体表面
要替换的面组
实体特征
a)"偏移"前
b)"偏移"后

图 6.6.6　用"偏移"命令创建实体

Step3. 单击 模型 功能选项卡 编辑 ▼ 区域中的 偏移 按钮，此时系统弹出图 6.6.7 所示的"偏移"操控板。

Step4. 定义偏移特征类型。在操控板中选取 （替换曲面）类型。

Step5. 在系统 选择要替换实体曲面的面组 的提示下，选取要替换的面组，如图 6.6.6a 所示。

Step6. 单击 按钮，完成替换操作，如图 6.6.6b 所示。

图 6.6.7　"偏移"操控板

6.6.3　使用"加厚"命令创建实体

Creo 软件可以将开放的曲面（或面组）转化为薄板实体特征，图 6.6.8 所示即为一个转化的例子，其操作过程如下。

a)"加厚"前　　　　　　　　　　　　　　　　　　　b)"加厚"后

图 6.6.8　用"加厚"创建实体

Step1. 将工作目录设置至 D:\creo6.1\work\ch06.06，打开文件 surface_mouse_solid.prt。

Step2. 选取要将其变成实体的面组。

Step3. 单击 模型 功能选项卡 编辑 ▼ 区域中的 加厚 按钮，系统弹出图 6.6.9 所示的 "加厚"操控板。

Step4. 选取加材料的侧，输入薄板实体的厚度值 1.1，选取偏距类型为 垂直于曲面 。

Step5. 单击 ✔ 按钮，完成加厚操作。

图 6.6.9　"加厚"操控板

6.7　曲面设计综合范例

6.7.1　范例 1——排水旋钮

范例概述

本范例讲解了日常生活中常见的洗衣机排水旋钮的设计过程。本实例运用了简单的曲面建模命令，如边界混合、实体化等，对于曲面的建模方法需要读者仔细体会。零件模型如图 6.7.1 所示。

从 A 向查看

图 6.7.1　零件模型

Step1. 新建零件模型。新建一个零件模型，命名为 KNOB。

Step2. 创建图 6.7.2 所示的旋转特征 1。在操控板中单击"旋转"按钮 旋转；选取 RIGHT 基准平面为草绘平面，TOP 基准平面为参考平面，方向为 左；单击 草绘 按钮，绘制图 6.7.3 所示的截面草图（包括中心线）；在操控板中选择旋转类型为 ，在角度文本框中输入角度值 360.0；单击 按钮，完成旋转特征 1 的创建。

Step3. 创建图 6.7.4 所示的基准平面特征 1。单击 模型 功能选项卡 基准 区域中的"平面"按钮 ，在模型树中选取 RIGHT 基准平面为偏距参考面，在对话框中输入偏移距离值为 35.0，单击对话框中的 确定 按钮。

图 6.7.2　旋转 1　　　　　图 6.7.3　截面草图　　　　　图 6.7.4　基准面 DTM1

Step4. 创建图 6.7.5 所示的草图 1。在操控板中单击"草绘"按钮 ；选取 RIGHT 基准平面作为草绘平面，选取 TOP 基准平面为参考平面，方向为 左；单击 草绘 按钮，绘制图 6.7.5 所示的草图。

Step5. 创建图 6.7.6 所示的草图 2。在操控板中单击"草绘"按钮 ；选取 DTM1 基准平面作为草绘平面，选取 TOP 基准平面为参考平面，方向为 左；单击 草绘 按钮，绘制图 6.7.6 所示的草图。

Step6. 创建图 6.7.7b 所示的镜像特征 1。在图形区中选取图 6.7.7a 所示的镜像特征，选取 RIGHT 基准平面为镜像平面；单击 按钮，完成镜像特征 1 的创建。

图 6.7.5　草图 1　　　　　　　　　　图 6.7.6　草图 2

a）镜像前　　　　　　　　　　　　　　b）镜像后

图 6.7.7　镜像特征 1

Step7. 创建图 6.7.8 所示的边界混合曲面 1。单击"边界混合"按钮 ；按住 Ctrl 键，依次选取图 6.7.9 所示的基准曲线 1、基准曲线 2 和基准曲线 3 为第一方向边界曲线；单击 按钮，完成边界混合曲面 1 的创建。

图 6.7.8　边界混合曲面 1　　　　　　图 6.7.9　选择第一方向曲线

Step8. 创建图 6.7.10b 所示的镜像特征 2。在图形区中选取图 6.7.10a 所示的镜像特征，选取 TOP 基准平面为镜像平面，单击 按钮，完成镜像特征 2 的创建。

a）镜像前　　　　　　　　　　　　　b）镜像后

图 6.7.10　镜像特征 2

Step9. 创建图 6.7.11b 所示的曲面实体化 1。选取图 6.7.11a 所示的曲面为实体化的对象；单击 实体化 按钮，按下"移除材料"按钮 ；调整图形区中的箭头使其指向要移除的实体，如图 6.7.11a 所示；单击 按钮，完成曲面实体化 1 的创建。

Step10. 创建图 6.7.12b 所示的曲面实体化 2。选取图 6.7.12a 所示的曲面为实体化的对象；单击 实体化 按钮，按下"移除材料"按钮 ；调整图形区中的箭头使其指向要移除的实体；单击 按钮，完成曲面实体化 2 的创建。

a）实体化前　　　　　　　　　　　　b）实体化后

图 6.7.11　曲面实体化 1

a）实体化前　　　　　　　　　　　　b）实体化后

图 6.7.12　曲面实体化 2

Step11. 创建图 6.7.13b 所示的倒圆角特征 1。单击 模型 功能选项卡 工程 ▾ 区域中的 倒圆角 ▾ 按钮，选取图 6.7.13a 所示的边线为倒圆角的边线；输入倒圆角半径值 12.0。

选取此两条边线
为圆角参照

a）倒圆角前　　　　　　　　　　　b）倒圆角后

图 6.7.13　倒圆角特征 1

Step12. 创建图 6.7.14b 所示的倒圆角特征 2。单击 模型 功能选项卡 工程 ▾ 区域中的 倒圆角 ▾ 按钮，选取图 6.7.14a 所示的边线为倒圆角的边线；输入倒圆角半径值 2.0。

选取这两条边线
为圆角参照

a）倒圆角前　　　　　　　　　　　b）倒圆角后

图 6.7.14　倒圆角特征 2

Step13. 创建图 6.7.15b 所示的倒圆角特征 3。单击 模型 功能选项卡 工程 ▾ 区域中的 倒圆角 ▾ 按钮，选取图 6.7.15a 所示的边线为倒圆角的边线；输入倒圆角半径值 15.0。

a）倒圆角前　　　　　　　　　　　b）倒圆角后

图 6.7.15　倒圆角特征 3

Step14. 创建图 6.7.16b 所示的抽壳特征 1。单击 模型 功能选项卡 工程 ▾ 区域中的"壳"按钮 回壳，选取图 6.7.16a 所示的面为移除面，在 厚度 文本框中输入壁厚值 2.0；单击 ✓ 按钮，完成抽壳特征 1 的创建。

要去除的面

a）抽壳前　　　　　　　　　　　b）抽壳后

图 6.7.16　抽壳特征 1

Step15. 创建图 6.7.17 所示的拉伸特征 1。在操控板中单击"拉伸"按钮 拉伸，选取 FRONT 基准平面为草绘平面，选取 RIGHT 基准平面为参考平面，方向为 顶；单击 草绘按钮，绘制图 6.7.18 所示的截面草图；在操控板中选择拉伸类型为 ⬆，单击图 6.7.19 所示的面为拉伸至此面相交；单击 ✔ 按钮，完成拉伸特征 1 的创建。

Step16. 创建图 6.7.20 所示的拉伸特征 2。在操控板中单击"拉伸"按钮 🗗 拉伸，在操控板中按下"移除材料"按钮 🖉，选取图 6.7.21 所示的模型表面为草绘平面，选取 RIGHT 基准平面为参考平面，方向为 顶；单击 草绘 按钮，绘制图 6.7.22 所示的截面草图，在操控板中选择拉伸类型为 ⬆，输入深度值 5.0；单击 ✔ 按钮，完成拉伸特征 2 的创建。

图 6.7.17 拉伸特征 1　　图 6.7.18 截面草图　　图 6.7.19 定义拉伸参照　　图 6.7.20 拉伸特征 2

图 6.7.21 模型参照　　　　　　　图 6.7.22 截面草图

Step17. 创建图 6.7.23b 所示的倒角特征 1。选取图 6.7.23a 所示的两条边线为倒角的边线；输入倒角值 0.5。

a）倒角前　　　　　　　　　　　　　b）倒角后

图 6.7.23 倒角特征 1

Step18. 创建图 6.7.24b 所示的倒圆角特征 4。单击 模型 功能选项卡 工程 ▾ 区域中的 ⌐倒圆角 ▾ 按钮，选取图 6.7.24a 所示的边线为倒圆角的边线；输入倒圆角半径值 1.0。

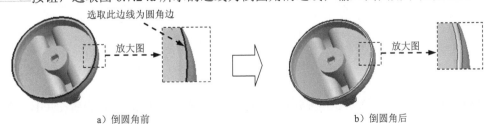

a）倒圆角前　　　　　　　　　　　　b）倒圆角后

图 6.7.24 倒圆角特征 4

Step19. 保存零件模型文件。

6.7.2　范例 2——电吹风的设计

范例概述

本范例介绍了一款电吹风外壳的曲面设计过程。曲面零件设计的一般方法是先创建一系列基准曲线，然后利用所创建的基准曲线构建几个独立的曲面，再利用合并等工具将独立的曲面变成一个整体曲面，最后将整体曲面变成实体模型。电吹风外壳模型如图 6.7.25 所示。

Step1. 新建一个零件的三维模型，将其命名为 blower。

Step2. 创建图 6.7.26 所示的基准曲线 1。单击 模型 功能选项卡 基准 ▼ 区域中的"草绘"按钮 ，设置 TOP 基准平面为草绘面，采用系统默认的草绘视图方向；RIGHT 基准平面为草绘平面的参考，方向为 右 ；单击 草绘 按钮，接受默认草绘参考，绘制图 6.7.27 所示的截面草图，完成后单击 按钮。

Step3. 镜像基准曲线 1，得到图 6.7.28 所示的基准曲线 1_1。在图形区中选取要镜像复制的基准曲线 1（或在模型树中选择"草绘 1"）；单击 模型 功能选项卡 编辑 ▼ 区域中的"镜像"按钮 ；选取 FRONT 基准平面为镜像中心平面，单击"镜像"操控板中的 按钮，完成镜像操作。

图 6.7.25　模型

图 6.7.26　创建基准曲线 1

图 6.7.27　截面草图

图 6.7.28　创建基准曲线 1_1

Step4. 创建图 6.7.29 所示的基准曲线 2。单击"草绘"按钮 ，设置 RIGHT 基准平面为草绘面，采用默认的草绘视图方向，TOP 基准平面为草绘平面的参考，方向为 顶 ；单

击 草绘 按钮，接受默认草绘参考，再选取基准曲线 1 和基准曲线 1_1 的端点为草绘参考；绘制图 6.7.30 所示的截面草图，完成后单击 ✔ 按钮（注意：圆弧的两个端点分别与基准曲线 1 和基准曲线 1_1 的端点对齐）。

图 6.7.29　创建基准曲线 2　　　　　　　　　图 6.7.30　截面草图

Step5. 创建图 6.7.31 所示的基准平面 DTM1。单击"平面"按钮 ▱，系统弹出图 6.7.32 所示的"基准平面"对话框；如图 6.7.32 所示，选取 RIGHT 基准平面；在"基准平面"对话框的"平移"文本框中输入值 160.0，单击对话框中的 确定 按钮。

Step6. 创建图 6.7.33 所示的基准点 PNT0。单击"创建基准点"按钮 ✕✕点 ▾，系统弹出图 6.7.34 所示的"基准点"对话框。如图 6.7.33 所示，选择基准曲线 1，按住 Ctrl 键，再选择基准面 DTM1，在"基准点"对话框中单击 确定 按钮。

图 6.7.31　创建基准平面 DTM1

图 6.7.32　"基准平面"对话框

图 6.7.33　创建基准点 PNT0

图 6.7.34　"基准点"对话框

Step7. 创建图 6.7.35 所示的基准点 PNT1。单击"创建基准点"按钮 ✕✕点 ▾，系统弹出图 6.7.36 所示的"基准点"对话框；如图 6.7.35 所示，选择基准曲线 1_1，按住 Ctrl 键，再选择基准面 DTM1，在"基准点"对话框中单击 确定 按钮。

图 6.7.35　创建基准点 PNT1

图 6.7.36　"基准点"对话框

Step8. 创建图 6.7.37 所示的基准曲线 3。单击"草绘"按钮 ，设置 DTM1 基准平面为草绘面，采用默认的草绘视图方向，TOP 基准平面为草绘平面的参考，方向为 顶；单击 草绘 按钮，进入草绘环境后，接受默认草绘参考；绘制图 6.7.38 所示的截面草图，完成后单击 ✓ 按钮（注意：圆弧的两个端点分别与基准点 PNT0 和基准点 PNT1 对齐）。

图 6.7.37　创建基准曲线 3

图 6.7.38　截面草图

Step9. 创建图 6.7.39 所示的基准平面 DTM2。单击"平面"按钮 □，系统弹出图 6.7.40 所示的"基准平面"对话框；选择基准曲线 1_1 的端点，设置为"穿过"；按住 Ctrl 键，再选择 RIGHT 基准平面，并设置为"平行"；在"基准平面"对话框中单击 确定 按钮。

图 6.7.39　创建基准平面 DTM2

图 6.7.40　"基准平面"对话框

Step10. 创建图 6.7.41 所示的基准曲线 4。单击"草绘"按钮 ，设置 DTM2 基准平面为草绘平面，采用默认的草绘视图方向，TOP 基准平面为草绘平面的参考，方向为 顶；单击 草绘 按钮，进入草绘环境后，接受默认草绘参考，再选取基准曲线 1 和基准曲线 1_1 的端点为草绘参考；绘制图 6.7.42 所示的截面草图，完成后单击 ✓ 按钮（注意：圆弧的两个端点分别与基准曲线 1 和基准曲线 1_1 的端点对齐）。

Step11. 创建图 6.7.43 所示的基准曲线 5。单击"草绘"按钮 ，设置 TOP 基准平面为草绘面，采用默认的草绘视图方向，RIGHT 基准平面为草绘平面的参考，方向为 右；单击 草绘 按钮，接受默认草绘参考，再选取基准曲线 1 和基准曲线 1_1 的端点为草绘参考；绘制图 6.7.44 所示的截面草图，完成后单击 ✔ 按钮（注意：圆弧的两个端点分别与基准曲线 1 和基准曲线 1_1 的端点对齐）。

Step12. 将基准平面 DTM1、DTM2 隐藏。在模型树中选取 DTM1，右击，从系统弹出的快捷菜单中选择 隐藏 命令；单击"视图控制"工具栏中的按钮 ，基准平面 DTM1 将不显示；用同样的方法隐藏基准平面 DTM2。

Step13. 创建图 6.7.45 所示的基准曲线 6。单击"草绘"按钮 ，设置 TOP 基准平面为草绘平面，采用默认的草绘视图方向，RIGHT 基准平面为草绘平面的参考，方向为 右；单击 草绘 按钮，接受默认草绘参考；绘制图 6.7.46 所示的截面草图，完成后单击 ✔ 按钮。

图 6.7.41　创建基准曲线 4　　　　　图 6.7.42　截面草图

图 6.7.43　创建基准曲线 5　　　　　图 6.7.44　截面草图

说明：图 6.7.46 所示的草图中的圆弧的圆心在水平的参考线上。

图 6.7.45　创建基准曲线 6　　　　　图 6.7.46　截面草图

Step14. 创建图 6.7.47 所示的基准曲线 7。单击"草绘"按钮 ，设置 FRONT 基准平

面为草绘平面,采用默认的草绘视图方向,RIGHT 基准平面为草绘平面的参考,方向为 **右**;
单击 **草绘** 按钮,接受默认草绘参考,再选取基准曲线 6 的端点为草绘参考;绘制图 6.7.48
所示的截面草图,完成后单击 ✔ 按钮。

图 6.7.47 创建基准曲线 7

图 6.7.48 截面草图

Step15. 创建图 6.7.49 所示的基准平面 DTM3。单击"平面"按钮 ▱,系统弹出图 6.7.50
所示的"基准平面"对话框;如图 6.7.49 所示,选择基准曲线 6 的端点,设置为"穿过";
按住 Ctrl 键,再选择 FRONT 基准平面,并设置为"平行";在"基准平面"对话框中单击
确定 按钮。

图 6.7.49 创建基准平面 DTM3

图 6.7.50 "基准平面"对话框

Step16. 创建图 6.7.51 所示的基准曲线 8。单击"草绘"按钮 ⌇,设置 DTM3 基准平
面为草绘平面,采用默认的草绘视图方向,RIGHT 基准平面为草绘平面的参考,方向为 **右**;
单击 **草绘** 按钮,接受默认草绘参考,再选取基准曲线 6 的端点为草绘参考;绘制图 6.7.52
所示的截面草图,完成后单击 ✔ 按钮。

图 6.7.51 创建基准曲线 8

图 6.7.52 截面草图

Step17. 创建图 6.7.53 所示的边界曲面 1。单击 模型 功能选项卡 曲面 ▾ 区域中的"边界混合"按钮 ⬭，此时系统弹出图 6.7.54 所示的"边界混合"操控板；按住 Ctrl 键，依次选择基准曲线 1、基准曲线 1_1（图 6.7.55）为第一方向边界曲线；单击操控板中的第二方向曲线操作栏，按住 Ctrl 键，依次选择基准曲线 2、基准曲线 3 和基准曲线 4（图 6.7.56）为第二方向边界曲线，单击操控板中的"确定"按钮 ✓。

图 6.7.53　创建边界曲面 1

图 6.7.54　"边界混合"操控板

图 6.7.55　选择第一方向曲线

图 6.7.56　选择第二方向曲线

Step18. 创建图 6.7.57 所示的基准曲线 9。单击"草绘"按钮 ⬚，设置 FRONT 基准平面为草绘平面，采用默认的草绘视图方向，RIGHT 基准平面为草绘平面的参考，方向为 右；单击 草绘 按钮；绘制图 6.7.58 所示的截面草图（基准曲线 9 与边界曲面 1 和草绘平面产生的交线是相切关系，基准曲线 9 的下端点与基准曲线 5 和草绘平面产生的交点是重合关系），完成后单击 ✓ 按钮。

Step19. 创建图 6.7.59 所示的边界曲面 2。单击"边界混合"按钮 ⬭，按住 Ctrl 键，依次选择基准曲线 4 和基准曲线 5（图 6.7.60）为第一方向边界曲线；单击"第二方向"区域中的"单击此…"字符，选择图 6.7.57 所示的基准曲线 9 为方向 2 的边界曲线；在图 6.7.61 所

示的"边界混合"操控板中单击 约束 按钮，在系统弹出界面的第一列表区域中将
方向 1 - 第一条链 设置为 相切 ；单击第二列表区域，在图 6.7.60 所示的模型中选取边界曲面 1，
单击操控板中的"确定"按钮 ✓ 。

图 6.7.57 创建基准曲线 9

图 6.7.58 截面草图

图 6.7.59 创建边界曲面 2

图 6.7.60 定义边界曲线

图 6.7.61 "边界混合"操控板

Step20. 将图 6.7.62 所示的边界曲面 1 与边界曲面 2 进行合并，合并后的曲面编号为面
组 12。按住 Ctrl 键，选取要合并的两个曲面（边界曲面 1 和边界曲面 2），然后单击 模型
功能选项卡 编辑 ▼ 区域中的 ⊡合并 按钮，此时系统弹出图 6.7.63 所示的"合并"操控板；
单击 ∞ 按钮，预览合并后的面组，确认无误后，单击"确定"按钮 ✓ 。

Step21. 创建图 6.7.64 所示的边界曲面 3。单击"边界混合"按钮 ⬡ ，按住 Ctrl 键，

依次选择基准曲线 6_1 和基准曲线 6_2（图 6.7.65）为第一方向边界曲线，单击操控板中的第二方向曲线操作栏；按住 Ctrl 键，依次选择基准曲线 7 和基准曲线 8（图 6.7.66）为第二方向边界曲线，单击操控板中的"确定"按钮 ✓ 。

Step22. 将边界曲面 3 与面组 12 进行合并，合并后的曲面编号为面组 123。先按住 Ctrl 键，选取图 6.7.67 所示的边界曲面 3 和面组 12，箭头方向如图 6.7.68 所示，再单击 模型 功能选项卡 编辑 ▼ 区域中的 合并 按钮；单击 ∞ 按钮，预览合并后的面组，确认无误后，单击"确定"按钮 ✓ 。合并后的结果如图 6.7.69 所示。

图 6.7.62 创建面组 12

图 6.7.63 "合并"操控板

图 6.7.64 创建边界曲面 3

图 6.7.65 选择第一方向曲线

图 6.7.66 选择第二方向曲线

图 6.7.67 创建面组 123

图 6.7.68 箭头方向

图 6.7.69 合并后

Step23. 创建图 6.7.70 所示的平整曲面。单击 模型 功能选项卡 曲面 ▼ 区域中的 填充 按钮，系统弹出图 6.7.71 所示的"填充"操控板；在操控板中单击 参考 按钮，在系统弹出的界面中单击 定义... 按钮；设置草绘平面为 DTM3，草绘平面的参考为 RIGHT 基准平面，方向为 右 ；利用"使用边"命令，绘制图 6.7.72 所示的截面草图。

Step24. 将平整曲面与面组 123 进行合并，合并后的曲面编号为面组 1234。详细操作步骤参见 Step20。

图 6.7.70 创建平整曲面

图 6.7.71 操控板

图 6.7.72 截面草图

Step25. 在面组 1234 上创建图 6.7.73 所示的局部偏移。选取面组 1234，单击 模型 功能选项卡 编辑▼ 区域中的 偏移 按钮，系统弹出"偏移"操控板；在操控板的偏移类型栏中选取 （即带有斜度的偏移），单击操控板中的 选项 按钮，选择 垂直于曲面 命令，然后选中 侧曲面垂直于 中的 ◉ 曲面单选项，选中 侧面轮廓 中的 ◉ 直 单选项；单击操控板中的 参考 按钮，在系统弹出的界面中单击 定义... 按钮，系统弹出"草绘"对话框，设置草绘平面为 TOP 基准平面，参考平面为 RIGHT 基准平面，方向为 右；单击 草绘 按钮，绘制图 6.7.74 所示的截面草图，完成后单击 ✔ 按钮，退出草绘环境；输入偏距值 3.0、斜角值 15.0，单击"确定"按钮 ✔。

图 6.7.73 创建局部偏移

Step26. 创建图 6.7.75 所示的切口拉伸曲面。单击 模型 功能选项卡 形状▼ 区域中的 拉伸 按钮，系统弹出图 6.7.76 所示的操控板，在操控板中按下"曲面特征类型"按钮 和"去除材料"按钮 ，选取图形区中的面组为修剪对象；在操控板中单击 放置 按钮，在系统弹出的"放置"界面中单击 定义... 按钮；设置草绘平面为 TOP 基准平面，参考平面为 RIGHT 基准平面，方向为 右；其特征截面草图如图 6.7.77 所示，深度类型为 非（穿过所有），然后单击 ✔ 按钮。

图 6.7.74 截面草图   图 6.7.75 创建切口拉伸曲面

图 6.7.76 操控板

图 6.7.77 截面草图

Step27. 创建图 6.7.78 所示的切口拉伸曲面的阵列特征。在模型树中右击上一步创建的切口拉伸曲面特征后，选择 阵列... 命令；在操控板中选择以"尺寸"方式控制阵列，选取图 6.7.79 中的第一方向阵列引导尺寸 52.0，在"方向 1"的"增量"文本栏中输入值-5.5，在操控板第一方向的阵列个数栏中输入值 7.0；单击"确定"按钮 ✓。

图 6.7.78 创建阵列特征

图 6.7.79 操作过程

Step28. 创建图 6.7.80 所示的圆角 1。单击 模型 功能选项卡 工程 ▾ 区域中的 🔾 倒圆角 ▾ 按钮，在模型上选择圆的内边线创建圆角，在操控板中的"圆角半径"文本框中输入值 2.5，按 Enter 键；单击"确定"按钮 ✓，完成特征的创建。

Step29. 创建图 6.7.81 所示的圆角 2，相关操作参见 Step28，圆角半径值为 1。

Step30. 创建图 6.7.82 所示的圆角 3，圆角半径值为 3。

Step31. 创建图 6.7.83 所示的圆角 4，圆角半径值为 1.5。

图 6.7.80　创建圆角 1

图 6.7.81　创建圆角 2

图 6.7.82　创建圆角 3

图 6.7.83　创建圆角 4

Step32. 将曲面加厚，如图 6.7.84 所示。选取要将其变成实体的面组 1234，单击 模型 功能选项卡 编辑 ▼ 区域中的 加厚 按钮，系统弹出图 6.7.85 所示的操控板；输入薄板实体的厚度值 1.6；加厚方向朝外；单击"确定"按钮 ✔，完成加厚操作。

图 6.7.84　曲面加厚

图 6.7.85　操控板

Step33. 创建一个拉伸特征，将模型一侧切平，如图 6.7.86 所示。单击 模型 功能选项卡 形状 ▼ 区域中的 拉伸 按钮，系统出现图 6.7.87 所示的操控板，在操控板中按下"实体特征类型"按钮 □ 和"移除材料"按钮 ⊿；右击，从系统弹出的快捷菜单中选择 定义内部草绘... 命令；设置 RIGHT 基准平面为草绘平面，TOP 基准平面为草绘平面的参考，方向为 上；特征截面图形如图 6.7.88 所示，深度类型为 ⫞（穿过所有），然后单击 % 按钮。

图 6.7.86　拉伸特征

图 6.7.87　操控板

图 6.7.88 特征截面图形

6.7.3 范例 3——叶轮

范例概述

本范例的关键点是创建叶片,首先利用复制和偏距方式创建曲面,再利用这些曲面及创建的基准平面,结合草绘、投影等方式创建所需要的基准曲线,由这些基准曲线创建边界混合曲面,最后通过加厚、阵列等命令完成整个模型。零件模型及模型树如图 6.7.89 所示。

Step1. 新建零件模型。模型命名为 IMPELLER。

图 6.7.89 零件模型及模型树

Step2. 创建图 6.7.90 所示的实体拉伸特征——拉伸特征 1。

(1)选择命令。单击 模型 功能选项卡 形状 ▼ 区域中的"拉伸"按钮 拉伸。

(2)绘制截面草图。在图形区右击,从系统弹出的快捷菜单中选择 定义内部草绘... 命令;选取 FRONT 基准平面为草绘平面,选取 RIGHT 基准平面为参考平面,方向为 右;单击 草绘 按钮,绘制图 6.7.91 所示的截面草图。

(3)定义拉伸属性。在操控板中选择拉伸类型为 ⊥,输入深度值 65.0。

(4)在操控板中单击"确定"按钮 ✓,完成拉伸特征 1 的创建。

Step3. 创建复制曲面 1。

(1)选取复制对象。在屏幕下方的"选定项"栏中选择"几何"选项,按住 Ctrl 键,选取图 6.7.92 所示的圆柱的外表面。

(2)选择命令。单击 模型 功能选项卡 操作 ▼ 区域中的"复制"按钮 ,然后单击"粘贴"按钮 ▼。

（3）单击 按钮，完成复制曲面 1 的创建。

图 6.7.90　拉伸特征 1

图 6.7.91　截面草图

图 6.7.92　定义复制面组

Step4. 创建图 6.7.93 所示的偏移曲面 1。

（1）选取偏移对象。选取图 6.7.93 所示的曲面为要偏移的曲面。

（2）选择命令。单击 模型 功能选项卡 编辑 ▼ 区域中的 偏移 按钮。

（3）定义偏移参数。在操控板的偏移类型栏中选择"标准偏移特征"选项，在操控板的偏移数值栏中输入偏移距离值 102.0。

（4）单击 按钮，完成偏移曲面 1 的创建。

Step5. 创建图 6.7.94 所示的 DTM1 基准平面。

（1）选择命令。单击 模型 功能选项卡 基准 ▼ 区域中的"平面"按钮。

（2）定义平面参考。选择基准轴 A_1，将约束设置为穿过；按住 Ctrl 键，选取 TOP 基准平面，将约束设置为偏移，输入旋转值-45.0。

（3）单击该对话框中的 确定 按钮。

图 6.7.93　偏移曲面 1

图 6.7.94　DTM1 基准平面

Step6. 用相同的方法创建图 6.7.95 所示的 DTM2 基准平面。

Step7. 用曲面求交的方法创建图 6.7.96 所示的相交曲线——相交 1。

图 6.7.95　DTM2 基准平面

创建这两条相交曲线

图 6.7.96　相交 1

（1）在模型中选取圆柱的外表面。

（2）单击 模型 功能选项卡 编辑 ▾ 区域中的"相交"按钮 ，系统弹出"曲面相交"操控板。

（3）按住 Ctrl 键，选取图中的 DTM1 基准平面，系统将生成图 6.7.96 所示的相交曲线，然后单击操控板中的"确定"按钮 。

Step8. 用曲面求交的方法创建图 6.7.97 所示的相交曲线——相交 2。在模型中选取偏移曲面 1；单击"相交"按钮 ，选取图中的 DTM1 基准平面，系统将生成图 6.7.97 所示的相交曲线；单击 按钮。

Step9. 用曲面求交的方法创建图 6.7.98 所示的相交曲线——相交 3。 在模型中选取圆柱的外表面；单击"相交"按钮 ，选取图中的基准平面 DTM2，系统将生成图 6.7.98 所示的相交曲线；单击 按钮。

创建这两条相交曲线

图 6.7.97　相交 2

创建这两条相交曲线

图 6.7.98　相交 3

Step10. 用曲面求交的方法创建图 6.7.99 所示的相交曲线——相交 4。在模型中选取偏移曲面 1；单击"相交"按钮 ，选取图中的 DTM2 基准平面，系统将生成图 6.7.99 所示的相交曲线；单击 按钮。

Step11. 创建图 6.7.100 所示的 DTM3 基准平面。单击 模型 功能选项卡 基准 ▾ 区域中的"平面"按钮 ，在模型树中选取 TOP 基准平面为偏距参考面；然后在"基准平面"对话框的 平移 文本框中输入值 150.0，并按 Enter 键；单击该对话框中的 确定 按钮。

创建这两条相交曲线

图 6.7.99　相交 4

图 6.7.100　DTM3 基准平面

Step12. 创建图 6.7.101 所示的草绘 1。

图 6.7.101　草绘 1（建模环境）

（1）单击 模型 功能选项卡 基准 ▾ 区域中的"草绘"按钮 ，系统弹出"草绘"对话框。

（2）定义草绘截面放置属性。选取 DTM3 基准平面为草绘平面，RIGHT 基准平面为参考平面，方向为 下 ；单击"草绘"对话框中的 草绘 按钮。

（3）进入草绘环境后，绘制图 6.7.102 所示的草绘 1，完成后单击 ✔ 按钮。

图 6.7.102　草绘 1（草绘环境）

Step13. 创建图 6.7.103 所示的投影曲线——投影 1。在图 6.7.102 所示的模型中选取草绘曲线 1；单击 模型 功能选项卡 编辑 ▾ 区域中的"投影"按钮 ，此时系统弹出"投影"操控板；选取圆柱的外表面，系统会产生图 6.7.103 所示的投影曲线；在操控板中单击"确定"按钮 ✔ 。

Step14. 创建图 6.7.104 所示的草绘 2。在操控板中单击"草绘"按钮 ；选取 DTM3 基准平面为草绘平面，选取 RIGHT 基准平面为参考平面，方向为 下 ；单击 草绘 按钮，绘制图 6.7.105 所示的草绘 2。

图 6.7.103　投影 1

图 6.7.104　草绘 2（建模环境）　　　图 6.7.105　草绘 2（草绘环境）

Step15. 创建图 6.7.106 所示的投影曲线——投影 2。选取草绘曲线 2，单击 模型 功能选项卡 编辑 ▾ 区域中的"投影"按钮 ≈；选取图 6.7.106 所示的偏移曲面，系统会产生图 6.7.106 所示的投影曲线；在操控板中单击"确定"按钮 ✓。

Step16. 创建图 6.7.107 所示的草绘 3。单击 "草绘"按钮 ～，系统弹出"草绘"对话框；选取 DTM1 基准平面为草绘平面，FRONT 基准平面为参考平面，方向为 上；绘制图 6.7.108 所示的草绘 3。

图 6.7.106 投影 2

图 6.7.107 草绘 3（建模环境）

图 6.7.108 草绘 3（草绘环境）

Step17. 创建图 6.7.109 所示的草绘 4。单击 "草绘"按钮 ～，系统弹出"草绘"对话框；选取 DTM2 基准平面为草绘平面，选取 FRONT 基准平面为参考平面，方向为 上；绘制图 6.7.110 所示的草绘 4。

图 6.7.109 草绘 4（建模环境）

图 6.7.110 草绘 4（草绘环境）

Step18. 为了使屏幕简洁，将部分曲线和曲面隐藏起来。

（1）隐藏偏移曲面 1。在模型树中单击 ▱ 偏移1 ，再右击，在系统弹出的快捷菜单中选择 隐藏 命令。

（2）用相同的方法隐藏相交 1、相交 2、相交 3、相交 4、草绘 1 和草绘 2。

Step19. 创建图 6.7.111 所示的拉伸特征 2。在操控板中单击"拉伸"按钮 拉伸；选取图 6.7.111 所示的圆柱的底面为草绘平面，RIGHT 基准平面为参考平面，方向为 下；单击 草绘 按钮，绘制图 6.7.112 所示的截面草图；在操控板中定义拉伸类型为 �ш，选取图 6.7.111 所示的圆柱的顶面为拉伸终止面；单击 ⅔ 按钮调整拉伸方向，单击 ✓ 按钮，完成拉伸特征 2 的创建。

注意：创建拉伸特征 2 的目的是使后面的叶片曲面加厚、叶片阵列、倒圆角等操作能顺利完成，否则，这些操作可能失败。

Step20. 创建图 6.7.113 所示的边界混合曲面 1。

（1）选择命令。单击 模型 功能选项卡 曲面 ▼ 区域中的"边界混合"按钮 ⬚ 。

（2）选取边界曲线。在操控板中单击 曲线 按钮，系统弹出"曲线"界面，按住 Ctrl 键，依次选取投影曲线 1 和投影曲线 2 为第一方向边界曲线；单击"第二方向"区域中的"单击此…"字符，按住 Ctrl 键，依次选择草绘 3 和草绘 4 为第二方向边界曲线。

（3）在操控板中单击按钮 ∞ ，预览所创建的曲面，确认无误后，单击 ✔ 按钮，完成边界混合曲面 1 的创建。

图 6.7.111 拉伸特征 2

图 6.7.112 截面草图

图 6.7.113 边界混合曲面 1

Step21. 创建图 6.7.114b 所示的曲面加厚特征 1。

（1）选取加厚对象。选取图 6.7.113 所示的曲面为要加厚的对象。

（2）选择命令。单击 模型 功能选项卡 编辑 ▼ 区域中的 加厚 按钮。

（3）定义加厚参数。在操控板中输入厚度值 3.0，调整加厚方向如图 6.7.115 所示。

（4）单击 ✔ 按钮，完成加厚操作。

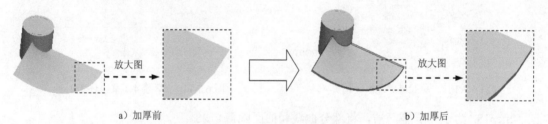

a）加厚前　　　　　　　　　　　　　　　　　b）加厚后

图 6.7.114 曲面加厚特征 1

图 6.7.115 加厚方向

Step22. 为了进行叶片的阵列，创建组特征——组 1。

（1）按住 Ctrl 键，在模型树中选取 Step20 和 Step21 所创建的边界混合曲面 1 和曲面加厚特征 1。

（2）单击 **模型** 功能选项卡 操作 ▼ 区域中的 分组 按钮。此时边界混合曲面 1 和曲面加厚特征 1 合并为 组LOCAL_GROUP_2 ，先单击 组LOCAL_GROUP_2 ，然后右击，单击将 组LOCAL_GROUP_2 重命名为 组1 ，完成组 1 的创建。

Step23. 创建图 6.7.116b 所示的"轴"阵列特征——阵列特征 1。

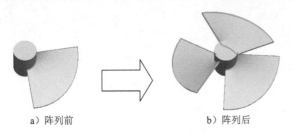

a）阵列前　　　　b）阵列后

图 6.7.116 　阵列特征 1

（1）在模型树中单击 组1 后右击，在系统弹出的快捷菜单中选取 ⊞ 命令，系统弹出"阵列"操控板。

（2）在操控板中选择 轴 选项，在模型中选取基准轴 A_1；在操控板中输入阵列的个数 3，按 Enter 键；输入角度增量值为 120.0，并按 Enter 键。

（3）单击操控板中的"确定"按钮 ✓ ，完成阵列特征 1 的创建。

Step24. 创建图 6.7.117b 所示的倒圆角特征 1。单击 **模型** 功能选项卡 工程 ▼ 区域中的 倒圆角 ▼ 按钮，选取图 6.7.117a 所示的六条边线为倒圆角的边线；在"倒圆角半径"文本框中输入值 15.0。

选取这六条边线为倒圆角参考

放大图

a）倒圆角前　　　　b）倒圆角后

图 6.7.117 　倒圆角特征 1

Step25. 创建图 6.7.118b 所示的倒圆角特征 2。选取图 6.7.118a 所示的六条边线为倒圆角的边线；输入倒圆角半径值 1.0。

选取这六条边线为倒圆角参考

放大图

a）倒圆角前　　　　b）倒圆角后

图 6.7.118 　倒圆角特征 2

Step26. 创建图 6.7.119b 所示的倒圆角特征 3。选取图 6.7.119a 所示的三条边线为倒圆角的边线；输入倒圆角半径值 2.0。

选取这三条边线为
倒圆角参考

a）倒圆角前　　　　　　　　　　　　　　　b）倒圆角后

图 6.7.119　倒圆角特征 3

Step27. 保存零件模型文件。

6.7.4　范例 4——皮靴鞋面

范例概述

本范例主要介绍了扫描曲面和边界曲面的应用技巧。先用"扫描"命令构建模型的一个曲面，然后通过镜像命令产生另一侧曲面，模型的前后曲面则为边界曲面。练习时，注意扫描曲面与边界曲面是如何相切过渡的。零件模型及模型树如图 6.7.120 所示。

Step1. 新建零件模型。模型命名为 INSTANCE_BOOT。

Step2. 创建图 6.7.121 所示的草绘特征——草绘 1。

（1）单击"草绘"按钮 ，系统弹出"草绘"对话框。

图 6.7.120　零件模型及模型树

（2）选取 FRONT 基准平面为草绘平面，RIGHT 基准平面为参考平面，方向为 右，单击 草绘 按钮，进入草绘环境。

（3）进入草绘环境后，接受默认的参考，绘制图 6.7.121 所示的截面草图（草绘 1）。

（4）单击 按钮，退出草绘环境。

Step3. 创建图 6.7.122 所示的 DTM1 基准平面。

（1）选择命令。单击 模型 功能选项卡 基准 ▾ 区域中的"平面"按钮 。

（2）定义平面参考。在模型树中选取 FRONT 基准平面为偏距参考面，定义约束类型为 偏移 ，在"基准平面"对话框中输入偏移距离值 40.0。

（3）单击该对话框中的 确定 按钮。

图 6.7.121 草绘 1（草绘环境）

图 6.7.122 DTM1 基准平面

Step4. 创建图 6.7.123 所示的草绘 2。

（1）在操控板中单击"草绘"按钮 ；选取 DTM1 基准平面作为草绘平面，选取 RIGHT 基准平面为参考平面，方向为 右 ；单击 草绘 按钮，选取 Step2 创建的草绘曲线 1 为参考，绘制图 6.7.123 所示的截面草图（草绘 2）。

（2）转换曲线。在草绘环境中选取图 6.7.123 所示的草绘 2 中的所有实线图元，单击 草绘 功能选项卡 操作 ▾ 区域后的 ▾ 按钮，在系统弹出的菜单中选择 转换为 ▸ ➡ 样条 命令，将草绘曲线 2 转换为样条曲线。

（3）单击 ✔ 按钮，退出草绘环境。

Step5. 创建图 6.7.124 所示的草绘 3。

（1）在操控板中单击"草绘"按钮 ；选取 DTM1 基准平面作为草绘平面，选取 RIGHT 基准平面为参考平面，方向为 右 ；单击 草绘 按钮，选取 Step2 创建的草绘曲线 1 为参考，绘制图 6.7.124 所示的截面草图（草绘 3）。

（2）转换曲线。选取图 6.7.124 所示的草绘曲线 3，参考 Step4 的步骤，将草绘曲线 3 转换为样条曲线。

图 6.7.123 草绘 2（草绘环境）

图 6.7.124 草绘 3（草绘环境）

Step6. 创建图 6.7.125 所示的扫描特征 1。

（1）选择"扫描"命令。单击 模型 功能选项卡 形状 ▾ 区域中的 扫描 ▾ 按钮。

（2）定义扫描轨迹。

① 在操控板中确认 按钮和 按钮被按下。

② 在图形区中选取图 6.7.126 所示的原点轨迹，再按住 Ctrl 键，依次选取轨迹 1 和轨迹 2。

③ 单击箭头调整扫描轨迹起始方向如图 6.7.126 所示。

（3）创建扫描特征的截面草图。

① 在操控板中单击"创建或编辑扫描截面"按钮 ，系统自动进入草绘环境。

② 绘制并标注图 6.7.127 所示的扫描截面草图。

③ 完成截面草图的绘制和标注后，单击"确定"按钮 。

（4）单击操控板中的 按钮，完成扫描特征 1 的创建。

图 6.7.125　扫描特征 1

图 6.7.126　选取轨迹

图 6.7.127　截面草图（草绘 4）

Step7. 创建图 6.7.128b 所示的曲面的镜像——镜像特征 1。

（1）选取要镜像的对象。选取图 6.7.128a 所示的曲面为要镜像的对象。

（2）选择"镜像"命令。单击 模型 功能选项卡 编辑 ▼ 区域中的"镜像"按钮 。

（3）定义镜像中心平面。选取 FRONT 基准平面为镜像中心平面。

（4）单击"镜像"操控板中的 按钮，完成镜像特征 1 的创建。

a）镜像前　　　　　　　　　　　　　　　　b）镜像后

图 6.7.128　镜像特征 1

Step8. 创建图 6.7.129 所示的曲线 1。

（1）单击 模型 功能选项卡中的 基准 ▼ 按钮，在系统弹出的菜单中单击 ～ 曲线 ▸ 选项后面的 ▸ ，然后选择 ～ 通过点的曲线 命令。

（2）完成上步操作后，系统弹出"曲线：通过点"操控板，在图形区依次选取图 6.7.129 中的两个点为曲线的经过点。

（3）单击操控板中的 终止条件 选项卡，在 曲线侧(C) 列表框中选择 起点，在后面的 终止条件(E) 下拉列表中选择 相切 选项，单击 相切于 文本框中的 ● 选择项，在图形区选中图 6.7.130 所示的相应边线作为起始点的相切曲线，在 曲线侧(C) 列表框中选择 终点 选项，在后面的 终止条件(E) 下拉列表中选择 相切 选项，单击 相切于 下的文本框 ● 选择项，在图形区选取图 6.7.130 所示的相应边线作为终点的相切曲线。

说明： 如果相切方向错误，可以单击 反向(R) 按钮调整。

（4）单击"曲线：通过点"操控板中的 ✓ 按钮，完成曲线 1 的创建。

图 6.7.129　曲线 1

图 6.7.130　操作过程

Step9. 创建图 6.7.131 所示的基准曲线——曲线 2。操作步骤参见 Step8。

Step10. 创建图 6.7.132 所示的边界混合曲面 1。

注意： 在创建边界混合曲面 1 之前要先隐藏草绘 1、草绘 2 和草绘 3，否则有可能无法顺利添加曲面相切约束。

（1）选择命令。单击 模型 功能选项卡 曲面 ▾ 区域中的"边界混合"按钮 ⬡。

（2）选取边界曲线。在操控板中单击 曲线 按钮，系统弹出"曲线"界面，按住 Ctrl 键，依次选取图 6.7.132 所示的曲线 1 和曲线 2；单击"第二方向"区域中的"单击此…"字符，然后按住 Ctrl 键，依次选择图 6.7.132 所示的曲线 3 和曲线 4。

（3）设置边界条件。在操控板中单击 约束 按钮，在"约束"界面中将"方向 2"的"第一条链"和"最后一条链"的"条件"设置为 相切，然后单击下方的"图元"区域，选取 Step6 所创建的扫描特征 1 和 Step7 创建的镜像特征 1 为约束对象。

（4）在操控板中单击按钮 ∞，预览所创建的曲面，确认无误后，单击 ✓ 按钮，完成边界混合曲面 1 的创建。

图 6.7.131　曲线 2

图 6.7.132　边界混合曲面 1

Step11. 创建图 6.7.133 所示的两条基准曲线——曲线 3 和曲线 4。操作步骤参见 Step8。

Step12. 创建图 6.7.134 所示的边界曲面——边界混合曲面 2。操作步骤参见 Step10。

图 6.7.133 曲线 3 和曲线 4   图 6.7.134 边界混合曲面 2

Step13. 创建图 6.7.135 所示的曲面合并特征 1。

（1）选取合并对象。按住 Ctrl 键，选取图形区中所有的面组为合并对象。

（2）选择命令。单击 模型 功能选项卡 编辑 ▼ 区域中的"合并"按钮 。

（3）单击 ✓ 按钮，完成曲面合并特征 1 的创建。

Step14. 创建图 6.7.136 所示的曲面加厚特征 1。

（1）选取加厚对象。选取曲面合并特征 1 为要加厚的面组。

（2）选择命令。单击 模型 功能选项卡 编辑 ▼ 区域中的 按钮。

（3）定义加厚参数。在操控板中单击 选项 按钮，选择偏距类型为 垂直于曲面 ；在操控板中输入厚度值 3.0，调整加厚方向如图 6.7.136 所示。

（4）单击 ✓ 按钮，完成加厚操作。

图 6.7.135 曲面合并特征 1   图 6.7.136 曲面加厚特征 1

Step15. 保存零件模型文件。

6.7.5 范例 5——淋浴喷头

范例概述

本范例是一个典型的曲面建模的实例，先使用基准平面、基准轴和基准点等创建基准曲线，再利用基准曲线构建边界混合曲面，最后再添加合并、加厚和倒圆角特征。零件模型及模型树如图 6.7.137 所示。

图 6.7.137 零件模型及模型树

Step1. 新建零件模型。模型命名为 MUZZLE。

Step2. 创建图 6.7.138 所示的 DTM1 基准平面。单击 **模型** 功能选项卡 **基准▼** 区域中的"平面"按钮 ▢；在模型树中选取 RIGHT 基准平面为偏距参考面，在"基准平面"对话框中输入偏移距离值 225.0；单击该对话框中的 **确定** 按钮。

Step3. 创建图 6.7.139 所示的草绘 1。单击"草绘"按钮 ▥，系统弹出"草绘"对话框；选取 DTM1 基准平面为草绘平面，TOP 基准平面为参考平面，方向为 **上**，单击 **草绘** 按钮进入草绘环境；进入草绘环境后，接受系统默认的参考设置值，绘制图 6.7.140 所示的截面草图（草绘 1）；单击"确定"按钮 ✓，退出草绘环境。

图 6.7.138 DTM1 基准平面

图 6.7.139 草绘 1（建模环境）

图 6.7.140 草绘 1（草绘环境）

Step4. 创建图 6.7.141 所示的草绘 2。在操控板中单击"草绘"按钮 ▥；选取 TOP 基准平面作为草绘平面，选取 RIGHT 基准平面为参考平面，方向为 **右**；单击 **草绘** 按钮，绘制图 6.7.142 所示的草绘 2。

图 6.7.141 草绘 2（建模环境）

图 6.7.142 草绘 2（草绘环境）

Step5. 创建图 6.7.143 所示的草绘 3。在操控板中单击"草绘"按钮 ◯；选取 FRONT 基准平面作为草绘平面，选取 RIGHT 基准平面为参考平面，方向为 右；单击 草绘 按钮，绘制图 6.7.144 所示的草绘 3。

图 6.7.143　草绘 3（建模环境）

图 6.7.144　草绘 3（草绘环境）

Step6. 创建图 6.7.145 所示的 DTM2 基准平面。单击 模型 功能选项卡 基准 ▼ 区域中的"平面"按钮 ▱；在模型树中选取 RIGHT 基准平面为偏距参考面，在"基准平面"对话框中输入偏移距离值 160.00；单击该对话框中的 确定 按钮。

Step7. 创建图 6.7.146 所示的基准点 PNT0 和 PNT1。单击"创建基准点"按钮 ×× 点 ▼，系统弹出"基准点"对话框；在"基准点"对话框的 放置 选项卡中选择 新点，选取图 6.7.147 所示的草绘 3 为放置参考，按住 Ctrl 键，再选取 DTM2 基准平面；在"基准点"对话框中单击 确定 按钮。

图 6.7.145　DTM2 基准平面

图 6.7.146　PNT0 和 PNT1 基准点

图 6.7.147　定义基准点参考

Step8. 创建图 6.7.148 所示的草绘 4。在操控板中单击"草绘"按钮 ◯；选取 DTM2 基准平面作为草绘平面，选取 TOP 基准平面为参考平面，方向为 下；单击 草绘 按钮，选取基准点 PNT0 和 PNT1 为草绘参考，绘制图 6.7.149 所示的草绘 4。

图 6.7.148 草绘 4（建模环境）

Step9. 创建图 6.7.150 所示的 PNT2 和 PNT3 基准点。单击"创建基准点"按钮 ×× 点 ▼，系统弹出"基准点"对话框；按住 Ctrl 键，选取图 6.7.150 所示的直线 1 和圆弧 1 之间的连接点；单击 确定 按钮，完成 PNT2 基准点的创建；单击"创建基准点"按钮 ×× 点 ▼，系统弹出"基准点"对话框；按住 Ctrl 键，选取图 6.7.150 所示的直线 2 和圆弧 2 之间的连接点；单击 确定 按钮，完成 PNT3 基准点的创建。

图 6.7.149 草绘 4（草绘环境）

图 6.7.150 PNT2 和 PNT3 基准点

Step10. 创建图 6.7.151 所示的 DTM3 基准平面。单击 模型 功能选项卡 基准 ▼ 区域中的"平面"按钮 □，按住 Ctrl 键，选取 PNT2、PNT3 基准点和 FRONT 基准平面为放置参考；单击该对话框中的 确定 按钮。

Step11. 创建图 6.7.152 所示的草绘 5。在操控板中单击"草绘"按钮 ；选取 DTM3 基准平面作为草绘平面，选取 FRONT 基准平面为参考平面，方向为 右；单击 草绘 按钮，选取 PNT2 和 PNT3 基准点为草绘参考，然后绘制 Ry20.0 椭圆的草绘 5。

图 6.7.151 DTM3 基准平面

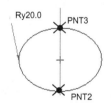

图 6.7.152 草绘 5（建模环境）

Step12. 创建图 6.7.153 所示的边界混合曲面 1。单击 模型 功能选项卡 曲面 ▼ 区域中的"边界混合"按钮 ；在操控板中单击 曲线 按钮，系统弹出"曲线"界面，按住 Ctrl 键，依次选取图 6.7.154 所示的草绘 1、草绘 4、草绘 5 和草绘 2 为第一方向边界曲线；单击"第二方向"区域中的"单击此…"字符，按住 Ctrl 键，依次选取图 6.7.155 所示的草绘 3_1 和草绘 3_2 为第二方向边界曲线；单击 按钮，完成边界混合曲面 1 的创建。

图 6.7.153　边界混合曲面 1　　图 6.7.154　定义第一方向边界曲线　　图 6.7.155　定义第二方向边界曲线

Step13. 创建图 6.7.156 所示的基准点 PNT4。单击"创建基准点"按钮 ×× 点 ▼ ，在模型上选取图 6.7.157 所示的草绘 1 为放置参考；在"基准点"对话框的下拉列表中选取 居中 选项；完成后单击 确定 按钮。

Step14. 创建图 6.7.158 所示的基准轴——A_1。单击"基准轴"按钮 ✐ 轴 ；选取 PNT4 基准点，设置其约束类型均为 穿过 ；按住 Ctrl 键，选取 DTM1 基准平面，设置其约束类型均为 法向 ；单击"基准轴"对话框中的 确定 按钮。

图 6.7.156　PNT4 基准点　　　图 6.7.157　定义放置参考　　　图 6.7.158　基准轴 A_1

Step15. 创建图 6.7.159 所示的旋转特征 1。单击 模型 功能选项卡 形状 ▼ 区域中的"旋转"按钮 ◇ 旋转 ；在图形区右击，从系统弹出的快捷菜单中选择 定义内部草绘... 命令；选取 FRONT 基准平面为草绘平面，RIGHT 基准平面为参考平面，方向为 右 ；单击 草绘 按钮，选取基准轴 A_1 作为参考，绘制图 6.7.160 所示的截面草图和旋转中心线；按下"曲面"类型 □ 按钮，在操控板中选择旋转类型为 ⵣ，在"角度"文本框中输入角度值 360.0，并按 Enter 键；在操控板中单击"确定"按钮 ✓，完成旋转特征 1 的创建。

图 6.7.159　旋转特征 1　　　　　　图 6.7.160　截面草图

Step16. 创建图 6.7.161 所示的旋转特征 2。在操控板中单击"旋转"按钮 ◇ 旋转 ，按下"曲面"类型 □ 按钮；选取 RIGHT 基准平面为草绘平面，TOP 基准平面为参考平面，方向为 上 ；单击 草绘 按钮，选取图 6.7.162 所示的边线作为草绘参考，绘制图 6.7.162 所示的截面草图和旋转中心线；在操控板中选择旋转类型为 ，在"角度"文本框中输入角度值 360.0；单击 ✓ 按钮，完成旋转特征 2 的创建。

图 6.7.161　旋转特征 2 　　　　　　图 6.7.162　截面草图

Step17. 创建图 6.7.163 所示的曲面合并特征 1。单击界面下部的"智能"栏后面的按钮 ▼，选择 面组 选项，这样方便选取曲面；按住 Ctrl 键，选取图 6.7.163 所示的边界曲面和旋转 1；单击 模型 功能选项卡 编辑 ▼ 区域中的 ⬡ 按钮；单击调整图形区中的箭头使其指向要保留的部分，如图 6.7.163 所示；单击 ✓ 按钮，完成曲面合并特征 1 的创建。

Step18. 创建图 6.7.164 所示的曲面合并特征 2。按住 Ctrl 键，选取图 6.7.164 所示的曲面合并 1 和旋转 2，单击 ⬡ 按钮，单击 ✓ 按钮，完成曲面合并特征 2 的创建。

Step19. 创建图 6.7.165 所示的曲面加厚特征 1。选取 Step18 所创建的曲面合并特征 2 为加厚的面组；单击 模型 功能选项卡 编辑 ▼ 区域中的 ⬡ 按钮；在操控板中输入厚度值 2.5，调整加厚方向如图 6.7.165 所示；单击 ✓ 按钮，完成曲面加厚特征 1 的操作。

图 6.7.163　曲面合并特征 1 　　图 6.7.164　曲面合并特征 2 　　图 6.7.165　曲面加厚特征 1

Step20. 创建图 6.7.166b 所示的倒圆角特征 1。单击 模型 功能选项卡 工程 ▼ 区域中的 ⬡ 倒圆角 ▼ 按钮，选取图 6.7.166 所示的两条边线为倒圆角的边线；在"倒圆角半径"文本框中输入半径值 0.5。

a）倒圆角前　　　　　　　　　　　　　　b）倒圆角后

图 6.7.166　倒圆角特征 1

Step21. 创建图 6.7.167b 所示的倒圆角特征 2。选取图 6.7.167a 所示的边线为倒圆角的边线；输入倒圆角半径值 1.0。

选取此边线为倒圆角参考

放大图

a）倒圆角前

放大图

b）倒圆角后

图 6.7.167　倒圆角特征 2

Step22. 创建图 6.7.168b 所示的倒角特征 1。单击 模型 功能选项卡 工程 ▼ 区域中的 ⬦ 倒角 ▼ 按钮，选取图 6.7.168a 所示的边线为倒角的边线；在操控板中选择倒角方式为 D x D，在"尺寸"文本框中输入数值 0.5。

选取此边线为倒角参考

放大图

a）倒角前

放大图

b）倒角后

图 6.7.168　倒角特征 1

Step23. 创建图 6.7.169b 所示的倒圆角特征 3。选取图 6.7.169a 所示的两条边线为倒圆角的边线；输入倒圆角半径值 0.5。

Step24. 遮蔽层。选择导航命令卡中的 📋 ▼ ➡ 层树(L) 命令，即可进入"层树"的操作界面；在"层树"的操作界面中选取曲线所在的层 🔲 D3＿＿PRT ALL CURVES 右击，在系统弹出的快捷菜单中选择 隐藏 命令；同理将基准点和基准平面隐藏，然后在"层树"的操作界面空白处右击选择 保存状况 命令。

选取这两条边线为倒圆角参考

放大图

a）倒圆角前

放大图

b）倒圆角后

图 6.7.169　倒圆角特征 3

Step25. 保存零件模型文件。

6.7.6 范例6——遥控器上盖

范例概述

本范例主要讲述遥控器上盖的设计过程，其中主要运用了曲面拉伸、偏移、投影、边界混合、扫描和实体化等命令。该模型是一个很典型的曲面设计实例，其中曲面的偏移、投影、边界混合和合并是曲面创建的核心，在应用了实体化、抽壳、拉伸和倒圆角进行细节设计之后，即可达到图 6.7.170 所示的效果。这种曲面设计的方法很值得读者学习。下面讲解遥控器上盖的创建过程，零件模型及模型树如图 6.7.170 所示。

图 6.7.170 零件模型及模型树

Step1. 新建零件模型。新建一个零件模型，命名为 REMOTE_CONTROL。

Step2. 创建图 6.7.171 所示的拉伸曲面 1。

（1）选择命令。单击 模型 功能选项卡 形状 ▼ 区域中的"拉伸"按钮 拉伸 ，按下操控板中的"曲面类型"按钮 。

（2）绘制截面草图。在图形区右击，从系统弹出的快捷菜单中选择 定义内部草绘... 命令；选取 RIGHT 基准平面为草绘平面，选取 TOP 基准平面为参考平面，方向为 左 ；单击 草绘 按钮，绘制图 6.7.172 所示的截面草图。

（3）在操控板中单击 选项 按钮，在 第1侧 的下拉列表中选择深度类型为 盲孔 ，输入深度值 50.0；在 第2侧 的下拉列表中选取 盲孔 选项，输入深度值 120。

（4）在操控板中单击 ✓ 按钮，完成拉伸曲面 1 的创建。

图 6.7.171 拉伸曲面 1

图 6.7.172 截面草图

Step3. 创建偏移曲面 1。

（1）选取偏移对象。选取 Step2 创建的拉伸曲面为要偏移的曲面。

（2）选择命令。单击 模型 功能选项卡 编辑 ▼ 区域中的 偏移 按钮。

（3）定义偏移参数。在操控板的偏移类型栏中选择"标准偏移"选项 ，在操控板的偏移数值栏中输入偏移距离值 1，单击 按钮调整偏移方向如图 6.7.173 所示。

（4）单击 按钮，完成偏移曲面 1 的创建。

Step4. 创建图 6.7.174 所示的草图 1。在操控板中单击"草绘"按钮 ；选取 FRONT 基准平面为草绘平面，选取 RIGHT 基准平面为参考平面，方向为 右 ，单击 草绘 按钮，绘制图 6.7.174 所示的草图。

图 6.7.173　偏移方向

图 6.7.174　草图 1

Step5. 创建投影曲线 1。

（1）选取投影对象。在模型树中单击 Step4 所创建的草图 1。

（2）选择命令。单击 模型 功能选项卡 编辑 ▼ 区域中的 投影 按钮。

（3）定义参考。接受系统默认的投影方向，选取拉伸曲面 1 作为投影面。

（4）单击 按钮，完成投影曲线 1 的创建。

Step6. 创建图 6.7.175 所示的草图 2。在操控板中单击"草绘"按钮 ；选取 FRONT 基准平面为草绘平面，选取 RIGHT 基准平面为参考平面，方向为 右 ，单击 草绘 按钮，绘制图 6.7.175 所示的草图。

Step7. 创建投影曲线 2。在模型树中单击草图 2，单击 投影 按钮；接受系统默认的投影方向，选取 Step3 中创建的偏移曲面作为投影面，单击 按钮，完成投影曲线 2 的创建。

Step8. 创建边界混合曲面 1。

（1）选择命令。单击 模型 功能选项卡 曲面 ▼ 区域中的"边界混合"按钮 。

（2）选取边界曲线。在操控板中单击 曲线 按钮，系统弹出"曲线"界面，按住 Ctrl 键，依次选取图 6.7.176 所示的曲线 1、曲线 2 为第一方向的曲线。

（3）单击 按钮，完成边界混合曲面 1 的创建。

图 6.7.175　草图 2

图 6.7.176　定义边界曲线

Step9. 创建曲面合并 1。

（1）选取合并对象。按住 Ctrl 键，选取图 6.7.177 所示的边界混合曲面和拉伸曲面为合并对象。

（2）选择命令。单击 模型 功能选项卡 编辑 ▼ 区域中的 合并 按钮。

（3）确定要保留的部分。单击调整图形区中的箭头使其指向要保留的部分，如图 6.7. 177 所示。

（4）单击 ✔ 按钮，完成曲面合并 1 的创建。

Step10. 创建曲面合并 2。按住 Ctrl 键，选取图 6.7.178 所示的面组和偏移曲面为合并对象；单击 合并 按钮，调整箭头方向如图 6.7.178 所示；单击 ✔ 按钮，完成曲面合并 2 的创建。

图 6.7.177 定义曲面合并 1   图 6.7.178 定义曲面合并 2

Step11. 创建图 6.7.179b 所示的圆角特征 1。单击 模型 功能选项卡 工程 ▼ 区域中的 倒圆角 ▼ 按钮，选取图 6.7.179a 所示的边线为圆角放置参照，在圆角半径文本框中输入值 20。

a）倒圆角前   b）倒圆角后

图 6.7.179 圆角特征 1

Step12. 创建圆角特征 2。选取图 6.7.180a 所示的边线为圆角放置参照，输入圆角半径值 10。

Step13. 创建图 6.7.181 所示的基准平面 1。

（1）选择命令。单击 模型 功能选项卡 基准 ▼ 区域中的 "平面" 按钮 ⟋ 。

（2）定义平面参考。选取图 6.7.181 所示的 FRONT 基准平面为偏距参考面，在对话框中输入偏移距离值 20。

（3）单击对话框中的 确定 按钮。

a）倒圆角前   b）倒圆角后

图 6.7.180 圆角特征 2   图 6.7.181 基准平面 1

Step14. 创建图 6.7.182 所示的拉伸曲面 2。在操控板中单击"拉伸"按钮 拉伸，按下操控板中的"曲面类型"按钮 。选取 DTM1 基准平面为草绘平面，选取 RIGHT 基准平面为参考平面，方向为 右；绘制图 6.7.183 所示的截面草图，在操控板中定义拉伸类型为 ，输入深度值 50.0，单击 按钮调整拉伸方向；单击 按钮，完成拉伸曲面 2 的创建。

图 6.7.182　拉伸曲面 2

图 6.7.183　截面草图

Step15. 创建图 6.7.184 所示的曲面合并 3。按住 Ctrl 键，选取图 6.7.185 所示的拉伸曲面和面组 2 为合并对象；单击 合并 按钮，调整箭头方向如图 6.7.185 所示；单击 按钮，完成曲面合并 3 的创建。

图 6.7.184　曲面合并 3

图 6.7.185　定义曲面合并 3

Step16. 创建图 6.7.186b 所示的圆角特征 3。选取图 6.7.186a 所示的两条边线为圆角放置参照，输入圆角半径值 5.0。

Step17. 创建图 6.7.187b 所示的圆角特征 4。选取图 6.7.187a 所示的两条边线为圆角放置参照，输入圆角半径值 15.0。

a）倒圆角前　　　　　　　　　　　　　　　　　　　　b）倒圆角后

图 6.7.186　圆角特征 3

a）倒圆角前　　　　　　　　　　　　　　　　　　　　b）倒圆角后

图 6.7.187　圆角特征 4

Step18. 创建图 6.7.188b 所示的圆角特征 5。选取图 6.7.188a 所示边线为圆角放置参照，输入圆角半径值 2.0。

选取此边线为圆角放置参照

a）倒圆角前

b）倒圆角后

图 6.7.188　圆角特征 5

Step19. 创建图 6.7.189 所示的拉伸曲面 3。在操控板中单击"拉伸"按钮 拉伸，按下操控板中的"曲面类型"按钮。选取 DTM1 基准平面为草绘平面，选取 RIGHT 基准平面为参考平面，方向为 右；绘制图 6.7.190 所示的截面草图，在操控板中定义拉伸类型为，输入深度值 30.0，单击 按钮调整拉伸方向；单击 按钮，完成拉伸曲面 3 的创建。

图 6.7.189　拉伸曲面 3

图 6.7.190　截面草图

Step20. 创建图 6.7.191 所示的拉伸曲面 4。在操控板中单击"拉伸"按钮 拉伸，按下操控板中的"曲面类型"按钮。选取 RIGHT 基准平面为草绘平面，选取 FRONT 基准平面为参考平面，方向为 左；绘制图 6.7.192 所示的截面草图，在操控板中定义拉伸类型为，输入深度值 110.0，单击 按钮调整拉伸方向；单击 按钮，完成拉伸曲面 4 的创建。

图 6.7.191　拉伸曲面 4

图 6.7.192　截面草图

Step21. 创建图 6.7.193 所示的曲面合并 4。按住 Ctrl 键，选取图 6.7.194 所示的拉伸曲面 3 和拉伸曲面 4 为合并对象；单击 合并 按钮，调整箭头方向如图 6.7.194 所示；单击 按钮，完成曲面合并 4 的创建。

图 6.7.193　曲面合并 4

合并方向

拉伸曲面 3

拉伸曲面 4

图 6.7.194　定义曲面合并 4

Step22. 创建图 6.7.195 所示的曲面合并 5。按住 Ctrl 键，选取图 6.7.196 所示的两个面组为合并对象；单击 合并 按钮，调整箭头方向如图 6.7.196 所示；单击 按钮，完成曲面合并 5 的创建。

图 6.7.195　曲面合并 5

图 6.7.196　定义曲面合并 5

Step23. 创建图 6.7.197b 所示的圆角特征 6。选取图 6.7.197a 所示的边线为圆角放置参照，输入圆角半径值 0.5。

a）倒圆角前　选取此边线为圆角放置参照　放大图　放大图　b）倒圆角后

图 6.7.197　圆角特征 6

Step24. 创建图 6.7.198b 所示的圆角特征 7。选取图 6.7.198a 所示的边线为圆角放置参照，输入圆角半径值 0.5。

a）倒圆角前　选取此边线为圆角放置参照　放大图　放大图　b）倒圆角后

图 6.7.198　圆角特征 7

Step25. 创建图 6.7.199 所示的拉伸曲面 5。在操控板中单击"拉伸"按钮 ，按下操控板中的"曲面类型"按钮 。选取 TOP 基准平面为草绘平面，选取 RIGHT 基准平面为参考平面，方向为 ；绘制图 6.7.200 所示的截面草图，在操控板中定义拉伸类型为 ，输入深度值 80；单击 按钮，完成拉伸曲面 5 的创建。

图 6.7.199　拉伸曲面 5

图 6.7.200　截面草图

Step26. 创建图 6.7.201 所示的曲面合并 6。按住 Ctrl 键，选取图 6.7.202 所示的面组为合并对象；单击 合并 按钮，调整箭头方向如图 6.7.202 所示；单击 按钮，完成曲面合并 6 的创建。

合并方向

选取面组

图 6.7.201 曲面合并 6　　　　　　图 6.7.202 定义曲面合并 6

Step27. 创建曲面实体化 1。

（1）选取实体化对象。选取图 6.7.203 所示的封闭曲面为要实体化的对象。

（2）选择命令。单击 模型 功能选项卡 编辑 ▼ 区域中的 实体化 按钮。

（3）单击 ✓ 按钮，完成曲面实体化 1 的创建。

Step28. 创建抽壳特征 1。

（1）选择命令。单击 模型 功能选项卡 工程 ▼ 区域中的"壳"按钮 回壳。

（2）定义移除面。选取图 6.7.204 所示的 4 个面为移除面。

（3）定义壁厚。在 厚度 文本框中输入壁厚值为 2.0。

（4）在操控板中单击 ✓ 按钮，完成抽壳特征 1 的创建。

选取该封闭曲面

选取这 4 个面为移除面

图 6.7.203 定义实体化对象　　　　　　图 6.7.204 定义移除面

Step29. 创建图 6.7.205 所示的拉伸特征 6。在操控板中单击"拉伸"按钮 拉伸，按下操控板中的"移除材料"按钮 。选取 FRONT 基准平面为草绘平面，选取 RIGHT 基准平面为参考平面，方向为 右；绘制图 6.7.206 所示的截面草图，在操控板中定义拉伸类型为 非，单击 按钮调整拉伸方向；单击 ✓ 按钮，完成拉伸特征 6 的创建。

图 6.7.205 拉伸特征 6　　　　　　图 6.7.206 截面草图

Step30. 创建图 6.7.207 所示的拉伸特征 7。在操控板中单击"拉伸"按钮 拉伸，按下操控板中的"移除材料"按钮 。选取 FRONT 基准平面为草绘平面，选取 RIGHT 基准平面为参考平面，方向为 右；绘制图 6.7.208 所示的截面草图，在操控板中定义拉伸类型为 非，单击 按钮调整拉伸方向；单击 ✓ 按钮，完成拉伸特征 7 的创建。

图 6.7.207　拉伸特征 7

图 6.7.208　截面草图

Step31. 创建图 6.7.209 所示的拉伸特征 8。在操控板中单击"拉伸"按钮 拉伸，按下操控板中的"移除材料"按钮。选取 FRONT 基准平面为草绘平面，选取 RIGHT 基准平面为参考平面，方向为 右；绘制图 6.7.210 所示的截面草图，在操控板中定义拉伸类型为 非，单击 按钮调整拉伸方向；单击 按钮，完成拉伸特征 8 的创建。

图 6.7.209　拉伸特征 8　　　　　　　　　　图 6.7.210　截面草图

Step32. 创建图 6.7.211 所示的拉伸特征 9。在操控板中单击"拉伸"按钮 拉伸，按下操控板中的"移除材料"按钮。选取 FRONT 基准平面为草绘平面，选取 RIGHT 基准平面为参考平面，方向为 右；绘制图 6.7.212 所示的截面草图，在操控板中定义拉伸类型为 非；单击 按钮，完成拉伸特征 9 的创建。

图 6.7.211　拉伸特征 9

图 6.7.212　截面草图

Step33. 创建图 6.7.213 所示的扫描特征 1。

（1）选择"扫描"命令。单击 模型 功能选项卡 形状 ▾ 区域中的 ⬡扫描 ▾ 按钮。

（2）定义扫描轨迹。

① 在操控板中确认"实体"按钮 ▢ 和"恒定轨迹"按钮 ▬ 被按下。

② 在图形区中选取图 6.7.214 所示的边线为扫描轨迹。

③ 单击箭头，切换扫描的起始点。

（3）创建扫描特征的截面。

① 在操控板中单击"创建或编辑扫描截面"按钮 🖉，系统自动进入草绘环境。

② 绘制并标注扫描截面的草图，如图 6.7.215 所示。

③ 完成截面的绘制和标注后，单击"确定"按钮 ✔。

（4）单击操控板中的 ✔ 按钮，完成扫描特征的创建。

图 6.7.213　扫描特征 1　　　　图 6.7.214　定义扫描轨迹　　　　图 6.7.215　截面草图

Step34. 创建图 6.7.216b 所示的圆角特征 8。选取图 6.7.216a 所示的加亮边线为圆角放置参照，输入圆角半径值 0.2。

a）倒圆角前　　　　　　　　　　　　　　　　　　　　b）倒圆角后

图 6.7.216　圆角特征 8

Step35. 保存零件模型文件。

6.7.7　范例 7——热水壶的整体设计

范例概述

　　本范例主要讲述了热水壶的整体设计过程，其中主要运用了拉伸、边界混合、扫描、合并和实体化等命令。该模型是一个很典型的曲面设计实例，其中曲面的投影、边界混合和合并是曲面创建的核心，在应用了修剪、实体化、拉伸和倒圆角进行细节设计之后，即可达到图 6.7.217 所示的效果。这种曲面设计的方法很值得读者学习。零件模型如图 6.7.217 所示。

图 6.7.217　零件模型

说明　　本范例的详细操作过程请参见随书光盘中 video 下的语音视频讲解文件。模型文件为 D:\creo6.1\work\ch06.07\HOT_WATER_BOTTLE.prt。

6.8　习　　题

利用边界混合曲面、扫描曲面、阵列、曲面合并以及曲面加厚实体化等功能，创建图 6.8.1 所示的千叶板零件模型（模型尺寸读者可自行确定）。操作提示如下。

Step1. 模型名称为 sheet。

Step2. 创建图 6.8.2 所示的边界曲面。

Step3. 创建图 6.8.3 所示的扫描曲面。

Step4. 对 Step3 中创建的扫描曲面进行阵列，如图 6.8.4 所示。

Step5. 将 Step2 所创建的边界曲面与阵列中的每个扫描曲面依次合并，最后形成一个整体面组。

图 6.8.1　千叶板零件模型

图 6.8.2　创建边界曲面

创建此扫描曲面

图 6.8.3　创建扫描曲面

图 6.8.4　阵列特征

学习拓展: 扫码学习更多视频讲解。

讲解内容: 主要包含产品设计基础、曲面设计的基本概念、常用的曲面设计方法及流程、曲面转实体的常用方法、典型曲面设计案例等。特别是对曲线与曲面的阶次、连续性及曲面分析这些背景知识进行了系统讲解。

学习拓展: 扫码学习更多视频讲解。

讲解内容: 曲面设计实例精选。本部分首先对常用的曲面设计思路和方法进行了系统的总结,然后讲解了数十个典型曲面产品设计的全过程,并对每个产品的设计要点都进行了深入剖析。

第**7**章 装配设计

本章提要　　一个产品往往是由多个零件组合（装配）而成的，零件的组合是在装配模块中完成的。通过对本章的学习，读者可以了解 Creo 6.0 装配设计的一般过程，掌握一些基本的装配技巧。主要内容包括：

- 各种装配约束的基本概念。
- 装配约束的编辑定义。
- 在装配体中修改零件。
- 在装配体中复制和阵列元件。
- 在装配体中进行层操作。
- 模型的外观处理。

7.1 装 配 约 束

在 Creo 6.0 装配环境中，通过定义装配约束，可以指定一个元件相对于装配体（组件）中其他元件（或特征）的放置方式和位置。装配约束的类型包括"重合""角度偏移"和"距离"等约束。一个元件通过装配约束添加到装配体中后，它的位置会随着与其有约束关系的元件改变而相应改变，而且约束设置值作为参数可随时修改，并可与其他参数建立关系方程，这样整个装配体实际上是一个参数化的装配体。

关于装配约束，请注意以下几点。

- 一般来说，建立一个装配约束时，应选取元件参考和组件参考。元件参考和组件参考是元件和装配体中用于约束定位和定向的点、线、面。例如，通过"重合"约束将一根轴放入装配体的一个孔中，轴的中心线就是元件参考，而孔的中心线就是组件参考。
- 系统一次只添加一个约束。例如，不能用一个"重合"约束将一个零件上两个不同的孔与装配体中的另一个零件上的两个不同的孔中心重合，必须定义两个不同的"重合"约束。
- Creo 6.0 装配中，有些不同的约束可以达到同样的效果，如选择两平面"重合"

与定义两平面的"距离"为 0，均能达到同样的约束目的，此时应根据设计意图和产品的实际安装位置选择合理的约束。

- 要完整地指定一个元件在装配体中的放置和定向（即完整约束），往往需要定义数个装配约束。
- 在 Creo 6.0 中装配元件时，可以将多于所需的约束添加到元件上。即使从数学的角度来说，元件的位置已完全约束，但还可能需要指定附加约束，以确保装配件达到设计意图。建议将附加约束限制在 10 个以内，系统最多允许指定 50 个约束。

7.1.1　"距离"约束

使用"距离"约束可以定义两个装配元件中的点、线和平面之间的距离值。约束对象可以是元件中的平整表面、边线、顶点、基准点、基准平面和基准轴，所选对象不必是同一种类型，例如可以定义一条直线与一个平面之间的距离。当约束对象是两平面时，两平面平行（图 7.1.1）；当约束对象是两直线时，两直线平行；当约束对象是一直线与一平面时，直线与平面平行。当距离值为 0 时，所选对象将重合、共线或共面。

图 7.1.1　"距离"约束

7.1.2　"角度偏移"约束

使用"角度偏移"约束可以定义两个装配元件中的平面之间的角度，也可以约束线与线、线与面之间的角度。该约束通常需要与其他约束配合使用，才能准确地定位角度（图 7.1.2）。

图 7.1.2　"角度偏移"约束

7.1.3　"平行"约束

使用"平行"约束可以定义两个装配元件中的平面平行，如图 7.1.3b 所示，也可以约束线与线、线与面平行。

a) 约束前

b) 约束后

图 7.1.3 "平行"约束

7.1.4 "重合"约束

"重合"约束是 Creo 装配中应用最多的一种约束，该约束可以定义两个装配元件中的点、线和面重合，约束的对象可以是实体的顶点、边线和平面，可以是基准特征，还可以是具有中心轴线的旋转面（柱面、锥面和球面等）。

下面根据约束对象的不同，列出几种常见的"重合"约束的应用情况。

1. "面与面"重合

当约束对象是两平面或基准平面时，两零件的朝向可以通过"反向"按钮来切换，如图 7.1.4b、c 所示。

a) 约束前

b) 朝向相反

c) 朝向相同

图 7.1.4 "平面"重合

当约束对象是具有中心轴线的圆柱面时，圆柱面的中心轴线将重合，如图 7.1.5b 所示。

a) 约束前

b) 约束后

图 7.1.5 "圆柱面"重合

2. "线与线"重合

当约束对象是直线或基准轴时，直线或基准轴相重合，如图 7.1.6b 所示。

注意：图 7.1.6 所示的"线与线"重合与图 7.1.5 所示的"圆柱面"重合结果是一样的，但是选取的约束对象不同，前者需要选取轴线，后者需要选取旋转面。

图 7.1.6 "线与线"重合

3. "线与点"重合

"线与点"重合约束可将一条线与一个点重合:"线"可以是零件或装配件上的边线、轴线或基准曲线;"点"可以是零件或装配件上的顶点或基准点,如图 7.1.7b 所示。

图 7.1.7 "线与点"重合

4. "面与点"重合

"面与点"重合可以使一个曲面和一个点重合:"曲面"可以是零件或装配件上的基准平面、曲面特征或零件的表面;"点"可以是零件或装配件上的顶点或基准点,如图 7.1.8b 所示。

图 7.1.8 "面与点"重合

5. "线与面"重合

"线与面"重合可将一个曲面与一条边线重合:"曲面"可以是零件或装配件中的基准平面、表面或曲面面组;"边线"为零件或装配件上的边线,如图 7.1.9b 所示。

图 7.1.9 "线与面"重合

6. "坐标系"重合

"坐标系"重合可将两个元件的坐标系重合，或者将元件的坐标系与装配件的坐标系重合，即一个坐标系中的 X 轴、Y 轴、Z 轴与另一个坐标系中的 X 轴、Y 轴、Z 轴分别重合，如图 7.1.10b 所示。

图 7.1.10　"坐标系"重合

7. "点与点"重合

"点与点"重合可将两个元件中的顶点或基准点重合。

7.1.5　"法向"约束

"法向"约束可以定义两元件中的直线或平面垂直，如图 7.1.11b 所示。

图 7.1.11　"法向"约束

7.1.6　"共面"约束

"共面"约束可以使两元件中的两条直线或基准轴处于同一平面，如图 7.1.12b 所示。

图 7.1.12　"共面"约束

7.1.7　"居中"约束

用"居中"约束可以控制两坐标系的原点相重合，但各坐标轴不重合，因此两零件可以绕重合的原点进行旋转。当选择两柱面"居中"时，两柱面的中心轴将重合（图 7.1.5）。

7.1.8 "相切"约束

用"相切"约束可控制两个曲面相切，如图 7.1.13b 所示。

图 7.1.13 "相切"约束

7.1.9 "固定"约束

"固定"约束也是一种装配约束形式，可以用该约束将元件固定在图形区的当前位置。当向装配环境中引入第一个元件（零件）时，也可对该元件实施这种约束形式。

7.1.10 "默认"约束

"默认"约束也称为"缺省"约束，可以用该约束将元件上的默认坐标系与装配环境的默认坐标系重合。当向装配环境中引入第一个元件（零件）时，常常对该元件实施这种约束形式。

7.2 创建新的装配模型的一般过程

下面以瓶塞开启器产品中的一个装配体模型——驱动杆装配（actuating_rod_asm）为例（图 7.2.1），说明装配体创建的一般过程。

7.2.1 新建一个装配三维模型

选择下拉菜单 文件 ➡ 管理会话(M) ▶ ➡ 选择工作目录(W) 选择工作目录。命令（或单击 主页 选项卡中的 按钮），将工作目录设置至 D:\creo6.1\work\ch07.02。

Step1. 单击"新建"按钮 ，在系统弹出的文件"新建"对话框中进行下列操作。

（1）选中 类型 选项组下的 ⊙ 装配 单选项。

（2）选中 子类型 选项组下的 ⊙ 设计 单选项。

（3）在 文件名 文本框中输入文件名 actuating_rod_asm。

（4）通过取消 ☐ 使用默认模板 复选框中的"√"号来取消"使用默认模板"，后面将介绍如何定制和使用装配默认模板。

（5）单击该对话框中的 确定 按钮。

Step2. 选取适当的装配模板。在系统弹出的"新文件选项"对话框（图 7.2.2）中进行下列操作。

（1）在模板选项组中选取 mmns_asm_design 模板命令。

（2）对话框中的两个参数 DESCRIPTION 和 MODELED_BY 与 PDM 有关，一般不对此进行操作。

（3）☐ 复制关联绘图 复选框一般不用进行操作。

（4）单击该对话框中的 确定 按钮。

图 7.2.1　驱动杆装配

图 7.2.2　"新文件选项"对话框

完成这一步操作后，系统进入装配模式（环境），此时在图形区可看到三个正交的装配基准平面（图 7.2.3）。如果没有显示，可单击"视图控制"工具栏中的 按钮，然后在系统弹出的菜单中选中 ✔ ☐ 平面显示 复选框，将基准平面显示出来。

图 7.2.3　三个默认的基准平面

7.2.2　装配第一个零件

在装配模式下，要创建一个新的装配件，首先必须创建三个正交的装配基准平面，然后才可把其他元件添加到装配环境中。

创建三个正交的装配基准平面的方法：进入装配模式后，单击 模型 功能选项卡

基准 ▼ 区域中的"平面"按钮 ▢。

如果不创建三个正交的装配基准平面，那么基础元件就是放置到装配环境中的第一个零件、子组件或骨架模型，此时无须定义位置约束，元件只按默认放置。如果用互换元件来替换基础元件，则替换元件也总是按默认放置。

说明：本例中，由于选取了 mmns_asm_design 模板命令，系统便自动创建三个正交的装配基准平面，所以无须再创建装配基准平面。

Step1. 引入第一个零件。

（1）单击 模型 功能选项卡 元件 ▼ 区域（图 7.2.4）中的"组装"按钮 ⬚（或单击 组装 ▼ 按钮，然后在系统弹出的菜单中选择 ⬚ 组装 选项，如图 7.2.5 所示）。

元件 ▼ 区域及 组装 ▼ 菜单下的几个命令的说明如下。

- ⬚ 组装：将已有的元件（零件、子装配件或骨架模型）装配到装配环境中，用"元件放置"对话框可将元件完整地约束在装配件中。

- ⬚ （创建）：选择此命令，可在装配环境中创建不同类型的元件，如零件、子装配件、骨架模型及主体项目，也可创建一个空元件。

- ⟳ （重复）：使用现有的约束信息在装配中添加一个当前选中零件的新实例，但是当选中零件以"默认"或"固定"约束定位时，无法使用此功能。

- 封装：选择此命令，可将元件不加装配约束地放置在装配环境中，它是一种非参数形式的元件装配。关于元件的"封装"详见后面的章节。

- 包括：选择此命令，可在活动组件中包括未放置的元件。

- 挠性：选择此命令，可以向所选的组件添加挠性元件（如弹簧）。

（2）系统弹出文件"打开"对话框，选择驱动杆零件模型文件 actuating_rod.prt，然后单击 打开 ▼ 按钮。

图 7.2.4　"元件"区域　　　　图 7.2.5　"组装"子菜单

Step2. 完全约束放置第一个零件。完成上步操作后，系统弹出图 7.2.6 所示的"元件放置"操控板；在该操控板中单击 放置 按钮，在"放置"界面的 约束类型 下拉列表中选择 默认 选项，将元件按默认放置，此时操控板中显示的信息为 状况：完全约束，说明零件已经完全约束放置；单击操控板中的 ✓ 按钮。

注意：还有如下两种完全约束放置第一个零件的方法。

- 选择 固定 选项，将其固定，完全约束放置在当前的位置。

- 也可以让第一个零件中的某三个正交的平面与装配环境中的三个正交的基准平面
（ASM_TOP、ASM_FRONT、ASM_RIGHT）重合，以实现完全约束放置。

图 7.2.6 "元件放置"操控板

"放置"界面中各按钮的说明如图 7.2.7 所示。

图 7.2.7 "放置"界面

7.2.3 装配第二个零件

1. 引入第二个零件

单击 **模型** 功能选项卡 **元件 ▼** 区域（图 7.2.4）中的"组装"按钮，然后在系统弹出的文件"打开"对话框中选取手柄零件模型文件 handle.prt，单击 **打开** ▼ 按钮。

2. 放置第二个零件前的准备

将第二个零件引入后，可能与第一个零件相距较远，或者其方向和方位不便于进行装配放置。解决这个问题的方法有两种。

方法一：移动元件（零件）

Step1. 在"元件放置"操控板中单击 移动 按钮，系统弹出图7.2.8所示的"移动"界面（一）。

Step2. 在 运动类型 下拉列表中选择 平移 选项。

图7.2.8 "移动"界面（一）

图7.2.8所示的 运动类型 下拉列表中各选项的说明如下。

- 定向模式 ：使用定向模式定向元件。单击装配元件，然后按住鼠标中键即可对元件进行定向操作。

- 平移 ：沿所选的运动参考平移要装配的元件。

- 旋转 ：沿所选的运动参考旋转要装配的元件。

- 调整 ：将要装配元件的某个参考图元（例如平面）与装配体的某个参考图元（例如平面）重合。它不是一个固定的装配约束，而只是非参数性地移动元件。

Step3. 选取运动参考。在"移动"界面（一）中选中 ⦿ 在视图平面中相对 单选项。

说明：在图7.2.9所示的"移动"界面（二）中选中 ⦿ 运动参考 单选项，在图7.2.10所示的屏幕下方"选定项"栏中有如下选项。

图7.2.9 "移动"界面（二）

图7.2.10 "选定项"栏

- 全部：可以选择"曲面""基准平面""边""轴""顶点""基准点"或者"坐标系"作为运动参考。

- 曲面：选择一个曲面作为运动参考。

- 基准平面：选择一个基准平面作为运动参考。

- 边：选择一个边作为运动参考。

- 轴：选择一个轴作为运动参考。

- 顶点：选择一个顶点作为运动参考。

- 基准点：选择一个基准点作为运动参考。

- 坐标系：选择一个坐标系的某个坐标轴作为运动方向，即要装配的元件可沿着 X、Y、Z 轴移动，或绕其转动（该选项是旋转装配元件较好的方法之一）。

图 7.2.11 所示的"移动"界面（三）中各选项和按钮的说明如下。

图 7.2.11　"移动"界面（三）

- 在视图平面中相对 单选项：相对于视图平面（即显示器屏幕平面）移动元件。

- 运动参考 单选项：相对于元件或参考移动元件。选中此单选项激活"运动参考"文本框。

- "运动参考"文本框：搜集元件移动的参考。运动与所选参考相关。最多可收集两个参考。选取一个参考后，便激活 ● 垂直和 ○ 平行 单选项。

- ☑ ● 垂直：垂直于选定参考移动元件。

- ☑ ○ 平行：平行于选定参考移动元件。

- 运动类型 选项：包括"平移"（Translation）、"旋转"（Rotation）和"调整参考"（Adjust Reference）三种主要运动类型。

- 相对 区域：显示元件相对于移动操作前位置的当前位置。

Step4. 在绘图区按住鼠标左键，并移动鼠标，可看到装配元件（如手柄零件模型）随着鼠标的移动而平移，将其从图 7.2.12 中的位置平移到图 7.2.13 中的位置。

Step5. 与前面的操作相似，在"移动"界面（一）的 运动类型 下拉列表中选择 旋转 选项，然后选中 ● 在视图平面中相对 单选项，将手柄从图 7.2.13 所示的状态旋转至图 7.2.14 所示的状态，此时的位置状态比较便于装配元件。

Step6. 在"元件放置"操控板中单击 放置 按钮，系统弹出"放置"界面。

图 7.2.12　位置 1　　　　　　图 7.2.13　位置 2　　　　　　图 7.2.14　位置 3

方法二：使用键盘快捷键移动元件

在添加元件约束时，可以采用如下方法快速移动零件。

● 按住键盘上的<Ctrl+Alt>键，同时按住鼠标右键并拖动鼠标，可以在视图平面内平移元件。

● 按住键盘上的<Ctrl+Alt>键，同时按住鼠标左键并拖动鼠标，可以在视图平面内旋转元件。

● 按住键盘上的<Ctrl+Alt>键，同时按住鼠标中间（滚轮）并拖动鼠标，可以全方位旋转元件。

方法三：使用动态轴移动元件

按下图 7.2.6 所示的操控板中的 按钮，要约束的元件中会显示图 7.2.15 所示的动态轴系统，拖动动态轴中的元素，即可移动元件。动态轴中的元素默认显示为红、蓝、绿三色，当显示为灰色时，说明表面元件在此方向上受到约束或不可移动。

方法四：打开辅助窗口

在图 7.2.6 所示的"元件放置"操控板中单击按钮 即可打开一个包含要装配元件的辅助窗口，如图 7.2.16 所示。在此窗口中可单独对要装入的元件（如手柄零件模型）进行缩放（中键滚轮）、旋转（中键）和平移（Shift＋中键）。这样就可以将要装配的元件调整到方便选取装配约束参考的位置。

拖动坐标轴将沿该
轴的方向平移元件

拖动平面部位将在
该平面内移动元件

拖动弧线部位绕同
颜色的轴旋转元件

图 7.2.15　动态轴系统　　　　　　　　　图 7.2.16　辅助窗口

3. 完全约束放置第二个零件

当引入元件到装配件中时，系统将选择"自动"放置，如图 7.2.6 所示。从装配体和元

Creo6.0

快速入门教程

件中选择一对有效参考后，系统将自动选择适合指定参考的约束类型。约束类型的自动选择可省去手动从约束列表中选择约束的操作步骤，从而有效地提高工作效率。但某些情况下，系统自动指定的约束不一定符合设计意图，需要重新进行选取。这里需要说明一下，本书中的例子，都是采用手动选择装配的约束类型，这主要是为了方便讲解，使讲解内容条理清楚。

Step1. 定义第一个装配约束。在"放置"界面的 约束类型 下拉列表中选择 重合 选项，分别选取两个元件上要重合的面（图7.2.17）。

注意：

● 为了保证参考选择的准确性，建议采用列表选取的方法选取参考。

● 此时"放置"界面中显示的信息为 部分约束 ，所以还得继续添加装配约束，直至显示 完全约束 。

Step2. 定义第二个装配约束。在图7.2.18所示的"放置"界面中单击"新建约束"字符，在 约束类型 下拉列表中选择 重合 约束类型，分别选取两个元件上要重合的轴线（图7.2.17），此时界面中显示的信息为 完全约束 。

图7.2.17 选取重合面　　　　图7.2.18 "放置"界面

Step3. 单击"元件放置"操控板中的 ✔ 按钮，完成所创建的装配体。

7.3 允许假设

在装配过程中，Creo会自动启用"允许假设"功能，通过假设存在某个装配约束，使元件自动地被完全约束，从而帮助用户高效率地装配元件。 允许假设 复选框位于操控板中"放置"界面的 状况 选项组，用以切换系统的约束定向假设开关。在装配时，只要能够做出假设，系统将自动选中 允许假设 复选框（即使之有效）。"允许假设"的设置是针对具体元件的，并与该元件一起保存。

例如：在图 7.3.1 所示的例子中，现要将图中的一个螺钉装配到板上的一个过孔里，在分别添加一个平面重合约束和一个线重合约束后，"元件放置"操控板中的 状况 选项组就显示 完全约束，如图 7.3.2 所示，这是因为系统自动启用了"允许假设"。假设存在第三个约束，该约束限制螺钉在孔中的径向位置，这样就完全约束了该螺钉，完成了螺钉装配。

图 7.3.1　元件装配

图 7.3.2　"元件放置"操控板

有时系统假设的约束，虽然能使元件完全约束，但有可能并不符合设计意图，如何处理这种情况呢？可以先取消选中 □ 允许假设 复选框，添加和明确定义另外的约束，使元件重新完全约束；如果不定义另外的约束，用户可以使元件在"假定"位置保持包装状态，也可以将其拖出假定的位置，使其在新位置上保持包装状态（当再次单击 ☑ 允许假设 复选框时，元件会自动回到假设位置）。请看图 7.3.3 所示的例子。

先将元件 1 引入装配环境中，并使其完全约束，然后引入元件 2，并分别添加"面重合"约束和"线重合"约束，此时 状况 选项组下的 ☑ 允许假设 复选框被自动选中，并且系统在对话框中显示 完全约束 信息，两个元件的装配效果如图 7.3.4 所示，而我们的设计意图如图 7.3.5 所示。

图 7.3.3　元件装配　　　图 7.3.4　操作前　　　图 7.3.5　操作后

请按下面的操作方法进行练习。

Step1. 设置工作目录和打开文件。将工作目录设置至 D:\creo6.1\work\ch07.03，打开文件 ALLOW_IF_02.ASM。

Step2. 编辑定义元件 ALLOW_IF_02_02.PRT。在"元件放置"操控板中进行如下操作。在"元件放置"操控板中单击 放置 按钮，在系统弹出的"放置"界面中取消选中 □ 允许假设 复选框；在"放置"界面中单击"新建约束"字符，选择 约束类型 为 □□ 平行 ，分别选取元件 1 上的表面 1 以及元件 2 上的表面 2，如图 7.3.4 所示；单击 反向 按钮，在"元件放置"操控板中单击 ✔ 按钮。

7.4 元件的复制

元件的复制一般采用的是"复制""粘贴"或"复制""选择性粘贴"命令，使用该方法可以对装配后的元件进行复制，而不必重复引入元件。例如：现需要对图 7.4.1 中的螺钉元件进行复制，如图 7.4.2 所示，下面说明其一般操作过程。

Step1. 将工作目录设置至 D:\creo6.1\work\ch07.04，打开文件 asm_component_copy.asm。

图 7.4.1 复制前　　　　　　　　　　　　　图 7.4.2 复制后

Step2. 在模型树中选中螺钉元件"PART_02_COMPOENT_COPY.PRT"。

Step3. 单击 模型 功能选项卡 操作 ▾ 区域中的"复制"按钮 📋，再单击"粘贴"按钮 📋 ▾，系统弹出"元件放置"操控板。

Step4. 在组件中依次选取图 7.4.3 所示平面和基准轴。

Step5. 在"元件放置"操控板中单击 ✔ 按钮，完成第一次复制，结果如图 7.4.4 所示。

先选此平面　　再选此基准轴

图 7.4.3 选取平面和基准轴　　　　　　　图 7.4.4 第一次元件复制

Step6. 单击 **模型** 功能选项卡 **操作** ▾ 区域 📋 ▾ 按钮中的 ▾ ，在系统弹出的菜单中选择 📑**选择性粘贴** 命令，系统弹出"选择性粘贴"对话框。

Step7. 在"选择性粘贴"对话框中进行图 7.4.5 所示的设置，单击 **确定(0)** 按钮，系统弹出"移动（复制）"操控板。

Step8. 选取图 7.4.3 所示的基准轴为方向参考，输入移动距离值 60.0，如果方向相反，则输入负值。

Step9. 单击操控板中的 ✔ 按钮，完成第二次复制，结果如图 7.4.6 所示。

图 7.4.5 "选择性粘贴"对话框

图 7.4.6 第二次元件复制

7.5 元件阵列

与在零件模型中特征的阵列（Pattern）一样，在装配体中也可以进行元件的阵列（Pattern）。装配体中的元件包括零件和子装配件，元件阵列的类型主要包括"参考阵列"和"尺寸阵列"。

7.5.1 元件的"参考阵列"

如图 7.5.1 和图 7.5.2 所示，元件"参考阵列"是以装配体中某一零件的特征阵列为参考来进行元件的阵列。图 7.5.3 中的六个阵列螺钉，是参考装配体中元件 1 上的六个阵列孔来进行创建的，所以在创建"参考阵列"之前，应提前在装配体的某一零件中创建参考特征的阵列。

图 7.5.1 装配前　　　　　图 7.5.2 装配后　　　　　图 7.5.3 元件阵列

在 Creo 中，用户还可以用参考阵列后的元件为另一元件创建"参考阵列"。

例如：在图 7.5.3 所示的例子中，如果已使用"参考阵列"选项创建了六个螺钉阵列，则可以再一次使用"参考阵列"命令将螺母阵列装配到螺钉上。

下面介绍创建元件 2 的"参考阵列"的操作过程。

Step1. 将工作目录设置至 D:\creo6.1\work\ch07.05，打开文件 asm_pattern_ ref.asm。

Step2. 在图 7.5.4 所示的模型树中单击 BOLT.PRT（元件 2），右击，从系统弹出的图 7.5.5 所示的快捷菜单中选择 命令。

图 7.5.4　模型树

图 7.5.5　快捷菜单

Step3. 在"阵列"操控板的阵列类型框中选取 参考 ，单击"确定"按钮 ✔ 。此时，系统便自动参考元件 1 中的孔的阵列，创建图 7.5.3 所示的元件阵列。如果修改阵列中的某一个元件，则系统就会像在特征阵列中一样修改每一个元件。

7.5.2　元件的"尺寸阵列"

如图 7.5.6 所示，元件的"尺寸阵列"是使用装配中的约束尺寸创建阵列，所以只有使用诸如"距离"或"角度偏移"这样的约束类型才能创建元件的"尺寸阵列"。创建元件的"尺寸阵列"，遵循在"零件"模式中阵列特征的同样规则。这里请注意：如果要重定义阵列化的元件，必须在重定义元件放置后再重新创建阵列。

a）装配前　　　　　　　　　　　　　　b）装配后

图 7.5.6　装配元件

下面开始创建元件 2 的尺寸阵列，操作步骤如下。

Step1. 将工作目录设置至 D:\creo6.1\work\ch07.05，打开 component_pattern.asm。

Step2. 在模型树中选取元件 2，右击，从系统弹出的快捷菜单中选择 命令。

Step3. 系统提示 选择要在第一方向上改变的尺寸。，选取图 7.5.7 中的尺寸 5.0。

图 7.5.7 选取尺寸

Step4. 在出现的"增量尺寸"文本框中输入值 10.0，并按 Enter 键。

Step5. 在阵列操控板中输入实例总数 4。

Step6. 单击阵列操控板中的"确定"按钮 ✓ ，此时即得到图 7.5.8 所示的元件 2 的阵列。

图 7.5.8 阵列后

7.6 装配体中元件的打开、删除和修改等操作

7.6.1 概述

完成一个装配体后，可以对该装配体中的任何元件（包括零件和子装配件）进行下面的操作：元件的打开与删除、元件尺寸的修改、元件装配约束偏距值的修改、元件装配约束的重定义等。这些操作命令一般从模型树中获取。

下面以修改装配体 asm_exercise2.asm 中的 body_cap.prt 零件为例，说明其操作方法。

Step1. 将工作目录设置至 D:\creo6.1\work\ch07.06，打开文件 asm_exercise2.asm。

Step2. 在图 7.6.1 所示的装配模型树界面中选择 T↓ ➡ 树过滤器(F)... 命令，然后选中"显示"选项组下的 ☑ 特征 复选框。这样每个零件中的特征都将在模型树中显示。

Step3. 单击模型树中 ▶ ☐ BODY_CAP.PRT 前面的 ▶ 符号。

Step4. 在模型树中右击要修改的特征（比如 旋转 1），如图 7.6.2 所示，从系统弹出的菜单中即可选取所需的编辑、编辑定义等命令，对所选取的特征进行相应操作。

图 7.6.1　模型树（一）

图 7.6.2　模型树（二）

7.6.2　修改装配体中零件的尺寸

在装配体 asm_exercise2.asm 中，如果要将零件 body_cap 中的尺寸 13.5 改成 13.0，如图 7.6.3 所示，操作方法如下。

Step1. 显示要修改的尺寸。在图 7.6.2 所示的模型树中，单击零件 BODY_CAP.PRT 中的 旋转 1 特征，然后右击，选择 命令，系统即显示图 7.6.3 所示的该特征的尺寸。

Step2. 双击要修改的尺寸 13.5，输入新尺寸 13.0，然后按 Enter 键。

Step3. 装配模型的再生。单击 模型 功能选项卡 操作 区域中的 按钮。

说明：装配模型修改后，必须进行"重新生成"操作，否则模型不能按修改的要求更新。

图 7.6.3　修改尺寸

7.7　装配体中"层"的操作

当向装配体中引入更多的元件时，屏幕中的基准面、基准轴等太多，这就要用"层"的功能，将暂时不用的基准元素遮蔽起来。

可以对装配体中的各元件分别进行层的操作。下面以装配体 asm_exercise2.asm 为例，说明对装配体中的元件进行层操作的方法。

Step1. 先将工作目录设置至 D:\creo6.1\work\ch07.07，然后打开装配文件 asm_exercise2.asm。

Step2. 在导航选项卡中选择 ▤▾ ➡ 层树 ⓛ 命令，此时在导航区显示图 7.7.1 所示的装配层树。

Step3. 选取对象。从装配模型下拉列表中选取零件 BODY.PRT，如图 7.7.2 所示。此时 body 零件所有的层显示在层树中，如图 7.7.3 所示。

Step4. 对 body 零件中的层进行诸如隐藏、新建层以及设置层的属性等操作。

图 7.7.1 装配层树

图 7.7.2 装配元件列表

图 7.7.3 零件层树

7.8 模型的外观处理

模型的外观处理包括对模型进行着色、纹理处理、透明设置等。模型的外观将与模型一同保存，但当模型打开时，其外观不会载入到外观列表中，可以打开已保存的外观文件，将该文件中的外观添加到外观列表中。

下面以一个花瓶（vase）零件模型为例，说明对该模型进行外观处理的一般过程。

Step1. 将工作目录设置至 D:\creo6.1\work\ch07.08，打开文件 vase.prt。

Step2. 单击 视图 功能选项卡 外观▼ 区域中的"外观"按钮 外观▼，此时系统弹出图 7.8.1 所示的"外观颜色"对话框。

Step3. 在调色板中添加一种外观设置。

（1）在系统弹出的图 7.8.1 所示的"外观颜色"对话框的 ▼模型 中右击，在系统弹出的快捷菜单中选择 新建 命令，此时系统弹出图 7.8.2 所示的"外观编辑器"对话框，输入新增加的外观名称。

（2）外观的基本设置。可通过 颜色 区域设置模型的外观颜色，在 突出显示颜色 区域中设置模型加亮区的显示。下面说明前者的操作方法。

① 单击 颜色 区域中的"颜色"按钮，如图 7.8.2 所示。

图 7.8.1　"外观颜色"对话框

图 7.8.2　"外观编辑器"对话框（"基本"选项卡）

② 定义颜色。在系统弹出的图 7.8.3 所示的"颜色编辑器"对话框中，通过下列方法设置所需要的颜色。

● 打开 ▼颜色轮盘，先在轮盘上选取一种颜色，然后通过下面的微调滑线进行较精确的调整。

- 打开 <kbd>▶ 混合调色板</kbd>，先单击调色板的一角，然后从颜色轮盘中选择一种颜色用于混合。

- 打开 <kbd>▼ RGB/HSV滑块</kbd>，可以输入 HSV（色调、饱和度和数值）或者用 RGB（红、绿和蓝）值来定义颜色，也可以移动滑块来获得所需的颜色。

③ 定义了外观颜色后，在图 7.8.2 所示的"外观编辑器"对话框中，通过 <kbd>颜色</kbd> 区域的滑块可以调整光线对模型外观颜色的影响。

图 7.8.3 "颜色编辑器"对话框

（3）外观的高级设置。在图 7.8.4 所示的"外观编辑器"对话框中打开 <kbd>属性</kbd> 选项卡，可以设置外观的反射和透明属性。

说明：

- 反射：控制局部对空间的反射程度。阴暗的外观比光亮的外观对空间的反射要少。例如，织品比金属反射要少。

- 透明度：控制透过曲面可见的程度。

（4）外观的映射设置。在图 7.8.4 所示的"外观编辑器"对话框中打开 纹理 、 凹凸 和 贴花 选项卡，可以设置外观的纹理、凹凸和贴花属性。

说明：

- 纹理：用于在零件或曲面上制作一个材质图片或图像模型。单击右侧按钮，可以选取一个材质文件。

- 凹凸：利用此选项可构建出曲面的粗糙度效果。单击右侧按钮，可以选取一个图像文件。

- 贴花：利用此选项可在零件的表面上放置一种图案，如公司的徽标。贴花时，可以指定特定的区域，区域内部填充图案并覆盖其下面的外观，而没有贴花之处则显示其下面的外观。单击右侧按钮，可以选取一个图形文件。

图 7.8.4 "外观编辑器"对话框

Step4. 将调色板中的某种外观设置应用到零件模型和装配体模型上。

用户可设置包括装配件、元件、零件或曲面的外观。如果将纹理指定作为外观的一部分，则可将该外观分配给零件、面组或曲面。装配件和元件的纹理被忽略。模型外观设置的操作过程如下。

（1）在"外观编辑器"对话框中单击 确定 按钮，此时鼠标在图形区显示"毛笔"状态。

说明：通过此"毛笔"可以在图形区选择模型的曲面为着色对象。

（2）选取要设置此外观的对象。在模型树中选择 VASE.PRT 或按住 Ctrl 键选择模型的表面，再单击"选择"对话框中的 确定 按钮。图 7.8.5 所示为花瓶模型的几种不同的外观。

a) 一般颜色外观

b) 纹理外观

c) 贴图外观

图 7.8.5 花瓶模型的几种不同的外观

7.9 装配设计实际应用——轴承座装配

下面以图 7.9.1 所示为例，讲述装配的一般过程，使读者进一步熟悉 Creo 6.0 的装配操作。

Step1. 将工作目录设置为 D:\ creo6.1\work\ch07.09。

Step2. 新建文件。选择下拉菜单 文件▼ ➡ 新建(D) 命令，系统弹出"新建"对话框，在 类型 选项组中选择 ⦿ 装配 单选项，选中 子类型 选项组下的 ⦿设计 单选项；在 文件名: 文本框中输入文件名 bearing_stand，取消选中 □ 使用默认模板 复选框，单击 确定 按钮，在系统弹出的"新文件选项"对话框的 模板 选项组中选择 mmns_asm_design 模板，单击 确定 按钮，系统进入装配环境。

Step3. 添加第一个零件（下基座）。

（1）单击 模型 选项卡 元件▼ 区域中的"组装"按钮 ，此时系统弹出"打开"对话框，选择 support_part.prt，然后单击 打开 ▼ 按钮。

（2）完全约束放置第一个零件。系统弹出元件操控板，在该操控板中单击 放置 按钮，在"放置"界面的 约束类型 下拉列表中选择 默认 选项，将元件按默认放置，此时操控板中显示的信息为 状况:完全约束 ，说明零件已经完全约束放置；单击操控板中的 ✔ 按钮。

Step4. 添加轴套并定位，如图 7.9.2 所示。

图 7.9.1 综合装配实例

图 7.9.2 添加轴套

（1）单击 模型 选项卡 元件▼ 区域中的"组装"按钮 ，然后在系统弹出的"打开"对话框中选取轴套零件模型文件 tube.prt，单击 打开 ▾ 按钮。

（2）添加约束。单击 放置 按钮，系统弹出"放置"界面，在 约束类型 下拉列表中选择 ⊥ 重合 约束类型，分别选取图 7.9.3 所示的模型表面 1 和图 7.9.4 所示的模型表面 2；单击 "新建约束"字符，在 约束类型 下拉列表中选择 ⊥ 重合 约束类型，分别选取图 7.9.3 所示的模型表面 3 和图 7.9.4 所示的模型表面 4；在 约束类型 下拉列表中选择 ⊥ 重合 约束类型，分别选取图 7.9.3 所示的模型轴 1 和图 7.9.4 所示的模型轴 2；单击 ✔ 按钮，完成轴套的装配。

图 7.9.3　选择面和轴

图 7.9.4　选择重合面和轴 1

Step5. 镜像图 7.9.5 所示的轴套。单击 模型 选项卡 元件 ▾ 区域中的"创建"按钮 🔲；系统弹出"元件创建"对话框；在对话框 类型 选项组中选中 ⦿ 零件 单选项，并选中 子类型 选项组下的 ⦿ 镜像 单选项，在 文件名 文本框中输入文件名 tube_mirror；单击 确定 按钮；此时系统弹出"镜像零件"对话框；选取图 7.9.6 所示的元件轴套为镜像零件参考，FRONT 基准平面为平面参考，单击 确定 按钮，完成轴套的镜像操作。

Step6. 添加上盖，如图 7.9.7 所示。单击 模型 选项卡 元件 ▾ 区域中的"组装"按钮 📇；然后在系统弹出的"打开"对话框中选取轴套零件模型文件 cover_part.prt，单击 打开 ▾ 按钮；参照 Step4 的详细操作步骤，选择图 7.9.8 所示的面 1 与面 2、面 3（平面）与面 4（平面）、面 5（圆柱面）与面 6（圆柱面）添加重合约束。

图 7.9.5　镜像轴套

图 7.9.6　定义镜像零件参面

图 7.9.7　添加上盖

Step7. 添加垫圈 1，如图 7.9.9 所示。

（1）单击 模型 选项卡 元件 ▾ 区域中的"组装"按钮 📇；然后在系统弹出的"打开"对话框中选取垫圈零件模型文件 ring_part.prt，单击 打开 ▾ 按钮，再单击 ✔ 按钮。

（2）添加约束。单击 放置 选项卡，系统弹出"放置"界面，在 约束类型 下拉列表中选择 ⊥ 重合 约束类型，分别选取图 7.9.10 所示的模型表面 1 和图 7.9.11 所示的模型表面 2；

单击"新建约束"字符，在 约束类型 下拉列表中选择 ⊥ 重合 约束类型，分别选取图 7.9.10 所示的模型轴 1 和图 7.9.11 所示的模型轴 2；单击 ✓ 按钮，完成垫圈 1 的装配。

图 7.9.8 选择重合面　　　　　　　　　　　　图 7.9.9 添加垫圈 1

Step8. 参照上一步的详细操作步骤，添加垫圈 2，结果如图 7.9.12 所示。

图 7.9.10 选择重合面和轴 2　　图 7.9.11 选择重合面和轴 3　图 7.9.12 添加垫圈 2

Step9. 添加螺栓 1，如图 7.9.13 所示。

（1）单击 模型 选项卡 元件 ▼ 区域中的"组装"按钮 ⬚；然后在系统弹出的文件 "打开"对话框中选取螺栓零件模型文件 bolt_part.prt，单击 打开 ▼ 按钮，再单击 ✓ 按钮。

（2）添加约束。单击 放置 选项卡，系统弹出"放置"界面，在 约束类型 下拉列表中选择 ⊥ 重合 约束类型，分别选取图 7.9.14 所示的模型表面 1 和图 7.9.15 所示的模型表面 2；单击"新建约束"字符，在 约束类型 下拉列表中选择 ⊥ 重合 约束类型，分别选取图 7.9.14 所示的模型轴 1 和图 7.9.15 所示的模型轴 2；单击 ✓ 按钮，完成螺栓 1 的装配。

图 7.9.13 添加螺栓 1　　　　　　　　图 7.9.14 选择重合面和轴 4

Step10. 参照上一步的详细操作步骤，添加螺栓 2，结果如图 7.9.16 所示。

图 7.9.15　选择重合面和轴 5

图 7.9.16　添加螺栓 2

Step11. 保存总装配模型。

7.10　习　　题

1. 习题 1

将工作目录设置至 D:\creo6.1\work\ch07.10，将零件 reverse_block.prt 和 stop_rod.prt 装配起来，如图 7.10.1 所示；装配约束如图 7.10.2 所示。

图 7.10.1　装配练习 1

图 7.10.2　元件装配约束

2. 习题 2（图 7.10.3）

Step1. 将工作目录设置至 D:\creo6.1\work\ch07.10，打开装配模型文件 asm_sp1_ok.asm。

图 7.10.3　装配练习 2

Step2. 装配子装配件。打开子装配件 asm_sp2_ok.asm；定义第一个装配约束"相切"，如图 7.10.4 所示；定义第二个装配约束"重合"。

注意：如果此时瓶子的方向与设计意图相反，要使其反向，需再添加一个"相切"约束。约束参考与前面的"相切"约束参考一样。

Step3. 选择"固定"约束,将其固定,如图 7.10.5 所示。

瓶口上的圆弧面与此平面相切 ⟶ 这两条轴线重合

图 7.10.4　元件装配约束

在此状态下,将瓶子
固定在当前位置

图 7.10.5　元件固定

第 8 章 模型的测量与分析

本章提要 本章内容包括空间点、线、面间距离和角度的测量，曲线长度的测量，面积的测量，模型的质量属性分析，装配的干涉检查，曲线的曲率分析以及曲面线的曲率分析等，这些测量和分析功能在产品的零件和装配设计中经常被用到。

8.1 模型的测量

8.1.1 测量距离

下面以一个简单的模型为例，说明距离测量的一般操作过程和测量类型。

Step1. 将工作目录设置至 D:\creo6.1\work\ch08.01，打开文件 distance.prt。

Step2. 选择 分析 功能选项卡 测量 ▼ 区域中的"测量"命令 ，系统弹出"测量：汇总"对话框。

Step3. 测量面到面的距离。

（1）在系统弹出的"测量：汇总"对话框中单击"距离"按钮 ，然后单击"展开对话框"按钮 。

（2）先选取图 8.1.1 所示的模型表面 1，按住 Ctrl 键，选取图 8.1.1 所示的模型表面 2。

（3）在图 8.1.2 所示的"测量：距离"对话框的结果区域中可以查看测量后的结果。

图 8.1.1　测量面到面的距离

图 8.1.2　"测量：距离"对话框

说明：可以在"测量：距离"对话框的结果区域中查看测量结果，也可以在模型上直接显示测量或分析结果。

Step4. 测量点到面的距离，如图 8.1.3 所示。操作方法参见 Step3。

Step5. 测量点到线的距离，如图 8.1.4 所示。操作方法参见 Step3。

Step6. 测量线到线的距离，如图 8.1.5 所示。操作方法参见 Step3。

Step7. 测量点到点的距离，如图 8.1.6 所示。操作方法参见 Step3。

Step8. 测量点到坐标系的距离，如图 8.1.7 所示。操作方法参见 Step3。

Step9. 测量点到曲线的距离，如图 8.1.8 所示。操作方法参见 Step3。

图 8.1.3　点到面的距离　　　　图 8.1.4　点到线的距离　　　　图 8.1.5　线到线的距离

图 8.1.6　点到点的距离　　　　图 8.1.7　点到坐标系的距离　　　图 8.1.8　点到曲线的距离

Step10. 测量点与点间的投影距离，投影参考为平面。在图 8.1.9 所示的"测量：距离"对话框（一）中进行下列操作。

（1）选取图 8.1.10 所示的点 1。

（2）按住 Ctrl 键，选取图 8.1.10 所示的点 2。

（3）在"投影"文本框中的"单击此处添加项"字符上单击，然后选取图 8.1.10 中的模型表面 3。

（4）在图 8.1.9 所示的"测量：距离"对话框（一）的结果区域中可以查看测量的结果。

Step11. 测量点与点间的投影距离（投影参考为直线），在图 8.1.11 所示的"测量：距离"对话框（二）中进行下列操作。

（1）选取图 8.1.12 所示的点 1。

（2）选取图 8.1.12 所示的点 2。

（3）单击"投影"文本框中的"单击此处添加项"字符，然后选取图 8.1.12 中的模型边线 3。

（4）在图 8.1.11 所示的"测量：距离"对话框（二）的结果区域中可以查看测量的结果。

图 8.1.9　"测量：距离"对话框（一）

图 8.1.10　投影参考为平面

图 8.1.11　"测量：距离"对话框（二）

图 8.1.12　投影参考为直线

8.1.2　测量角度

Step1. 将工作目录设置至 D:\creo6.1\work\ch08.01，打开文件 angle.prt。

Step2. 选择 分析 功能选项卡 测量 ▼ 区域中的"测量"命令 ，系统弹出"测量：汇总"对话框。

Step3. 在系统弹出的"测量：汇总"对话框中单击"角度"按钮 △，如图 8.1.13 所示。

Step4. 测量面与面间的角度。

（1）选取图 8.1.14 所示的模型表面 1。

（2）按住 Ctrl 键，选取图 8.1.14 所示的模型表面 2。

（3）在图 8.1.13 所示的"测量：角度"对话框的结果区域中可以查看测量的结果。

图 8.1.13　"测量：角度"对话框　　　图 8.1.14　测量面与面间的角度

Step5. 测量线与面间的角度。在图 8.1.15 所示的"测量：角度"对话框中进行下列操作。

（1）选取图 8.1.16 所示的模型表面 1。

（2）按住 Ctrl 键，选取图 8.1.16 所示的边线 2。

（3）在图 8.1.15 所示的"测量：角度"对话框的结果区域中可以查看测量的结果。

Step6. 测量线与线间的角度。在图 8.1.17 所示的"测量：角度"对话框中进行下列操作。

（1）选取图 8.1.18 所示的边线 1。

（2）按住 Ctrl 键，选取图 8.1.18 所示的边线 2。

（3）在图 8.1.17 所示的"测量：角度"对话框的结果区域中可以查看测量的结果。

图 8.1.15　"测量：角度"对话框　　　图 8.1.16　测量线与面间的角度

图 8.1.17　"测量：角度"对话框

图 8.1.18　测量线与线间的角度

8.1.3　测量曲线长度

Step1. 将工作目录设置至 D:\creo6.1\work\ch08.01，打开文件 curve_len.prt。

Step2. 选择 **分析** 功能选项卡 **测量 ▼** 区域中的"测量"命令 ，系统弹出"测量：汇总"对话框。

Step3. 在系统弹出的"测量：汇总"对话框中单击"长度"按钮 ，如图 8.1.19 所示。

Step4. 测量多个相连的曲线的长度，在图 8.1.19 所示的"测量：长度"对话框中进行下列操作。

（1）首先选取图 8.1.20 所示的边线 1，再按住 Ctrl 键，选取图 8.1.20 所示的边线 2。

（2）在图 8.1.19 所示的"测量：长度"对话框的结果区域中可以查看测量的结果。

Step5. 测量曲线特征的总长。在图 8.1.21 所示的"测量：长度"对话框中进行下列操作。

（1）在模型树中选取图 8.1.22 所示的草绘曲线特征。

（2）在图 8.1.21 所示的"测量：长度"对话框的结果区域中可以查看测量的结果。

图 8.1.19　"测量：长度"对话框

图 8.1.20　测量模型边线

图 8.1.21 "测量：长度"对话框

选取此草绘曲线特征

图 8.1.22 测量草绘曲线

8.1.4 测量面积

Step1. 将工作目录设置至 D:\creo6.1\work\ch08.01，打开文件 area.prt。

Step2. 选择 分析 功能选项卡 测量▼ 区域中的"测量"命令，系统弹出"测量：汇总"对话框。

Step3. 在系统弹出的"测量：汇总"对话框中单击"面积"按钮，如图 8.1.23 所示。

Step4. 测量曲面的面积。

（1）选取图 8.1.24 所示的模型表面。

（2）在图 8.1.23 所示的"测量：面积"对话框的结果区域中可以查看测量的结果。

图 8.1.23 "测量：面积"对话框

选取此模型表面

图 8.1.24 测量面积

8.1.5 计算两坐标系间的转换值

模型测量功能还可以对任意两个坐标系间的转换值进行计算。

Step1. 将工作目录设置至 D:\creo6.1\work\ch08.01，打开文件 csys.prt。

Step2. 选择 分析 功能选项卡 测量▼ 区域中的"测量"命令，系统弹出"测量：

汇总"对话框。

Step3. 在系统弹出的"测量：汇总"对话框中单击"变换"按钮，如图 8.1.25 所示。

Step4. 选取测量目标。

（1）在视图控制工具栏中 节点下选中 ☑ 坐标系显示 复选框，显示坐标系。

（2）按住 Ctrl 键，在模型树中依次选取图 8.1.26 所示的坐标系 1 和坐标系 2。

图 8.1.25　"测量：变换"对话框

图 8.1.26　计算两坐标系间的转化值

（3）在图 8.1.25 所示的"测量：变换"对话框的结果区域中可以查看测量的结果。

8.2　模型的基本分析

8.2.1　模型的质量属性分析

通过模型质量属性分析，可以获得模型的体积、总的表面积、质量、重心位置、惯性力矩以及惯性张量等数据。下面简要说明其操作过程。

Step1. 将工作目录设置至 D:\creo6.1\work\ch08.02，打开文件 mass.prt。

Step2. 选择 分析 功能选项卡 模型报告 区域 质量属性 节点下的 质量属性 命令。

Step3. 在系统弹出的"质量属性"对话框中打开 分析(A) 选项卡，如图 8.2.1 所示。

Step4. 在视图控制工具栏 节点下选中 ☑ 坐标系显示 复选框，显示坐标系。

Step5. 在 坐标系 区域取消选中□ 使用默认设置 复选框（否则系统自动选取默认的坐标系），然后选取图 8.2.2 所示的坐标系。

图 8.2.1　"质量属性"对话框

图 8.2.2　模型的质量属性分析

Step6. 在图 8.2.1 所示的 分析 选项卡的结果区域中显示出分析后的各项数据。

说明：这里模型质量的计算采用默认的密度，如果要改变模型的密度，可选择下拉菜单 文件 ➡ 准备(R) ➡ 模型属性(I) 编辑模型属性 命令。

8.2.2　横截面质量属性分析

通过横截面（剖截面）质量属性分析，可以获得模型上某个横截面的面积、重心位置、惯性张量以及截面模数等数据。

Step1. 将工作目录设置至 D:\creo6.1\work\ch08.02，打开文件 x_section.prt。

Step2. 选择 分析 功能选项卡 模型报告 区域 质量属性 节点下的 横截面质量属性 命令。

Step3. 在系统弹出的"横截面属性"对话框中打开 分析 选项卡，如图 8.2.3 所示。

Step4. 在视图控制工具栏 节点下选中☑ 坐标系显示 和 ☑ 平面显示 复选框，显示坐标系和基准平面。

Step5. 在 分析 选项卡的 名称 下拉列表中选择 XSEC0001 横截面。

说明： XSEC0001 是提前创建的一个横截面。

Step6. 在 坐标系 区域中取消选中 ☐ 使用默认设置 复选框,然后选取图 8.2.4 所示的坐标系。

Step7. 在图 8.2.3 所示的 分析 选项卡的结果区域中显示出分析后的各项数据。

图 8.2.3 "横截面属性"对话框

图 8.2.4 横截面质量属性分析

8.2.3 配合间隙

通过配合间隙分析,可以计算模型中的任意两个曲面之间的最小距离,如果模型中布置有电缆,配合间隙分析还可以计算曲面与电缆之间、电缆与电缆之间的最小距离。下面简要说明其操作过程。

Step1. 将工作目录设置至 D:\creo6.1\work\ch08.02,打开文件 clearance.prt。

Step2. 选择 分析 功能选项卡 检查几何 ▼ 区域中的 ⚖配合间隙 命令。

Step3. 在系统弹出的"配合间隙"对话框中打开 分析 选项卡,如图 8.2.5 所示。

Step4. 在 几何 区域的"自"文本框中单击"选取项"字符,然后选择图 8.2.6 所示的模型表面 1。

Step5. 在 几何 区域的"至"文本框中单击"选取项"字符,然后选择图 8.2.6 所示的模型表面 2。

Step6. 在图 8.2.5 所示的 分析 选项卡的结果区域中显示出分析后的结果。

说明:Creo 系统中有一个线缆模块(Cabling),通过该模块可以在装配模型中创建电缆。

图 8.2.5　"配合间隙"对话框　　　　　图 8.2.6　配合间隙分析

8.2.4　装配干涉检查

在实际的产品设计中，当产品中的各个零部件组装完成后，设计人员往往比较关心产品中各个零部件间的干涉情况：有没有干涉？哪些零件间有干涉？干涉量是多大？而通过 检查几何 ▼ 子菜单中的 全局干涉 命令可以解决这些问题。下面以一个简单的装配体模型为例，说明干涉分析的一般操作过程。

Step1. 将工作目录设置至 D:\creo6.1\work\ch08.02，打开文件 interference.asm。

Step2. 选择 分析 功能选项卡 检查几何 ▼ 区域 ▼ 节点下的 全局干涉 命令。

Step3. 在系统弹出的"全局干涉"对话框中打开 分析 选项卡，如图 8.2.7 所示。

图 8.2.7　"全局干涉"对话框

Step4. 由于 设置 区域中的 ⊙ 仅零件 单选项已经被选中（接受系统默认的设置），此步操作可以省略。

Step5. 单击 分析 选项卡下部的"计算当前分析以供预览"按钮 预览(P) 。

Step6. 在图 8.2.7 所示的 分析 选项卡的结果区域中可看到干涉分析的结果，干涉的零件名称、干涉的体积大小，同时在图 8.2.8 所示的模型上可看到干涉的部位以红色加亮的方式显示。如果装配体中没有干涉的元件，则系统在信息区显示 ✗ 没有干涉零件. 。

此红色加亮部位为
编号1的两个零件的
干涉部位

图 8.2.8 装配干涉检查

8.3 曲线与曲面的曲率分析

8.3.1 曲线的曲率分析

下面简要说明曲线的曲率分析的操作过程。

Step1. 将工作目录设置至 D:\creo6.1\work\ch08.03，打开文件 curve.prt。

Step2. 选择 分析 功能选项卡 检查几何 ▼ 区域 ⧸ 曲率 ▼ 节点下的 ⧸ 曲率 命令。

Step3. 在图 8.3.1 所示的"曲率分析"对话框的 分析 选项卡中进行下列操作。

（1）单击 几何 文本框中的"选择项"字符，然后选取要分析的曲线。

（2）在 质量 文本框中输入质量值 9.00。

（3）在 比例 文本框中输入比例值 50.00。

（4）其余均按默认设置，此时在绘图区中显示图 8.3.2 所示的曲率图，通过显示的曲率图可以查看该曲线的曲率走向。

Step4. 在 分析 选项卡的结果区域中可查看曲线的最大曲率和最小曲率，如图 8.3.1 所示。

8.3.2 曲面的曲率分析

下面简要说明曲面的曲率分析的操作过程。

Step1. 将工作目录设置至 D:\creo6.1\work\ch08.03，打开文件 surface.prt。

Step2. 选择 分析 功能选项卡 检查几何 ▼ 区域 曲率 ▼ 节点下的 着色曲率 命令。

Step3. 在图 8.3.3 所示的"着色曲率分析"对话框中打开 分析 选项卡,单击 曲面 文本框中的"选择项"字符,然后选取要分析的曲面,此时曲面上呈现出一个彩色分布图(图 8.3.4),同时系统弹出"颜色比例"对话框(图 8.3.5)。彩色分布图中的不同颜色代表不同的曲率大小,颜色与曲率大小的对应关系可以从"颜色比例"对话框中查阅。

Step4. 在 分析 选项卡的结果区域中可查看曲面的最大高斯曲率和最小高斯曲率。

图 8.3.1 "曲率分析"对话框

图 8.3.2 曲率图

图 8.3.3 "着色曲率分析"对话框

图 8.3.4 要分析的曲面

图 8.3.5 "颜色比例"对话框

第 **9** 章　模型的视图管理

┌─────────┐
│ **本章提要** │
└─────────┘　　在实际应用中，为了设计更加方便、进一步提高工作效率或为了更清晰地了解模型的结构，可以建立各种视图并加以管理，这就要用到 Creo 的 "视图管理" 功能。在 Creo 的 "视图管理器" 中，可以管理 "简化表示" 视图、"样式" 视图、"分解" 视图、"层" 视图、"定向" 视图以及这些视图的组合视图。

9.1　定　向　视　图

定向（Orient）视图功能可以将组件以指定的方位进行摆放，以便观察模型或为将来生成工程图做准备。图 9.1.1 是装配体 asm_exercise2.asm 定向视图的例子，下面说明创建定向视图的操作方法。

图 9.1.1　定向视图

1. 创建定向视图

Step1. 将工作目录设置至 D:\creo6.1\work\ch09.01，打开文件 asm_exercise2.asm。

Step2. 选择 视图 功能选项卡 模型显示 区域 管理视图 节点下的 视图管理器 命令，在系统弹出的 "视图管理器" 对话框的 定向 选项卡中单击 新建 按钮，命名新建视图为 view_course，并按 Enter 键。

Step3. 选择 编辑▼ ➡ 重新定义 命令，系统弹出 "视图" 对话框；在 类型 下拉列表中选取 按参考定向，如图 9.1.2 所示。

Step4. 定向组件模型。

（1）定义放置参考 1。在 参考1 的下拉列表中选择 前，再选取图 9.1.3 中的模型表面。该步操作的意义是使所选模型表面朝前，即与屏幕平行且面向操作者。

（2）定义放置参考 2。在 参考2 的下拉列表中选择 右，再选取图 9.1.3 中的模型表面，即将所选模型表面放置在右边。

Step5. 单击 确定 按钮，关闭"视图"对话框，单击"视图管理器"对话框中的 关闭
按钮。

图 9.1.2 "视图"对话框　　　　　　图 9.1.3 定向组件模型

2. 设置不同的定向视图

用户可以为装配体创建多个定向视图，每一个都对应于装配体的某个局部或层，在进
行不同局部的设计时，可将相应的定向视图设置到当前工作区中。操作方法是在"视图管
理器"对话框的 定向 选项卡中选择相应的视图名称，然后双击；或选中视图名称后，选择
⊙ 选项 ▼ ➡ ➡ 激活 命令。

9.2 样 式 视 图

样式（Style）视图可以将指定的零部件遮蔽起来，或以线框和隐藏线等样式显示。

图 9.2.1 是装配体 asm_exercise2.asm 样式视图的例子，下面说明创建样式视图的操作方
法。

图 9.2.1 样式视图

1. 创建样式视图

Step1. 将工作目录设置至 D:\creo6.1\work\ch09.02，打开文件 asm_exercise2.asm。

Step2. 选择 视图 功能选项卡 模型显示 区域 管理视图 节点下的 视图管理器 命令，在"视图管理器"对话框的 样式 选项卡中单击 新建 按钮，输入样式视图的名称 style_course，并按 Enter 键。

Step3. 系统弹出图 9.2.2 所示的"编辑：STYLE_COURSE"对话框，此时 遮蔽 选项卡中提示"选取要遮蔽的元件"，在模型树中选取 bottle_asm。

Step4. 在"编辑：STYLE_COURSE"对话框中打开 显示 选项卡，在 方法 选项组中选中 ◉ 线框 单选项，如图 9.2.3 所示；然后在模型树中选取元件 body，此时模型树的显示如图 9.2.4 所示。

图 9.2.2 "编辑：STYLE_COURSE"对话框

图 9.2.3 "显示"选项卡

图 9.2.4 模型树

图 9.2.3 所示的"显示"选项卡的 ┌─ 方法 ─┐ 区域中各选项的说明如下。

- ◉ 线框 单选项：将所选元件以"线条框架"的形式显示，显示其所有的线，对线的前后位置关系不加以区分，如图 9.2.1 所示。

- ◯ 隐藏线 单选项：与"线框"方式的区别在于它区别线的前后位置关系，将被遮挡的线以"灰色"线表示。

- ◯ 消隐 单选项：将所选元件以"线条框架"的形式显示，但不显示被遮挡的线。

- ◯ 着色 单选项：以"着色"方式显示所选元件。

- ◯ 透明 单选项：以"透明"方式显示所选元件。

Step5. 单击对话框中的 确定(O) 按钮，完成视图的编辑，再单击"视图管理器"对话框中的 关闭 按钮。

2. 设置不同的样式视图

用户可以为装配体创建多个样式视图，每一个都对应于装配体的某个局部，在进行不同局部的设计时，可将相应的样式视图设置到当前工作区中。操作方法：在"视图管理器"对话框的 样式 选项卡中选择相应的视图名称，然后双击，或选中视图名称后，选择 ◉ 选项 ▾ ➡ ➡ 激活 命令，此时在当前视图名称前有一个绿色箭头指示。

9.3 横 截 面

9.3.1 横截面概述

横截面也称剖截面，它的主要作用是查看模型剖切的内部形状和结构。在零件模块或装配模块中创建的横截面，可用于在工程图模块中生成剖视图。

在 Creo 中，横截面分两种类型。

- "平面"横截面：用单个平面对模型进行剖切，如图 9.3.1 所示。

- "偏距"横截面：用草绘的曲面对模型进行剖切，如图 9.3.2 所示。

图 9.3.1 "平面"横截面

图 9.3.2 "偏距"横截面

选择 视图 功能选项卡 模型显示 区域 管理视图 节点下的 🖬 视图管理器 命令，在系统弹出的对话框中单击 截面 选项卡，即可进入横截面操作界面。操作界面中各命令的说明如图 9.3.3

所示。

图 9.3.3　设置横截面

9.3.2　创建一个"平面"横截面

下面以零件模型机体 body 为例，说明创建图 9.3.1 所示的"平面"横截面的一般操作过程。

Step1. 将工作目录设置至 D:\creo6.1\work\ch09.03，打开文件 body_section1.prt。

Step2. 选择 视图 功能选项卡 模型显示 区域 管理视图 节点下的 视图管理器 命令。

Step3. 单击 截面 选项卡，在图 9.3.3 所示的剖面操作界面中单击 新建 按钮，选择"平面"选项 平面 ，输入名称 section1，并按 Enter 键。

Step4. 系统弹出"截面"操控板，如图 9.3.4 所示。

图 9.3.4　"截面"操控板

Step5. 选择截面参考。

（1）单击"截面"操控板中的"参考"按钮 参考 。

（2）在图 9.3.5 所示的模型中选取 FRONT 基准平面为截面参考。

（3）在操控板中单击 ✔ 按钮，完成操作。

FRONT 基准平面

图 9.3.5　选取参考平面

9.3.3　创建一个"偏距"横截面

下面还是以零件模型机体 body 为例，说明创建图 9.3.2 所示的"偏距"横截面的一般操作过程。

Step1. 将工作目录设置至 D:\creo6.1\work\ch09.03，打开文件 body_section2.prt。

Step2. 选择 视图 功能选项卡 模型显示 区域 管理视图 节点下的 视图管理器 命令。

Step3. 单击 截面 选项卡，在其选项卡中单击 新建 按钮，选择"偏移"选项 偏移 ，输入名称 section2，并按 Enter 键。

Step4. 系统弹出"截面"操控板，如图 9.3.6 所示。

图 9.3.6　"截面"操控板

Step5. 绘制偏距横截面草图。

（1）定义草绘平面。在图 9.3.6 所示的"截面"操控板的 草绘 界面中单击 定义... 按钮，选取模型中的 CENTER 基准平面为草绘平面，然后以 TOP 基准平面为参考，如图 9.3.7 所示。

（2）指定参考平面的方向。单击对话框中 方向 文本框后的 ▼ 按钮，在系统弹出的列表中选择 右 选项，单击"草绘"按钮 草绘 。

图 9.3.7　选取草绘平面

（3）绘制图 9.3.8 所示的偏距横截面草图，完成后单击"确定"按钮 ✓。

Step6. 在"截面"操控板中单击"确定"按钮 ✓，在"视图管理器"操作界面中单击 关闭 按钮。

8.0

42.0

剖切线通过此圆的圆心

192.0

22.0

图 9.3.8　偏距横截面草图

9.3.4　创建装配件的横截面

下面以图 9.3.9 为例，说明创建装配件横截面的一般操作过程。

a）创建"横截面"前　　　　　b）创建"横截面"后

图 9.3.9　装配件的横截面

Step1. 将工作目录设置至 D:\creo6.1\work\ch09.03，打开文件 lip_asm.asm。

Step2. 选择 视图 功能选项卡 模型显示 区域 管理视图 节点下的 视图管理器 命令。

Step3. 在 截面 选项卡中单击 新建 按钮，选择"平面"选项 平面，接受系统默认的名称，并按 Enter 键，系统弹出"截面"操控板。

Step4. 选取装配基准平面。

（1）在"截面"操控板中单击 参考 按钮，选取图 9.3.10 所示模型中的 ASM_RIGHT 基准平面为草绘平面。

（2）在"截面"操控板中单击"确定"按钮 ✓。

图 9.3.10　选取装配基准平面

9.4　简化表示

对于复杂的装配体的设计，存在下列问题。

（1）重绘、再生和检索的时间太长。

（2）在设计局部结构时，感觉图面太复杂、太乱，不利于局部零部件的设计。

为了解决这些问题，可以利用简化表示（Simplfied Rep）功能，将设计中暂时不需要的零部件从装配体的工作区中移除，从而可以减少装配体的重绘、再生和检索的时间，并且简化装配体。例如在设计轿车的过程中，设计小组在设计车厢里的座椅时，并不需要发动机、油路系统和电气系统，这样就可以用简化表示的方法将这些暂时不需要的零部件从工作区中移除。

图 9.4.1 是装配体 asm_exercise2.asm 简化表示的例子，下面说明创建简化表示的操作方法。

图 9.4.1　简化表示

Step1. 将工作目录设置至 D:\creo6.1\work\ch09.04，打开文件 asm_exercise2.asm。

Step2. 选择 视图 功能选项卡 模型显示 区域 管理视图 节点下的 视图管理器 命令，在"视图管理器"对话框（图 9.4.2）的 简化表示 选项卡中单击 新建 按钮，输入简化表示的名称 Rep_Course，并按 Enter 键。

Step3. 完成上步操作后，系统弹出图 9.4.3 所示的"编辑"对话框（一），单击图 9.4.3 所示的位置，系统弹出图 9.4.3 所示的下拉列表。

图 9.4.2　"视图管理器"对话框

图 9.4.3　"编辑"对话框（一）

Step4. 单击"编辑"对话框（一）中的 应用 按钮，完成视图的编辑，然后单击 打开 按钮，系统返回至"视图管理器"对话框，然后单击"视图管理器"对话框中的 关闭 按钮。

图 9.4.3 所示的"编辑"对话框（一）的排除下拉列表中的部分选项说明如下。

● 衍生 选项：表示系统默认的简化表示方法。

● 排除 选项：从装配体中排除所选元件，接受排除的元件将从工作区中移除，但是在模型树上还保留它们。

● 主表示 选项："主表示"的元件与正常元件一样，可以对其进行各种正常的操作。

● 自动表示 选项：将所选取的元件按照软件默认的方式表示。

- 用包络替代 选项：将所选取的元件用包络替代。包络是一种特殊的零件，它通常由简单几何创建，与所表示的元件相比，它占用的内存更少。包络零件不出现在材料清单中。

- 用族表替代 选项：将所选取的元件用族表替代。

- 用互换替代 选项：将所选取的元件用互换替代。

- 用户定义 选项：通过用户自定义的方式来定义简化表示。

Step5. 在"编辑"对话框（二）中进行图 9.4.4 所示的设置。

图 9.4.4　"编辑"对话框（二）

用户可以为装配体创建多个简化表示，每一个都对应于装配体的某个局部，在进行不同局部的设计时，可将相应的简化表示设置到当前工作区中。操作方法：在"视图管理器"对话框中选择相应的视图名称，然后双击（或选中视图名称后，选择 选项 ➡ 激活 命令）。此时在当前视图名称前有一个绿色箭头指示，如图 9.4.2 所示。

9.5　装配模型的分解

装配体的分解（Explode）状态也叫爆炸状态，就是将装配体中的各零部件沿着直线或坐标轴移动或旋转，使各个零件从装配体中分解出来，如图 9.5.1 所示。分解状态对于表达各元件的相对位置十分有帮助，因而常常用于表达装配体的装配过程以及装配体的构成。

未分解状态

放大图

运动参考2：螺钉过孔的轴线

运动参考1：酒瓶的中心轴线

分解状态

酒瓶子装配（bottle_asm）

图 9.5.1　装配体的分解图

9.5.1　创建装配模型的分解状态

1. 创建分解视图

下面以装配体 asm_exercise2.asm 为例，说明创建装配体的分解状态的一般操作过程。

Step1. 将工作目录设置至 D:\creo6.1\work\ch09.05，打开文件 asm_exercise2.asm。

Step2. 选择 视图 功能选项卡 模型显示 区域 管理视图 节点下的 视图管理器 命令，在"视图管理器"对话框的 分解 选项卡中单击 新建 按钮，输入分解的名称 asm_exp1，并按 Enter 键。

Step3. 单击"视图管理器"对话框中的 属性>> 按钮，在图 9.5.2 所示的"视图管理器"对话框中单击 按钮，系统弹出图 9.5.3 所示的"分解工具"操控板。

图 9.5.2　"视图管理器"对话框

图 9.5.3 "分解工具"操控板

Step4. 定义沿运动参考 1 的平移运动。

（1）在"分解工具"操控板中单击"平移"按钮 。

（2）在图 9.5.3 所示的"分解工具"操控板中激活"单击此处添加项"，再选取图 9.5.1 中的酒瓶的中心轴线作为运动参考，即各零件将沿该中心线平移。

（3）单击操控板中的 选项 按钮，然后选择 ☑随子项移动 复选框。

（4）选取酒瓶子装配（bottle_asm），此时系统会在酒瓶子装配上显示一个参考坐标系，拖动坐标系的轴，移动鼠标，向下移动该元件。

（5）选取瓶口座零件（socket），向下移动该零件，此时酒瓶子装配件也跟着移动。

（6）选择主体盖零件（body_cap），向上移动该零件。

（7）选择酒瓶塞（cork），向上移动该零件。

Step5. 定义沿运动参考 2 的平移运动。

（1）在"分解工具"操控板中单击"平移"按钮 （由于前面运动也是平移运动，可省略本步操作），将原有的中心轴线移除（在操控板中右击 1个项 ，然后选择 移除 命令即可）。

（2）选择图 9.5.1 中的螺钉过孔的轴线作为运动参考，即两个固定螺钉将沿该轴线平移。

（3）单击操控板中的 选项 按钮，取消选中 □随子项移动 复选框。

（4）分别移动两个紧固螺钉。

（5）完成以上分解移动后，单击"分解工具"操控板中的 按钮。

Step6. 保存分解状态。

（1）在图 9.5.4 所示的"视图管理器"对话框（一）中单击 《... 按钮。

（2）在图 9.5.5 所示的"视图管理器"对话框（二）中依次单击 编辑▼ ➡ 保存... 按钮。

图 9.5.4　"视图管理器"对话框（一）　　图 9.5.5　"视图管理器"对话框（二）

（3）在图 9.5.6 所示的"保存显示元素"对话框中单击 确定(0) 按钮。

Step7. 单击"视图管理器"对话框中的 关闭 按钮。

2．设定当前状态

用户可以为装配体创建多个分解状态，根据需要，可以将某个分解状态设置到当前工作区中。操作方法：在"视图管理器"对话框的 分解 选项卡中选择相应的视图名称，然后双击，或选中视图名称后，选择 选项 ➡ 激活 命令。此时在当前视图位置有一个红色箭头指示。

3．取消分解视图的分解状态

选择 视图 功能选项卡 模型显示 区域中的 分解图 命令，可以取消分解视图的分解状态，从而回到正常状态。

9.5.2　创建分解状态的偏移线

下面以图 9.5.7 为例，说明创建偏移线的一般操作过程。

Step1. 将工作目录设置至 D:\creo6.1\work\ch09.05，打开文件 asm_exercise2.asm。

Step2. 选择 视图 功能选项卡 模型显示 区域 管理视图 节点下的 视图管理器 命令，在"视图管理器"对话框的 分解 选项卡中单击 新建 按钮，输入分解名称 asm_exp2。

Step3. 创建装配体的分解状态。将装配体中的各零件移至图 9.5.7 所示的方位。

说明：在选择移动方向时，除了选取轴线以外，还可以选取基准平面，移动的方向为平面的法线方向。

图 9.5.6 "保存显示元素"对话框

图 9.5.7 创建装配体的分解状态的偏移线

Step4. 修改分解线的样式。

（1）单击"分解工具"操控板中的 分解线 按钮，然后再单击 默认线型 按钮。

（2）系统弹出图 9.5.8 所示的"线型"对话框，在 线型 下拉列表中选择 短划线 线型，单击 应用 ➡ 关闭 按钮。

Step5. 创建装配体的分解状态的偏移线。

（1）单击"分解工具"操控板中的 分解线 按钮，然后再单击"创建修饰偏移线"按钮 ，如图 9.5.9 所示。

图 9.5.8 "线型"对话框

图 9.5.9 "分解工具"操控板

（2）此时系统弹出图 9.5.10 所示的"修饰偏移线"对话框，在智能选取栏中选择 轴 。

图 9.5.10 "修饰偏移线"对话框

（3）分别选择图 9.5.11 所示的两条轴线，单击 应用 按钮。

单击这两条轴线

单击这两条轴线

单击这两条轴线

图 9.5.11 操作过程

（4）完成同样的四次操作后，单击 关闭 按钮。

（5）完成以上分解状态后，单击"分解工具"操控板中的 ✓ 按钮。

注意：选取轴线时，在轴线上单击的位置不同，会出现不同的结果，如图 9.5.12 所示。

单击此轴线的右端　单击此轴线的左端

a）结果 1

单击此轴线的右端　单击此轴线的右端

b）结果 2

图 9.5.12 不同的结果对比

Step6. 保存分解状态。

（1）在"视图管理器"对话框中单击 «... 按钮。

（2）在图 9.5.13 所示的"视图管理器"对话框（三）中依次单击 编辑▼ ➡ 保存... 按钮。

（3）在图 9.5.14 所示的"保存显示元素"对话框中单击 确定(0) 按钮。

图 9.5.13　"视图管理器"对话框（三）

图 9.5.14　"保存显示元素"对话框

Step7. 单击"视图管理器"对话框中的 关闭 按钮。

9.6　层　视　图

层视图功能可以存储现有层的状态。通过在"视图管理器"(View Manager) 中创建并保存一个或多个层状态，就可以在层状态之间进行切换，以更改组件显示。也可使用"层树"上的"层"(Layer) 菜单在多个层状态之间进行切换，并且活动的层状态可定义所有 3D 模型窗口中所有组件元件的可见性状态。下面以图 9.6.1 所示为例，说明创建层视图的操作方法。

图 9.6.1　层视图

Step1. 将工作目录设置至 D:\creo6.1\work\ch09.06，打开文件 asm_exercise2.asm。

Step2. 隐藏零件。在模型树中选择 BODY.PRT 零件并右击，在系统弹出的快捷菜单中选择 命令。

Step3. 选择 视图 功能选项卡 模型显示 区域 管理视图 节点下的 视图管理器 命令，此时系统弹出图 9.6.2 所示的"视图管理器"对话框；在对话框的 层 选项卡中单击 新建 按钮，输入层视图名称为 Layer_001，并按 Enter 键。

图 9.6.2　"视图管理器"对话框

Step4. 单击"视图管理器"对话框中的 关闭 按钮。

Step5. 取消隐藏零件 BODY.PRT。

Step6. 选择 视图 功能选项卡 模型显示 区域 管理视图 节点下的 视图管理器 命令，在"视图管理器"对话框的 层 选项卡中选择 选项 ➡ 激活 命令，此时图形区的模型显示隐藏后的效果。

Step7. 单击"视图管理器"对话框中的 关闭 按钮。

9.7　组 合 视 图

组合视图可以将以前创建的各种视图组合起来，形成一个新的视图。例如，在图 9.7.1 所示的组合视图中，既有分解视图，又有样式视图、剖面视图等视图。下面以此为例，说明创建组合视图的操作方法。

Step1. 将工作目录设置至 D:\creo6.1\work\ch09.07，打开文件 asm_exercise2.asm。

Step2. 选择 视图 功能选项卡 模型显示 区域 管理视图 节点下的 视图管理器 命令，在"视图管理器"对话框的 全部 选项卡中单击 新建 按钮，组合视图名称为默认的 Comb0001，并按 Enter 键。

Step3. 如果系统弹出图 9.7.2 所示的对话框，则单击 参考原件 按钮。

图 9.7.1　模型的组合视图　　　　图 9.7.2　"新建显示状态"对话框

Step4. 在"视图管理器"对话框中选择 编辑▼ ➡ 重新定义 命令。

Step5. 在"组合视图"对话框中分别在定向视图、简化视图和样式视图等列表中选择要组合的视图，各视图名称和设置如图 9.7.3 所示。

Step6. 单击 确定 按钮，在"视图管理器"对话框中单击 关闭 按钮。

图 9.7.3　组合视图对话框

学习拓展：扫码学习更多视频讲解。

讲解内容：装配设计实例精选，本部分讲解了一些典型的装配设计案例，着重介绍了装配设计的方法流程以及一些快速操作技巧。

学习拓展：扫码学习更多视频讲解。

讲解内容：本部分主要讲解了产品自顶向下（Top-Down）设计方法的原理和一般操作。自顶向下设计方法是一种高级的装配设计方法。在产品设计中应用十分广泛。

第 **10** 章　工程图制作

　在产品的研发、设计和制造等过程中，各类参与者需要经常进行交流和沟通，工程图则是常用的交流工具，因而工程图的创建是产品设计过程中的重要环节。本章将介绍工程图模块的基本知识，包括以下内容。

- 工程图环境中的菜单命令简介。
- 工程图创建的一般过程。
- 各种视图的创建。
- 视图的编辑与修改。
- 尺寸的自动创建及显示和拭除。
- 尺寸的手动标注。
- 尺寸公差的设置。
- 基准的创建，几何公差的标注。
- 在工程图里建立注释，书写技术要求。
- Creo 软件的打印出图。
- 工程图系统文件的配置。

10.1　Creo 工程图模块概述

使用 Creo 的工程图模块，可创建 Creo 三维模型的工程图，可以用注解来注释工程图、处理尺寸以及使用层来管理不同项目的显示。工程图中的所有视图都是相关的，例如改变一个视图中的尺寸值，系统就相应地更新其他工程图视图。

工程图模块还支持多个页面，允许定制带有草绘几何的工程图、定制工程图格式等。另外，还可以利用有关接口命令，将工程图文件输出到其他系统，或将文件从其他系统输入到工程图模块中。

工程图环境中的菜单简介。

（1）"布局"选项区域中的命令主要用来设置绘图模型、模型视图的放置以及视图的线型显示等，如图 10.1.1 所示。

图 10.1.1 "布局"选项区域

（2）"表"选项区域中的命令主要用来创建、编辑表格等，如图 10.1.2 所示。

图 10.1.2 "表"选项区域

（3）"注释"选项区域中的命令主要用来添加尺寸及文本注释等，如图 10.1.3 所示。

图 10.1.3 "注释"选项区域

（4）"草绘"选项区域中的命令主要用来在工程图中绘制及编辑所需要的视图等，如图 10.1.4 所示。

Creo6.0

快速入门教程

图 10.1.4　"草绘"选项区域

（5）"继承迁移"选项区域中的命令主要用来对所创建的工程图视图进行转换、创建匹配符号等，如图 10.1.5 所示。

图 10.1.5　"继承迁移"选项区域

（6）"分析"选项区域中的命令主要用来对所创建的工程图视图进行测量、检查几何等，如图 10.1.6 所示。

图 10.1.6　"分析"选项区域

（7）"审阅"选项区域中的命令主要用来对所创建的工程图视图进行更新、比较等，如图 10.1.7 所示。

（8）"工具"选项区域中的命令主要用来对工程图进行调查、参数化设置等操作，如图 10.1.8 所示。

图 10.1.7　"审阅"选项区域

图 10.1.8　"工具"选项区域

（9）"视图"选项区域中的命令主要用来对创建的工程图进行可见性、模型显示等操作，如图 10.1.9 所示。

图 10.1.9　"视图"选项区域

（10）"框架"选项区域中的命令主要用来辅助创建视图、尺寸和表格等，如图 10.1.10 所示。

图 10.1.10　"框架"选项区域

创建工程图的一般过程如下。

1. 通过新建一个工程图文件，进入工程图模块环境

（1）选择"新建"命令或按钮。

（2）选择"绘图"（即工程图）文件类型。

（3）输入文件名称，选择工程图模型及工程图图框格式或模板。

2. 创建视图

（1）添加主视图。

（2）添加主视图的投影图（左视图、右视图、俯视图和仰视图）。

（3）如有必要，可添加详细视图（即放大图）和辅助视图等。

（4）利用视图移动命令，调整视图的位置。

（5）设置视图的显示模式，如视图中不可见的孔，可进行消隐或用虚线显示。

3．尺寸标注

（1）显示模型尺寸，将多余的尺寸拭除。

（2）添加必要的草绘尺寸。

（3）添加尺寸公差。

（4）创建基准，进行几何公差标注，标注表面粗糙度。

注意：Creo 软件的中文简化汉字版和有些参考书中将 Drawing 翻译成"绘图"，本书则一概翻译成"工程图"。

10.2　设置符合国标的工程图环境

我国国标（GB 标准）对工程图做出了许多规定，例如尺寸文本的方位与字高、尺寸箭头的大小等都有明确的规定。本书随书光盘的 Creo 6.0_system_file 文件夹中提供了一些支持 Creo 软件的系统文件，这些系统文件中的配置可以使创建的工程图基本符合我国国标。请读者按下面的方法将这些文件复制到指定目录，并对其进行有关设置。

Step1. 将随书光盘中的 Creo 6.0_system_file 文件夹复制到 C 盘中。

Step2. 假设 Creo 6.0 软件被安装在 C:\Program Files 目录中，将随书光盘 Creo 6.0_system_file 文件夹中的 config.pro 文件复制到 Creo 安装目录中的\text 文件夹下面，即 C:\Program Files\PTC\Creo 6.0.0.0\Common Files\text 中。

Step3. 启动 Creo 6.0。注意如果在进行上述操作前已经启动了 Creo，应先退出 Creo，然后再次启动 Creo。

Step4. 选择"文件"下拉菜单中的 文件 ➡ 选项 命令，在系统弹出的"Creo Parametric 选项"对话框中选择 配置编辑器 选项，即可进入软件环境设置界面，如图 10.2.1 所示。

Step5. 设置配置文件 config.pro 中的相关选项的值，如图 10.2.1 所示。

（1）drawing_setup_file 的值设置为 C:\Creo 6.0_system_file\drawing.dtl。

（2）format_setup_file 的值设置为 C:\Creo 6.0_system_file\format.dtl。

（3）pro_format_dir 的值设置为 C:\Creo 6.0_system_file\GB_format。

（4）template_designasm 的值设置为 C:\Creo 6.0_system_file\temeplate\asm_start.asm。

（5）template_drawing 的值设置为 C:\Creo 6.0_system_file\temeplate\draw.drw。

（6）template_mfgcast 的值设置为 C:\ Creo 6.0_system_file\temeplate\cast.mfg。

（7）template_mfgmold 的值设置为 C:\Creo 6.0_system_file\temeplate\mold.mfg。

（8）template_sheetmetalpart 的值设置为 C:\Creo 6.0_system_file\temeplate\sheetstart.prt。

（9）template_solidpart 的值设置为 C:\Creo 6.0_system_file\temeplate\start.prt。

Step6. 把设置加到工作环境中。在图 10.2.1 所示的"配置编辑器"设置界面中单击
确定 按钮。

Step7. 退出 Creo，再次启动 Creo，系统新的配置即可生效。

图 10.2.1　"配置编辑器"设置界面

10.3　新建工程图

Step1. 在工具栏中单击"新建"按钮 。

图 10.3.1　"新建"对话框

Step2. 选取文件类型，输入文件名，取消选中 ☐ 使用默认模板 复选框，在系统弹出的文件"新建"对话框中进行下列操作（图 10.3.1）。

（1）选择 类型 选项组中的 ◉ 🖻 绘图 单选项。

注意： 在这里不要将"草绘"和"绘图"两个概念相混淆。

（2）在 文件名: 文本框中输入工程图的文件名，例如 body_drw。

（3）取消 ☑ 使用默认模板 中的"√"号，不使用默认的模板。

（4）单击该对话框中的 确定 按钮。

Step3. 选取适当的工程图模板或图框格式。在系统弹出的"新建绘图"对话框中（图 10.3.2）进行下列操作。

图 10.3.2 "新建绘图"对话框

（1）在"默认模型"选项组中选取要对其生成工程图的零件或装配模型。一般系统会自动选取当前活动的模型，如果要选取活动模型以外的模型，请单击 浏览... 按钮，然后选取模型文件，并将其打开，如图 10.3.3 所示。

（2）在 指定模板 选项组中选取工程图模板。该区域下有三个选项。

- ◉ 使用模板：创建工程图时，使用某个工程图模板。
- ◉ 格式为空：不使用模板，但使用某个图框格式。
- ◉ 空：既不使用模板，也不使用图框格式。

如果选取其中的 ◉ 空 单选项，则需进行下列操作（图 10.3.2 和图 10.3.3）。

如果图纸的幅面尺寸为标准尺寸（如 A2、A0 等），则应先在 方向 选项组中单击"纵向"放置按钮或"横向"放置按钮，然后在 大小 选项组中选取图纸的幅面；如果图纸的尺寸为非标准尺寸，则应先在 方向 选项组中单击"可变"按钮，然后在 大小 选项组中输入图幅的高度和宽度尺寸及采用的单位。

如果选中 ◉ 格式为空 单选项，则需进行下列操作（图 10.3.2 和图 10.3.4）。

图 10.3.3　"打开"对话框

图 10.3.4　"新建绘图"对话框

在 格式 选项组中单击 浏览... 按钮，然后选取某个格式文件，并将其打开。

注：在实际工作中，经常采用 ◉ 格式为空 单选项。

如果选中 ◉ 使用模板 单选项，则需进行下列操作（图 10.3.2 和图 10.3.5）。

在 模板 选项组中，从模板文件列表中选择某个模板或单击 浏览... 按钮，然后选取其他某个模板，并将其打开。

（3）单击该对话框中的 确定(O) 按钮。完成这一步操作后，系统即进入工程图模式（环境）。

Creo6.0

快速入门教程

图 10.3.5　指定模板

10.4　工程图视图

10.4.1　创建基本视图

图 10.4.1 所示为 body.prt 零件模型的工程图，本节先介绍其中的两个基本视图——主视图和投影视图的一般创建过程。

1. 创建主视图

下面介绍如何创建 body.prt 零件模型主视图，如图 10.4.2 所示，操作步骤如下。

Step1. 设置工作目录。选择下拉菜单　文件　➡　管理会话(M)　➡

选择工作目录(W) 命令，将工作目录设置至 D:\creo6.1\work\ch10.04。

Step2. 在工具栏中单击"新建"按钮 ，选择三维模型 body.prt 为绘图模型，采用模板为空、横向放置、A2 大小的一张图纸，进入工程图模块。

Step3. 使用命令。在绘图区中右击，系统弹出图 10.4.3 所示的快捷菜单，在该快捷菜单中选择 普通视图(E) 命令。

注意：在选择 普通视图(E) 命令后，系统会弹出"选择组合状态"对话框，直接单击 确定(0) 按钮即可，不影响后序的操作。

图 10.4.1 各种视图

图 10.4.2 主视图

图 10.4.3 快捷菜单

说明：

（1）还有一种进入"普通视图"命令的方法，就是在工具栏区选择 布局 ➡ 普通视图 命令。

（2）如果在图 10.3.2 所示的"新建绘图"对话框中没有默认模型，也没有选取模型，那么在执行 普通视图(E) 命令后，系统会弹出一个文件"打开"对话框，让用户选择一个三维模型来创建其工程图。

（3）图 10.4.2 中所示的主视图已经被切换到线框显示状态，切换视图的显示方法与在建模环境中的方法是一样的，还有另一种方法后面会详细介绍。

Step4. 在系统 ➪ 选择绘图视图的中心点. 的提示下，在屏幕图形区选择一点，系统弹出图 10.4.4 所示的"绘图视图"对话框。

图 10.4.4 "绘图视图"对话框

Step5. 定向视图。视图的定向一般采用下面两种方法。

方法一：采用参考进行定向。

(1) 定义放置参考 1。

① 在"绘图视图"对话框中单击"类别"下的"视图类型"标签，在其选项卡界面的 视图方向 选项组中选中 选择定向方法 中的 ● 几何参考 ，如图 10.4.5 所示。

② 单击对话框中"参考 1"旁的箭头 ，在系统弹出的方位列表中选择"前"选项（图 10.4.6），再选择图 10.4.7 中的模型表面。这一步操作的意义是使所选模型表面朝向前面，即与屏幕平行且面向操作者。

图 10.4.5 "绘图视图"对话框   图 10.4.6 "参考"选项

（2）定义放置参考 2。单击对话框中"参考 2"旁的箭头 ▾，在系统弹出的方位列表中选择"右"，再选取图 10.4.7 中的模型表面。这一步操作的意义是使所选模型表面朝向屏幕的右边，此时模型按前面操作的方向要求，以图 10.4.2 所示的方位摆放在屏幕中。

说明：如果此时希望返回以前的默认状态，请单击对话框中的 默认方向 按钮。

方法二：采用已保存的视图方位进行定向。

先介绍以下预备知识。

在模型的零件或装配环境中，可以很容易地将模型摆放在工程图视图所需的方位。

（1）选择 视图 功能选项卡 模型显示 区域 管理视图 ▾ 节点下的 视图管理器 命令，系统弹出图 10.4.8 所示的"视图管理器"对话框，在 定向 选项卡中单击 新建 按钮，并命名新建视图为 V1，按 Enter 键确认，然后选择 编辑 ▾ ➡ 重新定义 命令。

图 10.4.7　模型的定向　　　　　　图 10.4.8　"视图管理器"对话框

（2）系统弹出图 10.4.9 所示的"视图"对话框，可以按照方法一中同样的操作步骤将模型在空间摆放好，然后单击 确定 ➡ 关闭 按钮。

（3）在模型的零件或装配环境中保存了视图 V1 后，就可以在工程图环境中用第二种方法定向视图。操作方法：在图 10.4.10 所示的"绘图视图"对话框中找到视图名称 V1，则系统即按 V1 的方位定向视图。

Step6. 单击"绘图视图"对话框中的 确定 按钮，关闭对话框。至此，就完成了主视图的创建。

2．创建投影视图

在 Creo 中可以创建投影视图，投影视图包括右视图、左视图、俯视图和仰视图。下面以创建左视图为例，说明创建这类视图的一般操作过程。

Step1. 选择图 10.4.11 所示的主视图，然后右击，系统弹出图 10.4.12 所示的快捷菜单，然后选择该快捷菜单中的"投影视图"命令 按钮。

说明：还有一种进入"投影视图"命令的方法，就是在工具栏区选择 布局 ➡ 投影视图 命令。利用这种方法创建投影视图，必须先单击选中其父视图。

图 10.4.9　"视图"对话框　　　　图 10.4.10　"绘图视图"对话框

Step2. 在系统 ⇨ 选择绘图视图的中心点. 的提示下，在图形区的主视图的右部任意选择一点，系统自动创建左视图，如图 10.4.11 所示。如果在主视图的左边任意选择一点，则会产生右视图。

图 10.4.11　投影视图　　　　　　图 10.4.12　快捷菜单

10.4.2　移动视图与锁定视图移动

在创建完主视图和左视图后，如果它们在图纸上的位置不合适、视图间距太紧或太松，用户可以移动视图，操作方法如图 10.4.13 所示（如果移动的视图有子视图，子视图也随着移动）。如果视图被锁定了，就不能移动视图，只有取消锁定后才能移动。

如果视图位置已经调整好，可启动"锁定视图移动"功能，禁止视图的移动。操作方法：选中移动的视图，然后右击，系统弹出图 10.4.14 所示的快捷菜单，选择该菜单中的 锁定视图移动 命令。如果要取消"锁定视图移动"，可再次选择该命令，将视图移动功能解除锁定。

图 10.4.13　移动视图

图 10.4.14　快捷菜单

10.4.3　删除视图

要将某个视图删除，可先选择该视图，然后右击，系统弹出图 10.4.14 所示的快捷菜单，选择 ✕ 命令。

注意：当要删除一个带有子视图的视图时，系统会弹出图 10.4.15 所示的提示窗口，要求确认是否删除该视图，此时若选择"是"，就会将该视图的所有子视图连同该视图一并删除！因此，在删除带有子视图的视图时，务必注意这一点。

10.4.4　视图的显示模式

1．视图显示

工程图中的视图可以设置为下列几种显示模式，设置完成后，系统保持这种设置而与"环境"对话框中的设置无关，且不受视图显示按钮 🔲、🔲 和 🔲 的控制。

- 线框：视图中的不可见边线以实线显示。
- 隐藏线：视图中的不可见边线以虚线显示。
- 消隐：视图中的不可见边线不显示。

配置文件 config.pro 中的选项 hlr_for_quilts 控制系统在隐藏线删除过程中如何显示面组。如果将其设置为 yes，系统将在隐藏线删除过程中包括面组；如果设置为 no，系统则在隐藏线删除过程中不包括面组。

下面以模型 body 的左视图为例，说明如何通过"视图显示"操作将左视图设置为无隐藏线显示状态，如图 10.4.16b 所示。

Step1．先选择图 10.4.16a，然后双击。

说明：还有一种方法是，先选择图 10.4.16a 再右击，从系统弹出的快捷菜单中选择 🖌 命令。

Step2．系统弹出图 10.4.17 所示的"绘图视图"对话框，在该对话框中选择 类别 选项组中的 视图显示 选项。

Step3．按照图 10.4.17 所示的对话框进行参数设置，即"显示样式"设置为"消隐"，然后单击对话框中的 **确定** 按钮，关闭对话框。

图 10.4.15 "确认"对话框

a）视图的默认显示　b）视图的消隐显示

图 10.4.16 视图

图 10.4.17 "绘图视图"对话框

Step4. 如有必要，单击"重画"命令按钮 ☑，查看视图显示的变化。

2. 边显示

可以设置视图中个别边线的显示方式。例如：在图 10.4.18 所示的模型中，箭头所指的边线有隐藏线、拭除直线、消隐和隐藏方式等几种显示方式，分别如图 10.4.19~图 10.4.22 所示。

此边线在工程图中有隐藏线、拭除直线、隐藏方式和消隐等几种显示方式

图 10.4.18 三维模型

配置文件 config.pro 中的命令 select_hidden_edges_in_dwg 用于控制工程图中的不可见

边线能否被选取。

图 10.4.19 隐藏线

图 10.4.20 拭除直线

图 10.4.21 消隐

图 10.4.22 隐藏方式

下面以此模型为例，说明边显示的操作过程。

Step1. 如图 10.4.23 所示，在工程图环境的功能区中选择 布局 ➡ 边显示... 命令。

Step2. 系统此时弹出图 10.4.24 所示的"选择"对话框以及图 10.4.25 所示的菜单管理器，选取要设置的边线，然后在菜单管理器中分别选取 Hidden Line (隐藏线)、Erase Line (拭除直线)、No Hidden (消隐) 或 Hidden Style (隐藏方式) 命令，以达到图 10.4.19~图 10.4.22 所示的效果；选择 Done (完成) 命令。

图 10.4.23 "编辑"子菜单

图 10.4.24 "选择"对话框

图 10.4.25 菜单管理器

Step3. 如有必要，单击"重画"命令按钮 <u>☑</u>，查看视图显示的变化。

10.4.5　创建高级视图

1. 创建"部分"视图

下面创建图 10.4.26 所示的"部分"视图，操作方法如下。

图 10.4.26　"部分"视图

Step1. 先单击图 10.4.26 所示的主视图，然后右击，从系统弹出的快捷菜单中选择 <u>⧉</u>命令。

Step2. 在系统 ⇨ <u>选择绘图视图的中心点</u> 的提示下，在图形区主视图的下面选择一点，系统立即产生投影视图。

Step3. 双击上一步中创建的投影视图。

Step4. 系统弹出图 10.4.27 所示的"绘图视图"对话框，在该对话框中选择 <u>类别</u> 选项组中的 <u>可见区域</u> 选项，将 <u>视图可见性</u> 设置为 <u>局部视图</u>。

图 10.4.27　"绘图视图"对话框

Step5. 绘制部分视图的边界线。

（1）此时系统提示 ➡选择新的参考点，单击"确定"完成。，在投影视图的边线上选择一点，如图 10.4.28 所示（注意：如果不在模型的边线上选择点，系统则不认可），此时在拾取的点附近出现一个十字线。

（2）在系统 ➡在当前视图上草绘样条来定义外部边界。 的提示下，直接绘制图 10.4.29 所示的样条线来定义部分视图的边界。当绘制到封合时，单击鼠标中键结束绘制（在绘制边界线前不用选择样条线的绘制命令，而是直接单击进行绘制）。

Step6. 单击对话框中的 确定 按钮，关闭对话框。

图 10.4.28　边界中心点

图 10.4.29　草绘轮廓线

2. 创建局部放大视图

下面创建图 10.4.30 所示的"局部放大视图"，操作过程如下。

图 10.4.30　局部放大视图

Step1. 在功能区中选择 布局 ➡ 局部放大图 命令。

Step2. 在系统 ➡在一现有视图上选择要查看细节的中心点。 的提示下，在图 10.4.31 所示的圆的边线上选择一点（在主视图的非边线的地方选择的点，系统不认可），此时在拾取的点附近出现一个十字线。

Step3. 绘制放大视图的轮廓线。在系统 ➡草绘样条，不相交其他样条，来定义一轮廓线。 的提示下，绘制图 10.4.32 所示的样条线以定义放大视图的轮廓。当绘制到封合时，单击鼠标中键结束绘制（在绘制边界线前，不用选择样条线的绘制命令，而是直接单击进行绘制）。

图 10.4.31　放大图的中心点

图 10.4.32　放大图的轮廓线

Step4. 在系统 ⇨ 选择绘图视图的中心点· 的提示下，在图形区中选择一点用来放置放大图。

Step5. 设置轮廓线的边界类型。

（1）在创建的局部放大视图上双击，系统弹出图 10.4.33 所示的"绘图视图"对话框。

图 10.4.33 "绘图视图"对话框

（2）在 视图名称 文本框中输入放大图的名称 D1，在 父项视图上的边界类型 下拉菜单中选择"圆"选项，然后单击 应用 按钮，此时轮廓线变成一个双点画线的圆，如图 10.4.34 所示。

Step6. 设置局部放大视图的比例。在图 10.4.33 所示的"绘图视图"对话框的 类别 选项组中选择 比例 选项，在 比例和透视图选项 区域 ⊙ 自定义比例 单选项之后的文本框中输入定制比例值 2。

Step7. 单击对话框中的 确定 按钮，关闭对话框。

3. 创建轴测图

在工程图中创建图 10.4.35 所示的轴测图的目的主要是方便读图，其创建方法与主视图基本相同，它也是作为"常规"视图来创建的。通常轴测图是作为最后一个视图添加到图纸上的。下面说明其操作的一般过程。

Step1. 在绘图区中右击，从系统弹出的快捷菜单中选择 ⊟ 普通视图(E) 命令。

Step2. 在系统 ⇨ 选择绘图视图的中心点· 的提示下，在图形区选择一点作为轴测图位置点。

Step3. 系统弹出"绘图视图"对话框，选择合适的查看方位（可以先在 3D 模型中创建合适的方位），然后单击该对话框中的 确定 按钮，关闭对话框。

图 10.4.34 注释文本的放置位置

图 10.4.35 轴测图

注意：轴测图的定位方法一般是先在零件或装配模块中将模型在空间摆放到合适的视

角方位，然后将这个方位存成一个视图名称（如 V2）；在工程图中添加轴测图时，选取已保存的视图方位名称（如 V2），即可进行视图定位。

4. 创建"全"剖视图

"全"剖视图如图 10.4.36 所示。

图 10.4.36　"全"剖视图

Step1. 选择图 10.4.36 所示的主视图，然后右击，从系统弹出的快捷菜单中选择 命令。

Step2. 在系统 选择绘图视图的中心点 的提示下，在图形区的主视图的下部选择一点。

Step3. 双击上一步创建的投影视图，系统弹出图 10.4.37 所示的"绘图视图"对话框。

Step4. 设置剖视图选项。

（1）在图 10.4.37 所示的"绘图视图"对话框中选择 类别 选项组中的 截面 选项。

（2）将 截面选项 设置为 2D 横截面 ，将模型边可见性 设置为 总计 ，然后单击 + 按钮。

（3）在"名称"下拉列表中选取剖截面 SECTION1 （SECTION1 剖截面在零件模块中已提前创建），在"剖切区域"下拉列表中选择 完整 选项。

图 10.4.37　"绘图视图"对话框

（4）单击对话框中的 确定 按钮，关闭对话框。

注意： 在上面 Step4 中，如果在图 10.4.37 所示的对话框中选择了模型边可见性 中的 区域 单选项，则产生的视图如图 10.4.38 所示，一般将这样的视图称为"剖面图（断面图）"。

图 10.4.38　"区域剖截面"视图

10.5　尺　寸　标　注

10.5.1　概述

在工程图模式下，可以创建下列几种类型的尺寸。

1. 被驱动尺寸

被驱动尺寸来源于零件模块中的三维模型的尺寸，它们源于统一的内部数据库。在工程图模式下，可以利用 **注释** 工具栏下的 "显示模型注释"命令将被驱动尺寸在工程图中自动地显现出来。在三维模型上修改模型的尺寸，这些尺寸在工程图中随之变化，反之亦然。在工程图中可以修改被驱动尺寸值的小数位数，但是舍入之后的尺寸值不驱动模型几何。

2. 草绘尺寸

在工程图模式下利用 **注释** 工具栏下的 **尺寸** 命令，可以手动标注两个草绘图元间、草绘图元与模型对象间以及模型对象本身的尺寸，这类尺寸称为 "草绘尺寸"，可以被删除。还要注意：在模型对象上创建的 "草绘尺寸"不能驱动模型，也就是说，在工程图中改变 "草绘尺寸"的大小不会引起零件模块中相应模型的变化，这一点与 "被驱动尺寸"有根本的区别，所以如果在工程图环境中发现模型尺寸标注不符合设计的意图（例如标注的基准不对）时，最佳的方法是进入零件模块环境，重定义截面草绘图的标注，而不是简单地在工程图中创建 "草绘尺寸"来满足设计意图。

由于草绘图可以与某个视图相关，也可以不与任何视图相关，"草绘尺寸"的值有两种情况。

（1）当草绘图元不与任何视图相关时，草绘尺寸的值与草绘比例（由绘图设置文件drawing.dtl 中的选项 draft_scale 指定）有关。例如，假设某个草绘圆的半径值为 5。

- 如果草绘比例为 1.0，该草绘圆半径尺寸显示为 5。
- 如果草绘比例为 2.0，该草绘圆半径尺寸显示为 10。
- 如果草绘比例为 0.5，在绘图中出现的图元就为 2.5。

注意：

● 改变选项 draft_scale 的值后，应该进行更新，方法为选择下拉菜单 **审阅** ➡ **更新绘制** 命令。

● 虽然草绘图的草绘尺寸的值随草绘比例变化而变化，但草绘图的显示大小不受草绘比例的影响。

● 配置文件 config.pro 中的选项 create_drawing_dims_only 用于控制系统如何保存被驱动尺寸和草绘尺寸。该选项设置为 no（默认）时，系统将被驱动尺寸保存在相关的零件模型（或装配模型）中；设置为 yes 时，仅将草绘尺寸保存在绘图中。所以用户正在使用 Intralink 时，如果尺寸被存储在模型中，则在修改时要对此模型进行标记，并且必须将其重新提交给 intralink。为避免绘图中每次参考模型时都进行此操作，可将选项设置为 yes。

（2）当草绘图元与某个视图相关时，草绘图的草绘尺寸的值不随草绘比例而变化，草绘图的显示大小也不受草绘比例的影响，但草绘图的显示大小随着与其相关的视图的比例变化而变化。

3. 草绘参考尺寸

在工程图模式下，在功能区中选择 **注释** ➡ **参考尺寸** 命令，可以将两个草绘图元间、草绘图元与模型对象间以及模型对象本身的尺寸标注成参考尺寸。参考尺寸是草绘尺寸中的一个分支。所有的草绘参考尺寸一般都带有符号 REF，从而与其他尺寸相区别。如果配置文件选项 parenthesize_ref_dim 设置为 yes，则系统将参考尺寸放置在括号中。

注意：当标注草绘图元与模型对象间的参考尺寸时，应提前将它们关联起来。

10.5.2　创建被驱动尺寸

下面以图 10.5.1 所示的零件 body 为例，说明创建被驱动尺寸的一般操作过程。

图 10.5.1　创建被驱动尺寸

Step1. 在功能区中选择 **注释** ➡ 显示模型注释 命令，系统弹出图 10.5.2 所示的"显示模型注释"对话框；按住 Ctrl 键，在图形区选择图 10.5.1 所示的主视图和投影视图。

Step2. 在系统弹出的图 10.5.2 所示的"显示模型注释"对话框中进行下列操作。

图 10.5.2 "显示模型注释"对话框

（1）单击对话框顶部的 选项卡。

（2）选取显示类型。在对话框的 类型 下拉列表中选择 全部 选项，然后单击 按钮，如果还想显示轴线，则在对话框中单击 选项卡，然后单击 按钮。

（3）单击对话框底部的 确定 按钮。

图 10.5.2 所示的"显示模型注释"对话框中各选项卡说明如下。

: 显示模型尺寸。

: 显示模型几何公差。

: 显示模型注解。

: 显示模型表面粗糙度。

: 显示模型符号。

: 显示模型基准。

: 全部选取。

: 全部取消选取。

在进行被驱动尺寸显示操作时，请注意下面几点。

● 使用图 10.5.2 所示的"显示模型注释"对话框，不仅可以显示三维模型中的尺寸，还可以显示在三维模型中创建的几何公差、基准和表面粗糙度等。

● 如果要在工程图的等轴侧视图中显示模型的尺寸，应先将工程图设置文件

drawing.dtl 中的选项 allow_3D_dimensions 设置为 yes，然后在"显示模型注释"对话框的"显示方式"区域中选中 ⊙ 零件和视图 等单选项。

- 在工程图中，显示尺寸的位置取决于视图定向，对于模型中拉伸或旋转特征的截面尺寸，在工程图中显示在草绘平面与屏幕垂直的视图上。

- 如果用户想拭除被驱动尺寸，可以通过在"绘图树"中选中要拭除的被动尺寸并右击，在系统弹出的快捷菜单中选择 ⟋ 命令，即可将被动尺寸拭除。这里要特别注意：在拭除后，如果再次显示尺寸，各尺寸的显示位置、格式和属性（包括尺寸公差、前缀、后缀等）均恢复为上一次拭除前的状态，而不是更改以前的状态。

- 如果用户想删除被驱动尺寸，可以通过在"绘图树"中选中要删除的被动尺寸并右击，在系统弹出的快捷菜单中选择 ✕ 命令，即可将被动尺寸删除。

10.5.3 创建草绘尺寸

在 Creo 中，草绘尺寸分为一般的草绘尺寸、草绘参考尺寸和草绘坐标尺寸三种类型。它们主要用于手动标注工程图中两个草绘图元间、草绘图元与模型对象间以及模型对象本身的尺寸，坐标尺寸是一般草绘尺寸的坐标表达形式。

功能区 注释 选项中，"尺寸""参考尺寸""纵坐标尺寸"下拉选项说明如下。

- "新参考"：每次选取新的参考进行标注。
- "纵坐标尺寸"：创建单一方向的坐标表示的尺寸标注。
- "自动标注纵坐标"：在模具设计和钣金件平整形态零件上自动创建纵坐标尺寸。

➢ 因为草绘尺寸和草绘参考尺寸的创建方法一样，所以下面仅以一般的草绘尺寸为例。

下面以图 10.5.3 所示的零件模型 body 为例，说明在模型上创建草绘"新参考"尺寸的一般操作过程。

Step1. 在功能区中选择 注释 ➡ ⊢⊣尺寸 命令，系统弹出图 10.5.4 所示的"选择参考"对话框。

图 10.5.3 "新参考"尺寸标注

图 10.5.4 "选择参考"对话框

Step2. 在图 10.5.3 所示的 1 点处单击（1 点在模型的边线上），以选取该边线。

Step3. 按住 Ctrl 键，在图 10.5.3 所示的 2 点处单击（2 点在圆的弧线上），系统自动选取该圆的圆心。

Step4. 在图 10.5.3 所示的 3 点处单击鼠标中键，确定尺寸文本的位置。

Step5. 如果要继续标注，重复步骤 Step2、Step3 及 Step4；如果要结束标注，在"选择参考"对话框中选择 取消 命令。

10.5.4 尺寸的操作

从 10.5.3 节创建草绘尺寸的操作中我们会注意到，由系统自动显示的尺寸在工程图上有时会显得杂乱无章，尺寸相互遮盖，尺寸间距过松或过密，某个视图上的尺寸太多，出现重复尺寸（例如：两个半径相同的圆标注两次）。这些问题通过尺寸的操作工具都可以解决。尺寸的操作包括尺寸（包含尺寸文本）的移动、拭除和删除（仅对草绘尺寸），尺寸的切换视图，修改尺寸的数值和属性（包括尺寸公差、尺寸文本字高、尺寸文本字型）等。下面分别对它们进行介绍。

1. 移动尺寸及其尺寸文本

移动尺寸及其尺寸文本的方法：选择要移动的尺寸，当尺寸加亮后，将鼠标指针放到要移动的尺寸文本上单击，然后按住鼠标左键并移动鼠标，尺寸及尺寸文本会随着鼠标移动。移到所需的位置后，松开鼠标的左键。

2. 尺寸编辑的快捷菜单

如果要对尺寸进行其他的编辑，可以这样操作：选择要编辑的尺寸，当尺寸加亮后，将鼠标指针放到要移动的尺寸文本上单击（要移动的尺寸的各个顶点处会出现小圆圈），然后右击，此时系统会依照单击位置的不同弹出不同的快捷菜单，具体有以下几种情况。

图 10.5.5　快捷菜单

第一种情况：如果选中某尺寸后，在尺寸标注位置线或尺寸文本上右击，则系统弹出图 10.5.5 所示的快捷菜单，其各主要选项的说明如下所示。

➤ "编辑连接"

该选项的功能是修改对象的附件（修改附件）。

➤ "移动到视图"

该选项的功能是将尺寸从一个视图移动到另一个视图。操作方法：选择该选项后，接着选择要移动到的目的视图。

➤ "拭除"

选择该选项后，系统会拭除选取的尺寸（包括尺寸文本和尺寸界线），也就是使该尺寸在工程图中不显示。

尺寸"拭除"操作完成后，如果要恢复它的显示，操作方法如下。

Step1. 在绘图树中单击 ▶ 注释 前的节点。

Step2. 选中被拭除的尺寸并右击，在系统弹出的快捷菜单中选择 ⊠ 命令。

➤ "删除" ☒

该选项的功能是删除所选的特征。

➤ 切换纵坐标/线性

该选项的功能是将线性尺寸转换为纵坐标尺寸或将纵坐标尺寸转换为线性尺寸。在由线性尺寸转换为纵坐标尺寸时，需选取纵坐标基线尺寸。

➤ 修剪尺寸界线

该选项的功能是修剪尺寸界线。

➤ "反向箭头" ⊨⊨

选择该选项即可切换所选尺寸的箭头方向，如图 10.5.6 所示。

图 10.5.6　切换箭头方向

另外，选择某尺寸后，系统弹出图 10.5.7 所示的"尺寸"操控板。该功能区有"值""公差""精度""显示""尺寸文本""尺寸格式""选项"等区域，可对尺寸做相应的修改。

图 10.5.7　"尺寸"操控板

第二种情况：选中某尺寸后，在尺寸界线上右击，系统弹出图 10.5.8 所示的快捷菜单，其各主要选项的说明如下。

➤ 拭除尺寸界线

"拭除尺寸界线"命令的作用是将尺寸界线拭除（即不显示），如图 10.5.9 所示；如果要将拭除的尺寸界线恢复为显示状态，则要先选取尺寸，然后右击，并在系统弹出的快捷菜单中选取 显示尺寸界线 命令。

图 10.5.8　快捷菜单　　　　图 10.5.9　拭除与恢复尺寸界线

➤ 插入角拐

该选项的功能是创建尺寸边线的角拐，如图 10.5.10 所示。操作方法：选择该选项后，接着选择尺寸边线上的一点作为角拐点，移动鼠标，直到该点移到所希望的位置，然后再次单击，单击中键结束操作。

单击该点为角拐点

这是角拐

图 10.5.10 创建角拐

选中尺寸后，右击角拐点的位置，在系统弹出的快捷菜单中选取 删除(D) 命令，即可删除角拐。

第三种情况：选中尺寸后，在尺寸标注线的箭头上右击，系统弹出图 10.5.11 所示的快捷菜单及箭头类型，其说明如下。

➤ 箭头样式 ▶

该选项的功能是修改尺寸箭头的样式，箭头的样式可以是箭头、实心点和斜杠等，如图 10.5.12 所示，可以将尺寸箭头改成实心点，其操作方法如下。

选中图 10.5.12 所示的尺寸，然后在尺寸标注线右侧的箭头上右击，选择 箭头样式 ▶ 命令，再选择 ➡ 实心点 命令，创建结果如图 10.5.12 所示。

图 10.5.11 快捷菜单及箭头类型

图 10.5.12 箭头样式

388

3. 尺寸界线的破断

尺寸界线的破断是将尺寸界线的一部分断开，如图 10.5.13 所示；而删除破断的作用是将尺寸线断开的部分恢复。其操作方法是在工具栏中选择 **注释** ➡ ┤┠断点 命令，在要破断的尺寸界线上选择两点，"破断"即可形成；如果选择该尺寸，然后在破断的尺寸界线端点处右击，在系统弹出的快捷菜单中选取 移除断点 命令，即可将断开的部分恢复。

图 10.5.13　尺寸界线的破断及恢复

4. 清理尺寸

对于杂乱无章的尺寸，Creo 系统提供了一个强有力的整理工具，这就是"清理尺寸"。通过该工具，系统可以：

- 在尺寸界线之间居中尺寸（包括带有螺纹、直径、符号和公差等的整个文本）。
- 在尺寸界线间或尺寸界线与草绘图元交截处创建断点。
- 向模型边、视图边、轴或捕捉线的一侧放置所有尺寸。
- 反向箭头。
- 将尺寸的间距调到一致。

下面以零件模型 body 为例，说明"清理尺寸"的一般操作过程。

Step1. 在功能区中选择 **注释** ➡ 清理尺寸命令。

Step2. 此时系统提示 ➪选择要清除的视图或独立尺寸。，如图 10.5.14 所示，选择模型 body 的主视图并单击鼠标中键一次。

图 10.5.14　清理尺寸

Step3. 完成上步操作后，图 10.5.15 所示的"清理尺寸"对话框被激活。该对话框包括 放置(P) 选项卡和 修饰(C) 选项卡，其内容分别如图 10.5.15 和图 10.5.16 所示，现对其中各选项的操作进行简要介绍。

➤ 放置(P) 选项卡

● 选中"分隔尺寸"复选框后，可调整尺寸线的偏移值和增量值。

● "偏移"是设置视图轮廓线（或所选基准线）与视图中最靠近它们的某个尺寸间的距离（图 10.5.14）。输入偏移值并按 Enter 键，然后单击对话框中的 应用 按钮，可将输入的偏距值立即施加到视图中，并可看到效果。一般以"视图轮廓"为"偏移参考"，也可以选取某个基准线为参考。

● "增量"是两相邻尺寸的间距（图 10.5.14）。输入增量值并按 Enter 键，然后单击对话框中的 应用 按钮，可将输入的增量值立即施加到视图中，并可看到效果。

● 选中"创建捕捉线"复选框后，工程图中便显示捕捉线，捕捉线是表示水平或垂直尺寸位置的一组虚线。单击对话框中的 应用 按钮，可看到屏幕中立即显示这些虚线。

图 10.5.15 "放置"选项卡

图 10.5.16 "修饰"选项卡

● 选中"破断尺寸界线"复选框后，在尺寸界线与其他草绘图元相交位置处，尺寸界线会自动产生破断。

注意：正实线就是尺寸界线。

➤ 修饰(C) 选项卡

● 选中"反向箭头"复选框后，如果视图中某个尺寸的尺寸界线内放不下箭头，该尺寸的箭头会自动反向到外面。

● 选中"居中文本"复选框后，每个尺寸的文本自动居中。

● 当视图中某个尺寸的文本太长，在尺寸界线间放不下时，系统可自动将它们放到尺寸线的外部，不过应该预先在"水平"和"垂直"区域单击相应的方位按钮，告诉系统将尺寸文本移出后放在什么方位。

10.5.5 显示尺寸公差

配置文件 drawing.dtl 中的选项 tol_display 和配置文件 config.pro 中的选项 tol_mode 与工程图中的尺寸公差有关，如果要在工程图中显示和处理尺寸公差，必须先配置这两个选项。

（1）tol_display 选项。

① 该选项控制尺寸公差的显示。

② 如果设置为 yes，则尺寸标注显示公差。

③ 如果设置为 no，则尺寸标注不显示公差。

（2）tol_mode 选项。

该选项控制尺寸公差的显示形式。

如果设置为 nominal，则尺寸只显示名义值，不显示公差。

如果设置为 limits，则公差尺寸显示为上限和下限。

如果设置为 plusminus，则公差值为正负值，正值和负值是独立的。

如果设置为 plusminussym，则公差值为正负值，正负公差的值用一个值表示。

10.6 创建注释文本

10.6.1 注释菜单简介

在功能区中选择 **注释** ➡ **A≡ 注解** ▾ 命令，系统弹出图 10.6.1 所示的"注解类型"菜单。在该菜单下，可以创建用户所要求的属性的注释，例如注释可连接到模型的一个或多个边上，也可以是"独立"的。

图 10.6.1　"注解类型"菜单

10.6.2　创建无方向指引注释

下面以图 10.6.2 所示的注释为例，说明创建无方向指引注释的一般操作过程。

Step1. 将工作目录设置至 D:\creo6.1\work\ch10.06，打开文件 drw_datum.drw。

Step2. 在功能区中选择 **注释** ➡ A≣ 注解▾ ➡ A≣ 独立注解 命令。

Step3. 在系统弹出的图 10.6.3 所示的"选择点"对话框中选取 ⬚ 命令，并在屏幕选择一点作为注释的放置点。

Step4. 输入"技术要求"，在图纸的空白处单击两次，退出注释的输入。

Step5. 在功能区中选择 **注释** ➡ A≣ 注解▾ ➡ A≣ 独立注解 命令，在注释"技术要求"下面选择一点。

Step6. 输入"1. 未注圆角 R3"，按 Enter 键，然后输入"2. 未注倒角 1×45°"，在图纸的空白处单击两次，退出注释的输入。

Step7. 调整注释中的文本——"技术要求"的位置和大小。

技术要求

1. 未注圆角R3
2. 未注倒角 1×45°

图 10.6.2　无方向指引的注释

图 10.6.3　"选择点"对话框

10.6.3　创建有方向指引注释

下面以图 10.6.4 中的注释为例，说明创建有方向指引注释的一般操作过程。

Step1. 在功能区中选择 **注释** ➡ A≣ 注解▾ ➡ ✓A 引线注解 命令。

Step2. 定义注释导引线的起始点。选择注释导引线的起始点，如图 10.6.4 所示。

Step3. 定义注释文本的位置。在屏幕中将注释移至合适的位置，如图 10.6.4 所示，然后单击鼠标中键确定位置。

图 10.6.4　有方向指引的注释

Step4. 输入"此孔需铰削加工",在图纸的空白处单击两次,退出注释的输入。

10.6.4 注释的编辑

双击要编辑的注释,此时系统弹出图 10.6.5 所示的"格式"选项卡。在该选项卡中可以修改注释样式、文本样式及格式样式。

图 10.6.5 "格式"选项卡

10.7 工程图基准

10.7.1 创建基准

下面将在模型 body 的工程图中创建图 10.7.1 所示的基准 P,以此说明在工程图模块中创建基准的一般操作过程。

图 10.7.1 创建基准

Step1. 在功能区中选择 **注释** ➡ **基准特征符号** 命令。

Step2. 在系统的提示下选择图 10.7.1 所示的端面边线,然后单击鼠标中键;此时系统弹出图 10.7.2 所示的"基准特征"选项卡。

图 10.7.2 "基准特征"选项卡

Step3. 在"基准特征"选项卡的"标签"文本栏中输入基准名 P,然后按 Enter 键。

Step4. 将基准符号移至合适的位置,然后在图纸空白处单击完成操作。

10.7.2　基准的拭除与删除

拭除基准的真正含义是在工程图环境中不显示基准符号，同尺寸的拭除一样；而基准的删除是将其从模型中真正完全地去除。

10.8　标注几何公差

下面在模型 down_base 的工程图中创建几何公差，以此说明在工程图模块中创建几何公差的一般操作过程，如图 10.8.1 所示。

图 10.8.1　标注几何公差

Step1.　首先将工作目录设置至 D:\creo6.1\work\ch10.08，打开文件 down_base.drw。

Step2.　在功能区中选择 **注释** ➡ **几何公差** 命令。

Step3.　选取图 10.8.1 所示的边线。

Step4.　定义放置位置。调整合适的放置位置并单击鼠标中键，系统弹出图 10.8.2 所示的"几何公差"选项卡。

图 10.8.2　"几何公差"选项卡

Step5.　定义公差类型。在"几何公差"选项卡 **符号** 区域的 **几何特性** 下拉列表中选择 // **平行度** 选项。

Step6.　设置公差值。在 **公差和基准** 区域的 文本框中输入公差数值 0.02。

Step7.　定义参考。在 **公差和基准** 区域的 文本框中输入基准字母 A，并按 Enter 键。

Step8.　在图纸空白处单击，完成几何公差的标注，结果如图 10.8.1 所示。

10.9 Creo 软件的打印出图

10.9.1 概述

打印出图是 CAD 工程设计中必不可少的一个环节。在 Creo 软件中，无论是在零件（Part）模式、装配（Assembly）模式还是在工程图（Drawing）模式下，都可以在功能区中选择 **文件** ➡ **打印(T)** ➡ **打印(R) 打印活动对象** 命令，进行打印出图操作。

Creo 的打印出图应注意以下一些事项。

（1）打印操作前，应该对 Creo 的系统配置文件（config.pro）进行必要的打印选项设置。

（2）在选用打印机时应注意：

- 在工程图（Drawing）模式下，要打印出图，一般选择系统打印机（MS Printer Maganer）。

- 在零件（Part）模式、装配（Assembly）模式下，如果模型是线框状态（即当显示方式按钮 ⊞、⊞ 或 ⊡ 被按下时），打印出图时，一般选择系统打印机；如果模型是着色状态（即当显示方式按钮 ▣ 被按下时），不能选择系统打印机，一般可以选择 **Generic Color Postscript** 命令。

（3）隐藏线在屏幕上显示为灰色，在打印输出到图纸上时为虚线。

10.9.2 工程图打印区域

在功能区中选择 **文件** ➡ **打印(T)** ➡ **打印(R) 打印活动对象** 命令，系统会弹出"打印"选项区域，如图 10.9.1 所示。利用"工程图打印"命令可以方便用户去观察即将打印的工程图文件，说明如下。

图 10.9.1 "打印"选项区域

- 纸张：用于设置打印纸张的"尺寸""单位""标签"等。
- 设计：用于设置打印纸张的比例。
- 显示：用于设置打印纸上偏移，可在"偏移"区域输入 X、Y 的偏距值进行调试。

● 模型：用于设置打印类型以及打印质量等。

● 创建预览：在该选项区域中单击 预览 按钮，此时视图窗口中显示出要打印的工程

图文件。

● 关闭预览：在"打印"选项区域中单击 关闭打印预览 按钮，此时系统返回到要打印的工

程图文件视图当中。

10.9.3 工程图打印步骤

下面以一张工程图为例，说明打印的一般操作过程。本例操作的有关说明和要求如下。

● 这是一张 A2 幅面的工程图。

● 要求打印在 A4 幅面的纸上。

● 打印设备为 HP 打印机，型号为 HP LaserJet 6L。

Step1. 将工作目录设置至 D:\creo6.1\work\ch10.09，打开文件 drw_dim.drw。

Step2. 在功能区中选择 文件 ➡ 打印(P) ➡ 打印(P) 打印活动对象. 命令，系统弹出

图 10.9.1 所示的"打印"选项区域，在该区域中单击 设置 按钮。

Step3. 在系统弹出的图 10.9.2 所示的"打印机配置"对话框中进行下列操作。

图 10.9.2 "打印机配置"对话框

（1）单击"打印机配置"对话框中 打印机 右侧的 按钮，然后选择 MS Printer Manager 命令。

（2）在"页面"区域，选用系统默认的 ◉ 当前 单选项。

（3）在"份数"区域，无须进行操作。

（4）在"绘图仪命令"区域，无须进行操作。

（5）单击"打印机配置"对话框中的 确定 按钮。

图 10.9.2 所示的"打印机配置"对话框中部分选项说明如下。

● "页面"：如果一个模型的工程图分多个页面，可控制打印哪些页面。

● "全部"：打印所有页面。

● "当前"：打印当前页面，本例打印操作采用此默认选项。

● "范围"：给出页面编号的范围，进行打印。

● "份数"：用来指定要打印的份数，可打印多达 99 份。

● "绘图仪命令"：用来输入操作系统的出图命令（可从系统管理员或工作站的操作系统手册获得此命令），或者使用默认命令。

（6）单击图 10.9.1 所示的"打印"选项区域 纸张 中的 ⌐ ，系统弹出图 10.9.3 所示的"纸张"对话框；在"尺寸"区域选择 A4 幅面的打印纸，然后单击 确定 按钮。

图 10.9.3　"纸张"对话框

Step4. 在图 10.9.1 所示的"打印"选项区域中单击 打印 按钮，系统弹出图 10.9.4 所示的"打印"对话框；单击该对话框中"名称（N）"后的箭头，选择合适的打印设备，然后单击 确定 按钮，即可进行打印。

图 10.9.4　"打印"对话框

10.10　工程图制作范例

按照下面的操作要求，创建图 10.10.1 所示的零件工程图。

注意：创建工程图前，需正确配置 Creo 软件的工程图环境，配置方法参见 10.2 节。

图 10.10.1　零件工程图范例

Task1．设置工作目录和打开三维零件模型

将工作目录设置至 D:\creo6.1\work\ch10.10，打开文件 spd1.prt。

Task2．新建工程图

Step1．选取"新建"命令。在工具栏中单击"新建"按钮 。

Step2. 选取文件类型，输入文件名，取消使用默认模板。在系统弹出的"新建"对话框中进行下列操作。

（1）选中 **类型** 选项组中的 ◉ 🖻 **绘图** 单选项。

注意：这里不要将"草绘"和"绘图"两个概念相混淆。

（2）在 **文件名:** 文本框中输入工程图的文件名，例如 spd1。

（3）取消 ☑ **使用默认模板** 复选框中的"√"号，不使用默认的模板。

（4）单击该对话框中的 **确定** 按钮。

Step3. 选取适当的工程图模板或图框格式。在系统弹出的"新建绘图"对话框中进行下列操作。

（1）在 **指定模板** 选项组中选中 ◉ **格式为空** 单选项；在 **格式** 选项组中单击 **浏览...** 按钮；在"打开"对话框中选取 gb_a3.frm 格式文件（D:\creo6.1\work\ch10.10），并将其打开。

（2）在"新建绘图"对话框中单击 **确定(O)** 按钮。完成这一步操作后，系统立即进入工程图模式（环境）。

Task3. 创建图 10.10.1 所示的主视图

Step1. 在零件模式下，确定主视图方位。

（1）切换窗口。在功能区中选择 **视图** ➡ **窗口** ➡ 1 SPD1.PRT 命令。

（2）在功能区中选择 **视图** ➡ **已保存方向▼** ➡ 🗘 **重定向** 命令，系统弹出图 10.10.2 所示的"视图"对话框。

图 10.10.2 "视图"对话框

（3）在"视图"对话框的 类型 下拉列表中选择 按参考定向 。

（4）确定参考1的放置方位。

① 采用默认的方位 前 作为参考1的方位。

② 选取图 10.10.3a 所示的模型的表面1作为参考1。

（5）确定参考2的放置方位。

① 在下拉列表中选择 上 作为参考2的方位。

② 选取图 10.10.3a 所示的模型的表面2作为参考2，此时系统立即按照两个参考所定义的方位重新对模型进行定向。

表面1

表面2

a）定向前   b）定向后

图 10.10.3   模型的定向

（6）完成模型的定向后，将其保存起来以便下次能方便地调用。保存视图的方法是，在 视图名称: 文本框中输入视图名称 V1，然后单击对话框中的 🖫 按钮。

（7）在"视图"对话框中单击 确定 按钮。

Step2. 在工程图模式下，创建主视图。

（1）在功能区中选择 视图 ➡ 窗口 ➡ 2 SPD1.DRW:1 命令。

（2）使用命令。在绘图区中右击，在系统弹出的快捷菜单中选择 普通视图(E) 命令。

注意：在选择 普通视图(E) 命令后，系统会弹出"选择组合状态"对话框，选中 ☑ 对于组合状态不提示 复选框，单击 确定(O) 按钮即可，不影响后续的操作。

（3）在系统 ⇨ 选择绘图视图的中心点. 的提示下，在屏幕图形区选择一点，系统弹出图 10.10.4 所示的"绘图视图"对话框（一）。

（4）选择"类别"选项组中的"视图类型"选项，在图 10.10.4 所示的对话框中找到视图名称 V1，然后单击 应用 按钮，则系统即按 V1 的方位定向视图。

（5）选择"类别"选项组中的"比例"选项，在图 10.10.5 所示的对话框中选中 ● 自定义比例 单选项，然后在后面的文本框中输入比例值 1.000，最后单击 应用 ➡ 取消 按钮。

图 10.10.4 "绘图视图"对话框（一）

图 10.10.5 "绘图视图"对话框（二）

Task4. 创建俯视图

Step1. 在功能区中选择 视图 ➡ 显示样式 ➡ 隐藏线 命令，将模型的显示状态切换到隐藏线线框显示方式。

Step2. 选择图 10.10.6 所示的主视图，然后右击，在系统弹出的快捷菜单中选择命令。

Step3. 在系统 选择绘图视图的中心点 的提示下，在图形区的主视图的下部任意选择一点，系统自动创建俯视图，如图 10.10.6 所示。

Task5. 创建左视图

Step1. 选择图 10.10.7 中的主视图，然后右击，在系统弹出的快捷菜单中选择命令。

Step2. 在系统 选择绘图视图的中心点 的提示下，在图形区主视图的右侧任意选择一点，系统自动创建左视图。

图 10.10.6　创建俯视图

图 10.10.7　创建左视图

Task6．创建轴测图

Step1．在零件模式下，确定轴测图方位。

（1）切换窗口。在功能区中选择 视图 ➡ 窗口 ➡ 1 SPD1.PRT 命令。

（2）拖动鼠标中键，将模型调整到图 10.10.8 所示的视图方位。

（3）在功能区中选择 视图 ➡ 已保存方向 ▾ ➡ 重定向 命令，系统弹出"视图"对话框。

（4）在"视图"对话框的 类型 下拉列表中选择 按参考定向。

（5）在"视图"对话框的 视图名称: 文本框中输入视图名称 V2，然后单击 按钮。

（6）在对话框中单击 确定 按钮。

Step2．在工程图模式下，创建轴测图。

（1）在功能区中选择 视图 ➡ 窗口 ➡ 2 SPD1.DRW:1 命令。

（2）在绘图区中右击，在该快捷菜单中选择 普通视图(E) 命令。

（3）在系统 选择绘图视图的中心点。 的提示下，在屏幕图形区选择一点。在系统弹出的"绘图视图"对话框中找到视图名称 V2，然后单击 确定 按钮，则系统按照 V2 的方位定向视图。

Task7．调整视图的位置

在创建完视图后，如果它们在图纸上的位置不合适、视图间距太紧或太松，用户可以移动视图，操作方法是：

Step1．取消"锁定视图移动"功能。选中某一视图右击，系统弹出图 10.10.9 所示的快捷菜单，选择该菜单中的 锁定视图移动 命令，将视图移动功能解除锁定。

Step2．移动视图的位置。

（1）移动主视图的位置。先单击图 10.10.10 所示的主视图，然后拖动鼠标将主视图移动到合适的位置，子视图（俯视图和左视图）同时也随其移动。

图 10.10.8　V2 视图方位　　　图 10.10.9　快捷菜单　　　图 10.10.10　调整视图的位置

（2）移动左视图的位置。单击图 10.10.10 所示的左视图，然后用鼠标左右拖移视图。

（3）移动俯视图的位置。单击图 10.10.10 所示的俯视图，然后用鼠标上下拖移视图。

（4）移动轴测图的位置。单击图 10.10.10 所示的轴测图，然后拖动鼠标将轴测图移动到合适的位置。

Task8. 显示尺寸及中心线

Step1. 在功能区中单击 **注释** 选项卡，然后选中图 10.10.10 所示的主视图并右击，在系统弹出的图 10.10.11 所示的快捷菜单中选择 命令，系统弹出图 10.10.12 所示的"显示模型注释"对话框。

Step2. 在"显示模型注释"对话框中进行下列操作。

（1）单击对话框顶部的 选项卡。

（2）选取显示类型。在对话框的 **类型** 下拉列表中选择 **全部** 选项，单击 按钮；在对话框中单击 选项卡，单击 按钮。

（3）单击对话框底部的 **确定** 按钮，结果如图 10.10.13 所示。

图 10.10.11　快捷菜单

图 10.10.12　"显示模型注释"对话框

Task9. 调整尺寸的位置

Step1. 清理尺寸（图 10.10.14）。

（1）在功能区中选择 **注释** ➡ ≡ 清理尺寸命令。

（2）此时系统提示 ⇨ 选择要清除的视图或独立尺寸，选择主视图并单击鼠标中键一次。

（3）完成上步操作后，"清理尺寸"对话框被激活，该对话框有 **放置(P)** 选项卡和 **修饰(C)** 选项卡，这两个选项卡的内容设置分别如图 10.10.15 和图 10.10.16 所示，并取消选中□ **创建捕捉线** 复选框。

（4）在"清理尺寸"对话框中单击 **应用(A)** 按钮，然后单击 **关闭** 按钮，结果如图 10.10.14 所示。

图 10.10.13　显示尺寸及中心线

图 10.10.14　清理尺寸

图 10.10.15　"清理尺寸"对话框（一）

图 10.10.16　"清理尺寸"对话框（二）

Step2. 按照同样的方法在俯视图和左视图上创建的模型注释如图 10.10.17 和图 10.10.18 所示。

图 10.10.17　显示尺寸及中心线

图 10.10.18　显示中心线

Step3. 将尺寸移动到其他视图。

（1）按住 Ctrl 键，在主视图中依次选取尺寸 30（水平尺寸）、ø9、R4、40、1.5 和 15（右侧尺寸），然后在任意一选中的尺寸上右击。

（2）在系统弹出的图 10.10.19 所示的快捷菜单中选择 命令。

（3）选择俯视图作为放置视图，结果如图 10.10.20 所示。

图 10.10.19　快捷菜单

图 10.10.20　移动尺寸

Step4. 参考 Step3 的方法和步骤，将主视图中的尺寸 30、ø12 和俯视图上的尺寸 13 移动到左视图，结果如图 10.10.21 所示。

图 10.10.21　移动尺寸

Step5. 调整主视图中各尺寸的位置。

（1）在图 10.10.22a 所示的图形中单击尺寸"10"，然后拖动鼠标将该尺寸拖到位置 A，松开鼠标。

图 10.10.22　调整主视图中各尺寸的位置

（2）用相同的方法调整其余尺寸的位置。

Step6. 调整俯视图中各尺寸的位置（图 10.10.23）。

Step7. 调整左视图中各尺寸的位置（图 10.10.24）。

Task10. 编辑尺寸

Step1. 在图 10.10.25a 所示的图形中单击要编辑的尺寸，系统弹出"尺寸"选项卡。

图 10.10.23　调整俯视图中各尺寸的位置

图 10.10.24　调整左视图中各尺寸的位置

图 10.10.25　编辑尺寸

Step2. 在"尺寸"选项卡中单击尺寸文本选项,然后在"前缀"文本框中输入尺寸的前缀 2-,最后在图纸空白处单击即可。

Task11. 添加尺寸公差

Step1. 在图 10.10.26a 所示的图形中单击要编辑的尺寸,系统弹出图 10.10.27 所示的"尺寸"选项卡。

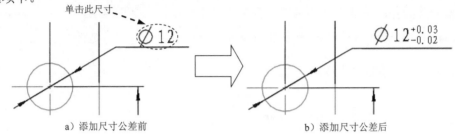

a)添加尺寸公差前   b)添加尺寸公差后

图 10.10.26 添加尺寸公差

图 10.10.27 "尺寸"选项卡

Step2. 设置各项参数。

(1)在"公差"区域的"公差"下拉菜单中选择 ^{+0.2}_{-0.1} 正负 。

(2)在"公差"区域的"公差表"下拉菜单中选择 无 。

(3)在"精度"区域的"小数位数"下拉菜单中选择 0.12 。

(4)在"公差"区域的"上公差"文本框中输入值 0.03。

(5)在"公差"区域的"下公差"文本框中输入值 0.02。

Task12. 添加基准

Step1. 在功能区中选择 注释 ➡ 基准特征符号 命令。

Step2. 在系统的提示下选择图 10.10.28a 所示的边线,然后单击鼠标中键;此时系统弹出图 10.10.29 所示的"基准特征"选项卡。

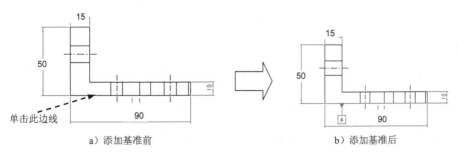

单击此边线

a)添加基准前   b)添加基准后

图 10.10.28 添加基准

图 10.10.29　"基准特征"选项卡

Step3. 在"基准特征"选项卡的"标签"文本栏中输入基准名 A，然后按 Enter 键。

Step4. 在图纸空白处单击，然后将基准符号移至合适的位置，如图 10.10.28b 所示。

Task13. 添加几何公差

Step1. 在功能区中选择 注释 ➡ 几何公差 命令。

Step2. 选取图 10.10.30 所示的边线。

图 10.10.30　选取边线

Step3. 定义放置位置。调整合适的放置位置并单击鼠标中键，系统弹出图 10.10.31 所示的"几何公差"选项卡。

图 10.10.31　"几何公差"选项卡

Step4. 定义公差类型。在"几何公差"选项卡 符号 区域的 几何特性 下拉列表中选择 ⊥ 垂直度 选项。

Step5. 设置公差值。在 公差和基准 区域的 文本框中输入公差数值 0.01。

Step6. 定义参考。在 公差和基准 区域的 文本框中输入基准字母 A，并按 Enter 键。

Step7. 在图纸空白处单击，完成几何公差的标注。

Task14. 添加图 10.10.32 所示的注释（技术要求）

Step1. 在功能区中选择 注释 ➡ 注解 ➡ 独立注解 命令。

Step2. 在系统弹出的"选择点"对话框中选取 命令，选择一点作为注释的放置点。

Step3. 输入"技术要求"，在图纸的空白处单击两次，退出注释的输入。

Step4. 在功能区中选择 **注释** ➡ A≣ 注解 ▾ ➡ A≣ 独立注解 命令，在注释"技术要求"下面选择一点。

Step5. 输入"1. 未注倒角 0.5×45°"，按 Enter 键，输入"2. 未注圆角 R2"，在图纸的空白处单击两次，退出注释的输入。

Step6. 调整注释中的文本——"技术要求"的位置、大小。

技术要求
1. 未注倒角0.5×45°
2. 未注圆角R2

图 10.10.32　添加注释

10.11　习　　题

将工作目录设置至 D:\creo6.1\work\ch10.11，打开零件模型文件 spd2.prt，然后创建该模型的工程图，如图 10.11.1 所示。

图 10.11.1　创建模型工程图练习

学习拓展：扫码学习更多视频讲解。

讲解内容：工程图设计实例精选。讲解了一些典型的工程图设计案例，包括工程图设计中视图创建、尺寸、基准和几何公差标注的操作技巧等内容。

第 **11** 章 钣 金 设 计

在机械设计中，钣金件设计占很大的比例。钣金具有重量轻、强度高、导电（能够用于电磁屏蔽）、成本低、大规模量产性能好等特点。目前在电子电器、通信、汽车工业、医疗器械等领域得到了广泛应用，例如在计算机机箱、手机中，钣金是必不可少的组成部分。随着钣金的应用越来越广泛，钣金件的设计变成了产品开发过程中很重要的一环，机械工程师必须熟练掌握钣金件的设计技巧，使得设计的钣金既满足产品的功能和外观等要求，又能使得冲压模具制造简单、成本低。本章将介绍 Creo 钣金设计的基本知识，包括以下内容：

- 钣金设计概述。
- 创建钣金壁。
- 钣金的折弯。
- 钣金的展平。
- 钣金成形特征。
- 钣金综合范例。

11.1 钣金设计概述

钣金件一般是指具有均一厚度的金属薄板零件。机电设备的支撑结构（如电器控制柜）、护盖（如机床的外围护罩）等一般都是钣金件。与实体零件模型一样，钣金件模型的各种结构也是以特征的形式创建的，但钣金件的设计也有自己独特的规律。使用 Creo 软件创建钣金件的过程大致如下。

Step1. 通过新建一个钣金件模型，进入钣金设计环境。

Step2. 以钣金件所支持或保护的内部零部件大小和形状为基础，创建第一钣金壁（主要钣金壁）。例如：设计机床床身护罩时，先要按床身的形状和尺寸创建第一钣金壁。

Step3. 添加附加钣金壁。在第一钣金壁创建之后，往往需要在其基础上添加另外的钣金壁，即附加钣金壁。

Step4. 在钣金模型中，还可以随时添加一些实体特征，如实体切削特征、孔特征、圆角特征和倒角特征等。

Step5. 创建钣金冲孔（Punch）和切口（Notch）特征，为钣金的折弯做准备。

Step6. 进行钣金的折弯（Bend）。

Step7. 进行钣金的展平（Unbend）。

Step8. 创建钣金件的工程图。

11.2 创建钣金壁

11.2.1 钣金壁概述

钣金壁（Wall）是指厚度一致的薄板，它是一个钣金零件的"基础"，其他的钣金特征（如冲孔、成形、折弯、切割等）都要在这个"基础"上构建，因而钣金壁是钣金件最重要的部分。在 Creo 系统中，用户创建的第一个钣金壁特征称为第一钣金壁（First Wall），之后在第一钣金壁外部创建的其他钣金壁均称为分离的钣金壁（Unattached Wall）。

11.2.2 创建第一钣金壁

第一钣金壁和分离的钣金壁的创建均使用 形状 ▼ 选项卡中的命令（图 11.2.1），使用这些命令创建第一钣金壁的原理和方法与创建相应类型的曲面特征极为相似。另外单击 模型 功能选项卡 形状 ▼ 区域中的"拉伸"按钮 拉伸，可创建拉伸类型的第一钣金壁。

图 11.2.1 "形状"选项卡

1. 拉伸类型的第一钣金壁

在以拉伸（Extrude）的方式创建第一钣金壁时，需要先绘制钣金壁的侧面轮廓草图，然后给定钣金厚度值和拉伸深度值，则系统将轮廓草图延伸至指定的深度，形成薄壁实体，如图 11.2.2 所示，其详细操作步骤说明如下。

图 11.2.2　第一钣金壁

Step1. 新建零件模型。选择下拉菜单 文件 ➡ 新建(N) 命令，系统弹出"新建"对话框，在 类型 选项组中选中 ⊙ □ 零件 单选项，在 子类型 选项组中选中 ⊙ 钣金件 单选项，在 文件名 文本框中输入文件名称 extrude_wall；取消选中 □ 使用默认模板 复选框，单击 确定 按钮，在系统弹出的"新文件选项"对话框的 模板 选项组中选择 mmns_part_sheetmetal 模板，单击 确定 按钮，系统进入钣金设计环境。

Step2. 选取命令。单击 模型 功能选项卡 形状 ▼ 区域中的"拉伸"按钮 ⬚ 拉伸。

Step3. 选取拉伸特征的类型。在选择 ⬚ 拉伸 命令后，屏幕上方会出现"拉伸"操控板。在操控板中单击实体特征类型按钮 □（系统默认情况下，此按钮为按下状态）。

Step4. 定义草绘截面放置属性。

（1）在绘图区中右击，从系统弹出的快捷菜单中选择 定义内部草绘… 命令，此时系统弹出 "草绘"对话框。

说明：也可以在操控板中单击 放置 按钮，然后在系统弹出的界面中单击 定义… 按钮。

（2）定义草绘平面。选取 RIGHT 基准平面作为草绘平面。

（3）草绘平面的定向。

① 指定草绘平面的参考平面。先在"草绘"对话框的"参考"文本框中单击，再单击图形区中的 FRONT 基准平面。

② 指定参考平面的方向。单击对话框中 方向 后面的按钮 ▼，在系统弹出的列表中选择 下 选项。

（4）单击对话框中的 草绘 按钮。这时系统进行草绘平面的定向。现在草绘平面与屏幕平行放置，并且 FRONT 基准平面橘黄色的一侧面朝向屏幕的底部。至此系统就进入了截面的草绘环境。

Step5. 创建特征的截面草绘图形。拉伸特征的截面草绘图形如图 11.2.3 所示，创建特征截面草绘图形的步骤如下。

（1）定义草绘参考。在进入 Creo 6.0 的草绘环境后，系统会自动为草图的绘制和标注选取足够的参考（如本例系统默认选取了 TOP 和 FRONT 基准平面作为草绘参考），所以系统不再自动打开"参考"对话框，在此不进行操作。

（2）创建截面草图。绘制并标注图 11.2.3 所示的截面草图。完成绘制后，单击"草绘"工具栏中的"确定"按钮 ✓。

Step6. 定义拉伸深度及厚度并完成基础特征。

（1）选取深度类型并输入其深度值。在操控板中选取深度类型 ⬜（即"定值拉伸"），再在"深度"文本框 216.5 ▼ 中输入深度值 30，并按 Enter 键。

（2）选择加厚方向（钣金材料侧）并输入其厚度值。接受图 11.2.4 中的箭头方向为钣金加厚的方向。在薄壁特征类型图标 ⬜ 后面的文本框中输入钣金壁的厚度值 3.0，并按 Enter 键。

（3）特征的所有要素定义完毕后，可以单击操控板中的"预览"按钮 ∞，预览所创建的特征，以检查各要素的定义是否正确。预览时，可按住鼠标中键进行旋转查看，如果所创建的特征不符合设计意图，可选择操控板中的相关项，重新定义。

（4）预览完成后，单击操控板中的"确定"按钮 ✓，才能最终完成特征的创建。

注意：将模型切换到线框显示状态（即按下工具栏按钮 ⬜、⬜ 或 ⬜），可看到钣金件的两个表面的边线分别显示为白色和绿色（图 11.2.5）。在操控板中单击"切换材料侧"按钮 ⬜（图 11.2.6），可改变白色面和绿色面的朝向。由于钣金都较薄，这种颜色的区分有利于用户查看和操作。

图 11.2.3 截面草图　　　　图 11.2.4 深度方向和加厚方向　　　图 11.2.5 切换到线框显示状态

图 11.2.6 切换材料侧按钮的位置

2. 平面类型的第一钣金壁

平面（Flat）钣金壁是一个平整的薄板（图 11.2.7），在创建这类钣金壁时，需要先绘制钣金壁的正面轮廓草图（必须为封闭的线条），然后给定钣金厚度值即可。

注意：创建拉伸钣金壁与平面钣金壁时最大的不同在于，拉伸钣金壁的轮廓草图不一定要封闭；平面钣金壁的轮廓草图则必须封闭。

详细操作步骤说明如下。

Step1. 新建一个钣金件模型，将其命名为 flat1_wall，选用 mmns_part_sheetmetal 模板。

Step2. 单击 模型 功能选项卡 形状 ▾ 区域中的"平面"按钮 ⬀ 平面，系统弹出图11.2.8 所示的"平面"操控板。

Step3. 定义草绘平面。右击，选择 定义内部草绘... 命令；选择 TOP 基准平面作为草绘面，选取 RIGHT 基准平面作为参考平面，方向为 右；单击 草绘 按钮。

Step4. 绘制截面草图。绘制图 11.2.9 所示的截面草图，完成绘制后，单击"确定"按钮 ✓。

图 11.2.7 平面
类型的第一钣金壁

图 11.2.8 "平面"操控板

图 11.2.9 截面草图

Step5. 在操控板的"钣金壁厚"文本框中输入钣金壁厚值3.0，并按 Enter 键。

Step6. 单击操控板中的"预览"按钮 ∞，预览所创建的平面钣金壁特征，然后单击操控板中的"确定"按钮 ✓，完成创建。

Step7. 保存零件模型文件。

11.2.3 创建附加钣金壁

在创建了第一钣金壁后，在 模型 功能选项卡的 形状 ▾ 区域中还提供了 、 两种创建附加钣金壁的方法。

11.2.4 平整附加钣金壁

平整（Flat）附加钣金壁是一种正面平整的钣金薄壁，其壁厚与主钣金壁相同。

1．选择平整附加壁命令的方法

单击 模型 功能选项卡 形状 ▾ 区域中的"平整"按钮 。

2．创建平整附加壁的一般过程

在创建平整类型的附加钣金壁时，需先在现有的钣金壁（主钣金壁）上选取某条边线作为附加钣金壁的附着边；其次需要定义平整壁的正面形状和尺寸，给出平整壁与主钣金壁间的夹角。下面以图 11.2.10 为例，说明平整附加钣金壁的一般创建过程。

图 11.2.10　带圆角的"平整"附加钣金壁

Step1. 将工作目录设置为 D:\creo6.1\work\ch11.02，打开文件 add_flat1_wall.prt。

Step2. 单击 模型 功能选项卡 形状 ▾ 区域中的 按钮，系统弹出操控板。

Step3. 选取附着边。在系统 选择一个边连到壁上 的提示下，选取图 11.2.11 所示的模型边线为附着边。

Step4. 定义平整壁的形状。在操控板中选取形状类型为 矩形 。

Step5. 定义平整壁与主钣金壁间的夹角。在操控板 图标后面的文本框中输入角度值 75。

Step6. 定义折弯半径。确认按钮 （在附着边上使用或取消折弯圆角）被按下，然后在后面的文本框中输入折弯半径值 3，折弯半径所在侧为 （内侧，即标注折弯的内侧曲面的半径），此时模型如图 11.2.12b 所示。

图 11.2.11　定义附着边　　　　　　图 11.2.12　定义折弯

Step7. 定义平整壁正面形状的尺寸。单击操控板中的 形状 按钮，在系统弹出的界面中分别输入值 0.0、15.0、0.0，并分别按 Enter 键。

Step8. 在操控板中单击 按钮，预览所创建的特征；确认无误后，单击"确定"按钮。

3. 平整操控板各项说明

在平整操控板的"形状"下拉列表中可设置平整壁的正面形状。

矩形 ：创建矩形的平整附加壁，如图 11.2.13a 所示。

梯形 ：创建梯形的平整附加壁，如图 11.2.13b 所示。

L ：创建 L 形的平整附加壁，如图 11.2.13c 所示。

T : 创建 T 形的平整附加壁，如图 11.2.13d 所示。

用户定义 : 创建自定义形状的平整附加壁，如图 11.2.13e 所示。

a）矩形的平整附加壁　　b）梯形的平整附加壁　　c）L 形的平整附加壁　　d）T 形的平整附加壁　　e）用户自定义形状的平整附加壁

图 11.2.13　平整附加壁的正面形状

在操控板的 按钮后面的下拉文本框中（图 11.2.14）可以输入或选择折弯角度的值。几种折弯角度如图 11.2.15 所示。

图 11.2.14　"平整"操控板

a）薄壁角的值为 30°　　b）薄壁角的值为 90°　　c）薄壁角为"平整"

图 11.2.15　设置折弯角度

单击操控板中的 按钮，可切换附加壁厚度的方向（图 11.2.16）。

a）反向前　　　　　　　b）反向后

图 11.2.16　设置厚度的方向

单击操控板中的 按钮，可使用或取消折弯半径。

在图 11.2.17 所示的文本框中可设置折弯半径。

图 11.2.17　设置折弯半径

在图 11.2.18 所示的列表框中可设置折弯半径标注于折弯外侧或内侧。选择 ⌐ 项，则折弯半径标注于折弯外侧（这时折弯半径值为外侧圆弧的半径值，如图 11.2.19 所示）；选择 ⌐ 项，则折弯半径标注于折弯内侧（这时折弯半径值为内侧圆弧的半径值，如图 11.2.20 所示）。

图 11.2.18 设置折弯半径的侧

单击操控板中的 放置 按钮，系统弹出图 11.2.21 所示的界面，通过该界面可重新定义平整壁的附着边。

图 11.2.19 折弯半径标注于折弯外侧 图 11.2.20 折弯半径标注于折弯内侧 图 11.2.21 "放置"界面

形状 按钮：用于设置平整壁的正面形状的尺寸。选择不同的形状，单击 形状 按钮会出现不同的图形界面。例如：当选择 矩形 形状时，其 形状 界面如图 11.2.22 所示。

图 11.2.22 "形状"界面

偏移 按钮：相对于附着边，将平整壁偏移一段距离。在前面的例子中，如果在 偏移 界面中将偏移值设为 4（图 11.2.23b），则平整壁向下偏移 4mm（图 11.2.24b）。

注意：如果在"折弯角度"下拉列表中选择"平整"项（图 11.2.25），则 **偏移** 按钮为灰色，此时该按钮不起作用。

a）没有设置偏移   b）设置了偏移

图 11.2.23   "偏移"界面

a）没有设置偏移   b）设置了偏移

图 11.2.24   平整壁的偏移

图 11.2.25   角度为"平整"

止裂槽：用于设置止裂槽。

折弯余量：用于设置钣金折弯时的弯曲系数，以便准确计算折弯展开长度。**折弯余量** 界面如图 11.2.26 所示。

属性：用于该界面可显示特征的特性，包括特征的名称及各项特征信息（例如钣金的厚度），如图 11.2.27 所示。

图 11.2.26   "折弯余量"界面   图 11.2.27   "属性"界面

单击此按钮可查看更多的信息

4．自定义形状的平整附加钣金壁

从操控板的"形状"下拉列表中选择 **用户定义** 选项，用户可以自由定义平整壁的正面形状。在绘制平整壁正面形状草图时，系统会默认附着边的两个端点为草绘参考，用户还应选取附着边为草绘参考，草图的起点与终点都需位于附着边上（即与附着边对齐），草图应为开放形式（即不需在附着边上创建草绘线以封闭草图）。下面以图 11.2.28 为例，说明自定义形状的平整壁的一般创建过程。

平整附加薄壁

图 11.2.28　自定义形状的平整附加钣金壁

Step1. 将工作目录设置为 D:\creo6.1\work\ch11.02，然后打开文件 add_flat2 _wall.prt。

Step2. 单击 模型 功能选项卡 形状 ▾ 区域中的 按钮。

Step3. 选取附着边。在系统 选择一个边连接到壁上 的提示下，选取图 11.2.29 所示的模型边线为附着边。

Step4. 选取平整壁的形状类型 用户定义 。

Step5. 定义角度。在操控板的 按钮后面的下拉列表中选择 平整 。

Step6. 绘制自定义的平整壁的正面形状草图。单击 形状 按钮，在系统弹出的界面中单击 草绘… 按钮；在系统弹出的对话框中接受系统默认的草绘平面和参考，并单击 草绘 按钮；进入草绘环境后，选取图 11.2.30 所示的边线为草绘参考，绘制图 11.2.30 所示的草图（图形不能封闭），然后单击"确定"按钮 。

Step7. 在操控板中单击 按钮，预览所创建的特征；确认无误后，单击"确定"按钮 。

选取此边为附着边

图 11.2.29　定义附着边

草绘参考

端点与参考边对齐

图 11.2.30　截面草图

11.2.5　法兰附加钣金壁

法兰（Flange）附加钣金壁是一种可以定义其侧面形状的钣金薄壁，其壁厚与主钣金壁相同。在创建法兰附加钣金壁时，须先在现有的钣金壁（主钣金壁）上选取某条边线作为附加钣金壁的附着边，其次定义其侧面形状和尺寸等参数。

1. 选择"法兰"命令的方法

单击 模型 功能选项卡 形状 ▾ 区域中的"法兰"按钮 。

2. "法兰"操控板选项说明

在"法兰"操控板的"形状"下拉列表中（图 11.2.31）可设置法兰壁的侧面形状，具体效果如图 11.2.32 所示。

图 11.2.31　"法兰"操控板

a）I 形的法兰附加壁　　b）圆弧形的法兰附加壁　　c）S 形的法兰附加壁　　d）打开形的法兰附加壁

e）平齐的法兰附加壁　　f）鸭形的法兰附加壁　　g）C 形的法兰附加壁　　h）Z 形的法兰附加壁　　i）自定义形状的法兰附加壁

图 11.2.32　法兰附加壁的侧面形状

在操控板中，图 11.2.33 所示的区域一用于设置第一个方向的长度，区域二用于设置第二个方向的长度。第一、二两个方向的长度分别为附加壁偏移附着边两个端点的尺寸，如图 11.2.34 所示。区域一和区域二各包括两个部分："长度定义方式"下拉列表和"长度"文本框。在文本框中输入正值并按 Enter 键，附加壁向外偏移；输入负值，则附加壁向里偏移。也可拖动附着边上的两个滑块来调整相应长度值。

单击操控板中的 按钮，可切换薄壁厚度的方向（图 11.2.35）。

图 11.2.33　在操控板中设置两个方向的长度

图 11.2.34　设置两个方向的长度

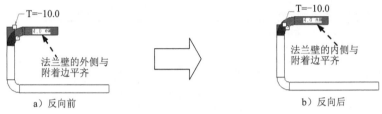

图 11.2.35　设置厚度的方向

放置 按钮：定义法兰壁的附着边。单击操控板中的 **放置** 按钮，系统弹出图 11.2.36 所示的界面，通过该界面可重新定义法兰壁的附着边。这里需要注意，法兰生成的方向是附着边面对的方向，如图 11.2.37 所示。

图 11.2.36　"放置"界面

图 11.2.37　法兰生成方向

形状：设置法兰壁的侧面图形的尺寸。选择不同的侧面形状，单击 **形状** 按钮会出现不同图形的界面。例如：当选择 **I** 形状时，其 **形状** 界面如图 11.2.38 所示。

长度 按钮用于设置第一、二两个方向的长度。**长度** 界面如图 11.2.39 所示，该界面的作用与图 11.2.40 所示的界面是一样的。

图 11.2.38 "形状"界面

图 11.2.39 "长度"界面（一）

图 11.2.40 "长度"界面（二）

斜切口 按钮用于设置斜切口的各项参数，其界面如图 11.2.41 所示，同时在相邻且相切的直边和折弯边线上创建法兰壁时可以设置斜切口。

边处理 按钮用于设置两个相邻的法兰附加钣金壁连接处的形状，其界面如图 11.2.42 所示，其类型有开放的、间隙、盲孔和重叠（图 11.2.43）。

图 11.2.41 "斜切口"界面

图 11.2.42 "边处理"界面

两个相邻的法兰
附加钣金壁

a）开放的   b）间隙   c）盲孔   d）重叠

图 11.2.43   "边处理"的类型

3．创建 I 型法兰附加钣金壁

下面介绍图 11.2.44b 所示的 I 型法兰钣金壁的创建过程。

Step1. 将工作目录设置为 D:\creo6.1\work\ch11.02，打开文件 add_fla1_ wall.prt。

Step2. 单击 模型 功能选项卡 形状 ▼ 区域中的"法兰"按钮，系统弹出"凸缘"操控板。

Step3. 选取附着边。在系统 ⇨ 选择要连接到薄壁的边或边链· 的提示下，选取图 11.2.45 所示的模型边线为附着边。

a）操作前   b）操作后

图 11.2.44   创建 I 型法兰附加钣金壁

选取此边为附着边

图 11.2.45   定义附着边

Step4. 选取法兰壁的侧面形状类型 I 。

Step5. 定义折弯半径。确认按钮 （在附着边上添加折弯）被按下，然后在后面的文本框中输入折弯半径值 4.0；折弯半径所在侧为 （内侧）。

Step6. 定义法兰壁的轮廓尺寸。单击 形状 按钮，在系统弹出的界面中分别输入数值 20.0、90.0（角度值），并分别按 Enter 键。

Step7. 在操控板中单击 ∞ 按钮，预览所创建的特征；确认无误后，单击"确定"按钮 。

11.2.6 止裂槽

当附加钣金壁部分地与附着边相连，并且弯曲角度不为 0 时，需要在连接处的两端创建止裂槽（Relief），如图 11.2.46 所示。

Creo 系统提供的止裂槽分为 4 种，下面分别予以介绍。

第 1 种止裂槽——拉伸止裂槽（Stretch Relief）

在附加钣金壁的连接处用材料拉伸折弯构建止裂槽，如图 11.2.46 所示。当创建该类止裂槽时，需要定义止裂槽的宽度及角度。

第 2 种止裂槽——扯裂止裂槽（Rip Relief）

在附加钣金壁的连接处，通过垂直切割主壁材料至折弯线处来构建止裂槽，如图 11.2.47 所示。当创建该类止裂槽时，无须定义止裂槽的尺寸。

图 11.2.46　拉伸止裂槽　　　　　　　　图 11.2.47　扯裂止裂槽

第 3 种止裂槽——矩形止裂槽（Rect Relief）

在附加钣金壁的连接处，将主壁材料切割成矩形缺口来构建止裂槽，如图 11.2.48 所示。当创建该类止裂槽时，需要定义矩形的宽度及深度。

第 4 种止裂槽——长圆形止裂槽（Obrnd Relief）

在附加钣金壁的连接处，将主壁材料切割成长圆形缺口来构建止裂槽，如图 11.2.49 所示。当创建该类止裂槽时，需要定义圆弧的直径及深度。

图 11.2.48　矩形止裂槽　　　　　　　　图 11.2.49　长圆形止裂槽

下面介绍图 11.2.50b 所示的止裂槽的创建过程。

图 11.2.50　止裂槽创建范例

Step1. 将工作目录设置为 D:\creo6.1\work\ ch11.02，打开文件 relief_fla.prt。

Step2. 单击 模型 功能选项卡 形状 ▼ 区域中的"法兰"按钮 。

Step3. 选取附着边。在系统 的提示下，选取图 11.2.51 所示的模型边线。

Step4. 选取平整壁的形状类型 **I** 。

Step5. 定义法兰壁的侧面轮廓尺寸。单击 **形状** 按钮，在系统弹出的界面中分别输入数值 18.0、90.0（角度值），并分别按 Enter 键。

Step6. 定义长度。单击 **长度** 按钮，在系统弹出界面的下拉列表中选择 选项，然后在文本框中分别输入数值-15.0 和-10.0（注意：在文本框中输入负值，按 Enter 键后，则显示为正值）。

Step7. 定义折弯半径。确认按钮 （在连接边上添加折弯）被按下，然后在后面的文本框中输入折弯半径值 3.0；折弯半径所在侧为 （内侧）。

Step8. 定义止裂槽。

（1）在操控板中单击 **止裂槽** 按钮，在系统弹出的界面中，接受系统默认的"止裂槽类别"为 **折弯止裂槽**，并选中 **单独定义每侧** 复选框。

（2）定义侧 1 止裂槽。选中 ● 侧 1 单选项，在 **类型** 下拉列表中选择 **矩形** 选项，止裂槽的深度及宽度尺寸采用默认值。

注意：深度选项 **至折弯** 表示止裂槽的深度至折弯线处，如图 11.2.52 所示。

图 11.2.51 定义附着边

图 11.2.52 止裂槽的深度说明

（3）定义侧 2 止裂槽。选中 ● 侧 2 单选项，在 **类型** 下拉列表中选择 **长圆形** 选项，止裂槽尺寸采用默认值。

注意：深度选项 **与折弯相切** 表示止裂槽矩形部分的深度至折弯线处。

Step9. 在操控板中单击 按钮，预览所创建的特征；确认无误后，单击"确定"按钮 。

说明：在模型上双击所创建的止裂槽，可修改其尺寸。

11.3 钣金的折弯

1. 钣金折弯概述

钣金折弯（Bend）是将钣金的平面区域弯曲某个角度或弯成圆弧状，图 11.3.1 是一个典型的折弯特征。在进行折弯操作时，应注意折弯特征仅能在钣金的平面区域建立，不能跨越另一个折弯特征。

钣金折弯特征包括三个要素（图 11.3.1）。

● 折弯线（Bend Line）：确定折弯位置和折弯形状的几何线。

● 折弯角度（Bend Angle）：控制折弯的弯曲程度。

● 折弯半径（Bend Radius）：折弯处的内侧或外侧半径。

2. 选取钣金折弯命令

单击 模型 功能选项卡 折弯▾ 区域的 ⚒折弯▾ 按钮。

3. 钣金折弯的类型

在图 11.3.2 所示的下拉菜单中可以选择折弯类型。

图 11.3.1　折弯特征的三个要素

图 11.3.2　"折弯"下拉菜单

4. 角度折弯

角度类型折弯的一般创建步骤如下。

（1）选取草绘平面及参考平面后，绘制折弯线。

（2）指定折弯侧及固定侧。

（3）指定折弯角度。

（4）指定折弯半径。

下面介绍图 11.3.3b 所示的折弯的操作过程。

a）折弯前

b）折弯后

图 11.3.3　角度折弯

Step1. 将工作目录设置为 D:\creo6.1\work\ch11.03，打开文件 bend_angle_2.prt。

Step2. 单击 模型 功能选项卡 折弯▾ 区域 ⚒折弯▾ 节点下的 ⚒折弯 按钮，系统弹出图 11.3.4 所示的"折弯"操控板。

图 11.3.4 "折弯"操控板

Step3. 在图 11.3.4 所示的"折弯"操控板中单击 按钮（使其处于被按下的状态）。

Step4. 绘制折弯线。单击 折弯线 按钮，选取图 11.3.5 所示的模型表面 1 为草绘平面，单击该界面中的 草绘... 按钮；在系统弹出的"参考"对话框中选取图 11.3.5 所示的模型表面 2 以及对侧的面为参考平面；单击对话框中的 关闭(C) 按钮；进入草绘环境后，绘制图 11.3.6 所示的折弯线。

注意：折弯线的两端必须与钣金边线对齐。

Step5. 定义折弯方向和固定侧。折弯箭头方向和固定侧箭头方向如图 11.3.7 所示。

说明：如果方向跟图形中不一致，可以直接单击箭头或在操控板中单击 按钮来改变方向。

图 11.3.5 定义草绘平面   图 11.3.6 绘制折弯线

图 11.3.7 定义折弯方向和固定侧

Step6. 单击 止裂槽 按钮，在系统弹出的界面的 类型 下拉列表中选择 无止裂槽 选项。

Step7. 在操控板的 后的文本框中输入折弯角度值 90.0，并单击其后的 按钮改变折弯方向；在 后的文本框中选择 厚度 选项，折弯半径所在侧为 。

Step8. 单击操控板中的 按钮，预览所创建的折弯特征，然后单击 按钮，完成折弯特征的创建。

11.4 钣 金 展 平

11.4.1 钣金展平概述

在钣金设计中，可以用"展平"命令（Unbend）将三维的折弯钣金件展平为二维的平面薄板（图 11.4.1），钣金展平的作用如下。

a）展平前　　　　　　　　　　　　　　　　　　b）展开后

图 11.4.1　钣金展平

- 钣金展平后，可更容易了解如何剪裁薄板以及其各部分的尺寸、大小。
- 有些钣金特征（如止裂切口）需要在钣金展平后创建。
- 钣金展平对于钣金的下料和创建钣金的工程图十分有用。

1. 选取钣金展平命令

选取钣金展平命令的方法：单击 模型 功能选项卡 折弯 区域中的"展平"按钮 。

2. 一般的钣金展平的方式

在图 11.4.2 所示的 菜单中，系统列出了三种展平方式，分别是展平、过渡展平和横截面驱动展平。

产生规则的展平 ────────── 展平

产生带有过渡转接区域的展平 ────── 过渡展平

产生剖截面驱动的展平 ──────── 横截面驱动展平

图 11.4.2　"展平"下拉菜单

11.4.2　规则展平方式

规则展平（Regular Unbend）是一种最为常用、限制最少的钣金展平方式。利用这种展平方式可以对一般的弯曲钣金壁进行展平，也可以对由折弯（Bend）命令创建的钣金折弯进行展平，但它不能展平不规则的曲面。

规则展平的操作过程分为两步。

（1）选取一个平面为钣金展平的固定面（Fixed plane），或选取一条边线为钣金展平的固定边（Fixed edge）。

（2）选取要展平的钣金面或利用 选项展平所有钣金壁。

在本范例中，我们将展平部分钣金壁（图 11.4.3），其操作方法如下。

a）展开前

b）展开后

图 11.4.3　钣金的部分展平

Step1. 将工作目录设置为 D:\creo6.1\work\ch11.04，打开文件 unbend_g1.prt。

Step2. 单击 模型 功能选项卡 折弯▾ 区域中的"展平"按钮，系统弹出"展平"操控板。

Step3. 定义钣金展平选项。在操控板中单击 按钮，然后单击 参考 按钮，系统弹出图 11.4.4 所示的"参考"界面；在该界面中先将折弯几何区域的选项全部移除，再按住 Ctrl 键，选取图 11.4.5 所示的两个曲面为展平面。

Step4. 选取固定面（边）。在"参考"界面中单击固定几何下的文本框，同时在系统选择要在展平时保持固定的曲面或边。的提示下，选取图 11.4.6 所示的表面为固定面。

Step5. 单击操控板中的 按钮，预览所创建的展平特征，然后单击 按钮，完成展平特征的创建。

Step6. 保存零件模型文件。

图 11.4.4　"参考"界面

选取这两个圆弧面为展平曲面

图 11.4.5　选取展平面

选取此表面为固定面

图 11.4.6　选取固定面

说明：如果在操控板中选择 按钮，然后单击 按钮，则所有的钣金壁都将展平，如图 11.4.7b 所示。

a）展开前

b）展开后

图 11.4.7　钣金的全部展开

11.5 钣金成形特征

11.5.1 成形特征概述

把一个实体零件（冲模）上的某个形状印贴在钣金件上，这就是钣金成形（Form）特征，成形特征也称为印贴特征。例如：图 11.5.1a 所示的实体零件为成形冲模，该冲模中的凸起形状可以印贴在一个钣金件上而产生成形特征（图 11.5.1b）。

a）成形零件（冲模）　　　　　　　　　　　　　　b）钣金件

图 11.5.1　钣金成形特征

1．选取钣金成形命令

选取钣金成形命令使用如下方法：单击 模型 功能选项卡 工程 ▾ 区域 ▾ 下的 凹模 按钮。

2．钣金成形类型

钣金成形分为凹模（Die）成形和凸模工具（Punch）成形。

3．成形特征的一般创建过程

Step1．创建冲模零件。在创建成形特征之前，必须先创建一个参考零件（即冲模零件），该参考零件中应包含成形几何形状的特征，参考零件可在零件（Part）模式下建立。

Step2．根据冲模零件创建成形特征。

11.5.2 以凸模方式创建成形特征

下面举例说明以凸模方式创建成形特征的一般操作过程。在本例中将先在零件（Part）模式下创建一个 Die 冲模零件，然后打开一个钣金件并创建成形特征，其操作步骤说明如下。

Stage1．创建 Die 冲模零件

Step1．新建一个零件的三维模型，将零件的模型命名为 sm_die。

Step2．创建图 11.5.2 所示的拉伸特征 1。

（1）选择命令。单击 模型 功能选项卡 形状 ▼ 区域中的"拉伸"按钮 拉伸 。

（2）绘制截面草图。选取 FRONT 基准平面为草绘平面，RIGHT 基准平面为参考平面，方向为 右；单击 草绘 按钮，绘制图 11.5.3 所示的截面草图。

（3）在操控板中定义拉伸类型为 ，输入深度值 10.0；单击 ✓ 按钮，完成拉伸特征的创建。

Step3. 创建图 11.5.4 所示的拉伸特征 2。

图 11.5.2 拉伸特征 1   图 11.5.3 截面草图   图 11.5.4 拉伸特征 2

（1）选择命令。单击 模型 功能选项卡 形状 ▼ 区域中的"拉伸"按钮 拉伸 。

（2）绘制截面草图。选取 RIGHT 基准平面为草绘平面，选取 TOP 基准平面为参考平面，方向为 右；单击 草绘 按钮，绘制图 11.5.5 所示的截面草图。

（3）在操控板中定义拉伸类型为 ，输入深度值 62.0；单击 ✓ 按钮，完成拉伸特征 2 的创建。

Step4. 创建图 11.5.6 所示的拔模特征。

图 11.5.5 截面草图   图 11.5.6 拔模特征

（1）选择命令。单击 模型 功能选项卡 工程 ▼ 区域中的 拔模 ▼ 按钮。

（2）定义要拔模的曲面。在操控板中单击 参考 选项卡，激活 拔模曲面 文本框，按住 Ctrl 键，在模型中选取图 11.5.7 所示的 4 个表面为要拔模的曲面。

图 11.5.7 定义要拔模的曲面和拔模枢轴平面

（3）定义拔模枢轴平面。激活 ^{拔模枢轴} 文本框，选取图 11.5.7 所示的模型表面为拔模枢轴平面。

（4）定义拔模参数。在"拔模角度"文本框中输入拔模角度值-22.0。

（5）在操控板中单击 ✓ 按钮，完成拔模特征的创建。

Step5. 创建图 11.5.8b 所示的倒圆角 1。单击 模型 功能选项卡 工程 ▾ 区域中的 🗠倒圆角 ▾ 按钮；按住 Ctrl 键，选取图 11.5.8a 所示的 4 条边线为倒圆角的边线，圆角半径值为 2.5。

a）选取要倒圆角的 4 条边线　　　　　　　　　　　b）倒圆角后

图 11.5.8　倒圆角 1

Step6. 创建图 11.5.9b 所示的倒圆角 2，圆角半径值为 2。

Step7. 保存零件模型文件。

a）选取要倒圆角的边线　　　　　　　　　　　b）倒圆角后

图 11.5.9　倒圆角 2

Stage2. 创建图 11.5.10b 所示的成形特征

Step1. 将工作目录设置为 D:\creo6.1\work\ch11.05，打开文件 sm_form2.prt。

Step2. 单击 模型 功能选项卡 工程 ▾ 区域 下的 ⬇凸模 按钮，此时系统弹出"凸模"操控板。

成形特征

a）原钣金件　　　　　　　　　　　b）添加成形特征

图 11.5.10　创建成形特征

Step3. 在操控板中单击"打开"按钮 📂，选择 sm_die.prt 文件，并将其打开；单击操控板中的 放置 按钮，此时系统弹出图 11.5.11 所示的"放置"对话框。

Step4. 定义成形模具的放置。如果成形模具显示为整屏，可调整其窗口大小。

（1）定义重合约束。在图 11.5.11 所示的"放置"对话框中选择约束类型"重合"，然后分别在模具模型中和钣金件中选取图 11.5.12 中的重合面（模具上的 TOP 基准平面与钣金件上的 FRONT 基准平面）。

图 11.5.11 "放置"对话框

图 11.5.12 操作过程

（2）定义重合约束。在"放置"对话框中单击 新建约束 字符，选择新增加的约束类型"重合"，分别选取图 11.5.12 中所示的重合面（模具上的 RIGHT 基准平面与钣金件上的 RIGHT 基准平面）。

（3）定义重合约束。在"放置"对话框中单击 新建约束 字符，选择新增加的约束类型"重合"，分别选取图 11.5.12 所示的重合面（模具上的模型表面与钣金件上的 TOP 基准平面），此时"元件放置"对话框中显示 完全约束 。

（4）单击操控板中的 放置 按钮，将"放置"对话框关闭。

Step5. 单击"凸模"操控板中的 ✓ 按钮，完成成形特征的创建。

Step6. 保存零件模型文件。

11.6 钣金综合实例 1——暖气罩

实例概述

本实例主要运用了如下一些设计钣金的方法：将倒圆角后的实体零件转换成第一钣金壁，创建封合的钣金侧壁；将钣金侧壁延伸后，再创建"平整"附加钣金壁、钣金壁展开，在展开的钣金壁上创建切削特征、折弯回去、创建成形特征等。其中将钣金展平创建切削特征后再折弯回去的做法以及 Die 模具的创建和模具成形特征的创建都有较高的技巧性。零件模型及模型树如图 11.6.1 所示。

图 11.6.1　零件模型及模型树

Task1.　创建模具

Die 模具用于创建模具成形特征。在该模具零件中，必须有一个基础平面作为边界面。本实例中首先创建图 11.6.2 所示的用于成形特征的模具。此模具所创建的成形特征可形成通风孔。

图 11.6.2　模型及模型树

Step1. 新建一个实体零件模型，命名为 SM_DIE。

Step2. 创建图 11.6.3 所示的拉伸特征 1。在操控板中单击"拉伸"按钮 拉伸，选取 FRONT 基准平面为草绘平面，RIGHT 基准平面为参考平面，方向为 右；单击 草绘 按钮，绘制图 11.6.4 所示的截面草图；在操控板中定义拉伸类型为 ，输入深度值 1；单击 按钮，完成拉伸特征 1 的创建。

图 11.6.3　拉伸特征 1　　　　　　　　图 11.6.4　截面草图

Step3. 创建图 11.6.5 所示的拉伸特征 2。在操控板中单击"拉伸"按钮 拉伸。选取 RIGHT 基准平面为草绘平面，TOP 基准平面为参考平面，方向为 右；单击 草绘 按钮，绘制图 11.6.6

所示的截面草图（在绘制截面草图时，选取图 11.6.6 所示的模型边线为草图参照）；在操控板中定义拉伸类型为 ，输入深度值 25.0；单击 ✔ 按钮，完成拉伸特征 2 的创建。

图 11.6.5 拉伸特征 2

图 11.6.6 截面草图

Step4. 创建倒圆角特征 1。单击 模型 功能选项卡 工程 ▼ 区域中的 倒圆角 ▼ 按钮，选取图 11.6.7 所示的两条边线为倒圆角的边线，输入圆角半径值 0.8。

Step5. 创建倒圆角特征 2。选取图 11.6.8 所示的边线为倒圆角的边线，输入圆角半径值 1.5。

图 11.6.7 选取倒圆角边线

图 11.6.8 选取倒圆角边线

Step6. 保存零件模型文件。

Task2. 创建主体零件模型

Step1. 新建一个实体零件模型，命名为 HEATER_COVER。

Step2. 创建图 11.6.9 所示的拉伸特征 1。在操控板中单击"拉伸"按钮 拉伸，选取 FRONT 基准平面为草绘平面，RIGHT 基准平面为参考平面，方向为 右；单击 草绘 按钮，绘制图 11.6.10 所示的截面草图，在操控板中定义拉伸类型为 ⼂，输入深度值 80.0；单击 ✔ 按钮，完成拉伸特征 1 的创建。

Step3. 创建倒圆角特征 1。选取图 11.6.11 所示的边线为倒圆角的边线，输入圆角半径值 15.0。

图 11.6.9 拉伸特征 1

图 11.6.10 截面草图

图 11.6.11 选取倒圆角的边线

Step4. 创建倒圆角特征 2。选取图 11.6.12 所示的两条边线为倒圆角的边线，输入圆角半径值 3.0。

Step5. 将实体零件转换成第一钣金壁，如图 11.6.13b 所示。选择 模型 功能选项卡 操作 ▼ 节点下的 转换为钣金件 命令；在系统弹出的"第一壁"操控板中选择 回 命令；在系统 ⇨选择要从零件移除的曲面- 的提示下，按住 Ctrl 键，选取图 11.6.14 所示的三个模型表面为壳体的移除面；输入钣金壁厚度值 1，按 Enter 键；单击 ✓ 按钮，完成转换钣金特征的创建。

a）转换前（实体零件）　　b）转换后（钣金件）

图 11.6.12　选取倒圆角的边线　　　　图 11.6.13　转换成第一钣金壁

Step6. 创建图 11.6.15 所示的附加钣金壁平整特征 1。单击 模型 功能选项卡 形状 ▼ 区域中的"平整"按钮 ；在系统 ⇨选择一个边连到壁上- 的提示下，选取图 11.6.16 所示的模型边线为附着边；在操控板中选择 用户定义 选项，在 ∠ 后的文本框中输入角度值 72.0，确认 按钮被按下，并在其后的文本框中输入折弯半径值 2.0，折弯半径所在侧为 ；在操控板中单击 形状 选项卡，在系统弹出的界面中选中 ⦿ 高度尺寸不包括厚度 单选项，然后单击 草绘... 按钮，系统弹出"草绘"对话框，确认草绘的箭头方向如图 11.6.17 所示（如方向不一致，可单击对话框中的 反向 按钮切换箭头方向）；选取图 11.6.17 所示的模型表面为草绘参考平面，方向为 左 ；单击 草绘 按钮，绘制图 11.6.18 所示的截面草图；单击 偏移 选项卡，选中 ☑ 相对连接边偏移壁 复选框和 ⦿ 添加到零件边 单选项，在操控板中单击 止裂槽 选项卡，在系统弹出的界面中取消选中 ☐ 单独定义每侧 复选框，并在 类型 下拉列表中选择 扯裂 选项；在操控板中单击 ✓ 按钮，完成平整特征 1 的创建。

图 11.6.14　选取移除面　　　　　　图 11.6.15　平整特征 1

图 11.6.16　定义附着边　　　　　　图 11.6.17　草绘平面

Step7. 对侧壁的一端进行第一次延伸, 如图 11.6.19b 所示。选取图 11.6.20 所示的模型边线为要延伸边；单击 模型 功能选项卡 编辑 ▾ 区域中的"延伸"按钮 ➡延伸, 系统弹出 "延伸"操控板；在操控板中单击"将壁延伸到参考平面"按钮 ▢, 然后在系统 ➪选择一个平面作为延伸的参考。 的提示下, 选取图 11.6.20 所示的钣金内表面为延伸的终止面；单击操控板中的 ✓ 按钮, 完成延伸壁 1 的创建。

图 11.6.18 截面草图   图 11.6.19 进行薄壁内边界线的延伸

图 11.6.20 定义延伸边和延伸终止面

Step8. 创建图 11.6.21b 所示的第二次延伸。选取图 11.6.22 所示的模型边线为延伸边；单击 模型 功能选项卡 编辑 ▾ 区域中的"延伸"按钮 ➡延伸, 在系统弹出的操控板中单击 ▢ 按钮, 然后选取图 11.6.22 所示的钣金内表面为延伸的终止面；单击 ✓ 按钮, 完成延伸壁 2 的创建。

图 11.6.21 第二次延伸   图 11.6.22 定义延伸边和延伸终止面

Step9. 用同样的方法对侧壁的另一端进行延伸, 详细操作步骤见 Step7 和 Step8。

Step10. 创建图 11.6.23 所示的附加钣金壁平整特征 2。单击 模型 功能选项卡 形状 ▾ 区域中的"平整"按钮 ⬛, 在系统 ➪选择一个边连到壁上。 的提示下, 选取图 11.6.24 所示的模型边线为附着边；在操控板中选择 用户定义 选项, 在 △ 后的文本框中输入角度值 90.0；在操控板中单击 形状 选项卡, 在系统弹出的界面中单击 草绘... 按钮, 系统弹出"草绘"对话框；确认图 11.6.25 所示的箭头方向为草绘方向（如方向不一致, 可单击对话框中的 反向 按钮切换箭头方向）, 选取图 11.6.25 所示的模型表面为参考平面, 方向为 底部；单击 草绘 按钮，绘制图 11.6.26 所示的截面草图（图形不能封闭）；单击"角度"文本框后面的 ⚁ 按钮，确认 ⚁ 按钮被按下，并在其后的文本框中输入折弯半径值 1，折弯半径所在侧为 ⚁ ；在操控板中单击 ✓ 按钮，完成平整特征 2 的创建。

图 11.6.23　平整特征 2

图 11.6.24　定义附着边

图 11.6.25　定义草绘方向

图 11.6.26　截面草图

Step11. 创建图 11.6.27 所示的右侧附加钣金壁平整特征 3。单击 模型 功能选项卡 形状 ▼ 区域中的"平整"按钮 ⚁ ，在系统 ⚁ 选择一个边连到壁上 的提示下，选取图 11.6.28 所示的模型边线为附着边；在操控板中选择 用户定义 选项，在 ⚁ 后的文本框中输入角度值 90.0，在操控板中单击 形状 选项卡，在系统弹出的界面中单击 草绘... 按钮，系统弹出"草绘"对话框；单击 反向 按钮，然后选取图 11.6.29 所示的模型表面为参考平面，方向为 右 ；单击 草绘 按钮，绘制图 11.6.30 所示的截面草图；单击"角度"文本框后面的 ⚁ 按钮，确认 ⚁ 按钮被按下，并在其后的文本框中输入折弯半径值 0.5，折弯半径所在侧为 ⚁ ；在操控板中单击 ✓ 按钮，完成平整特征 3 的创建。

图 11.6.27　平整特征 3

图 11.6.28　定义附着边

图 11.6.29　定义草绘参考

图 11.6.30　截面草图

Step12. 参照上一步的操作方法, 创建图 11.6.31 所示的模型左侧的附加钣金壁平整特征 4。

Step13. 将图 11.6.32a 所示的右侧附加平整钣金壁展平。单击 模型 功能选项卡 折弯▾ 区域中的"展平"按钮 🔄, 在"展平"操控板中单击 ↖ 按钮; 在系统 ⇩选择要在底平时保持固定的曲面或边。 的提示下, 选取图 11.6.33 所示的模型右侧表面为固定面; 单击 参考 按钮, 在系统弹出的"参考"界面中, 将 折弯几何 文本框中的选项全部移除, 然后选取图 11.6.33 所示的圆弧面为展平曲面; 单击 ✔ 按钮, 完成展平特征的创建。

在模型左侧创建此
附加平整钣金壁 4

将此右侧附加
平整钣金壁展平

a) 展平前

b) 展平后

图 11.6.31 平整特征 4   图 11.6.32 将右侧附加平整钣金壁展平

放大图

选取这个圆弧面为展平曲面

选取模型的此右侧表面为固定面

图 11.6.33 选取固定面和展平曲面

Step14. 创建图 11.6.34b 所示的钣金拉伸特征 2。单击 模型 功能选项卡 形状▾ 区域中的 🔲拉伸 按钮, 确认 🔲 按钮、🔲 按钮和 ⬆ 按钮被按下; 选取图 11.6.35 所示的模型表面 1 为草绘平面, 选取模型表面 2 为参考平面, 方向为 右; 单击 草绘 按钮, 绘制图 11.6.36 所示的截面草图; 接受图 11.6.37 所示的箭头方向为移除材料的方向, 在操控板中定义拉伸类型为 ≣⊦, 选择材料移除的方向类型为 ⬈; 在操控板中单击"确定"按钮 ✔, 完成拉伸特征 2 的创建。

a) 切削前   b) 切削后   模型表面 2 为参考平面

模型表面 1 为草绘平面

图 11.6.34 拉伸特征 2   图 11.6.35 草绘平面

Step15. 创建图 11.6.38b 所示的钣金拉伸特征 3。在操控板中单击 🔲拉伸 按钮, 确认 🔲 按钮、🔲 按钮和 ⬆ 按钮被按下; 选取图 11.6.39 所示的模型表面 1 为草绘平面, 选取模型表面 2 为参考平面，方向为 右；单击 草绘 按钮，绘制图 11.6.40 所示的截面草图；接受图 11.6.41 所示的箭头方向为移除材料的方向，在操控板中定义拉伸类型为 ⊞，选择材料移除的方向类型为 ⁄/。

图 11.6.36 截面草图

图 11.6.37 选取移除材料的方向

a）切削前

b）切削后

图 11.6.38 拉伸特征 3

图 11.6.39 草绘平面

图 11.6.40 截面草图

图 11.6.41 选取移除材料的方向

Step16. 将图 11.6.42a 所示的右侧附加平整钣金壁再折弯回去。单击 模型 功能选项卡 折弯 ▾ 区域中的 "折回" 按钮 折回，系统弹出 "折回" 操控板；在 "折回" 操控板中单击 按钮，选取图 11.6.43 所示的模型右侧表面为固定面；单击 ✔ 按钮，完成折回特征 1 的创建。

将此附加平整钣金壁再折弯回去

a）折弯回去前

b）折弯回去后

图 11.6.42 折回特征 1

Step17. 创建图 11.6.44 所示的钣金拉伸特征 4。在操控板中单击 拉伸 按钮，确认 □ 按钮、⚊ 按钮和 个 按钮被按下；选取图 11.6.45 所示的模型表面 1 为草绘平面，选取模型表面 2 为参考平面，方向为 右；单击 草绘 按钮，绘制图 11.6.46 所示的截面草图；接受系统默认的箭头方向为移除材料的方向，在操控板中定义拉伸类型为 ≣，选择材料移除的方向类型为 ⁄/。

图 11.6.43 定义固定面

创建此钣金拉伸切削特征 4

放大图

图 11.6.44 拉伸特征 4

模型表面 1（附加钣金壁的表面）为草绘平面

模型表面 2 为参考平面

图 11.6.45 草绘平面

选取此边线为草绘参照

选取凹槽的边线为草绘参照

放大图

1.5 1.0

1.5

图 11.6.46 截面草图

Step18. 创建图 11.6.47 所示的基准平面 1。单击"平面"按钮 ，选取 FRONT 基准平面为偏距参考面，在对话框中输入偏移距离值 40；然后单击 **确定** 按钮，完成创建（在模型树中将此步创建的基准平面重命名为 DTM_CENTER）。

Step19. 创建图 11.6.48 所示的镜像特征 1。在图形区选取 Step17 所创建的钣金拉伸特征 4 为镜像源，单击 **模型** 功能选项卡 **编辑 ▼** 下的 ᠉镜像命令，选取 Step18 所创建的基准平面为镜像平面；单击 ✔ 按钮，完成镜像特征 1 的创建。

FRONT

DTM_CENTER

图 11.6.47 基准平面 DTM_CENTER

放大图

创建此钣金拉伸切削特征 4

图 11.6.48 镜像特征 1

Step20. 创建图 11.6.49b 所示的凸模成形特征 1。单击 **模型** 功能选项卡 **工程 ▼** 区域下的 ᠉凸模 按钮，在系统弹出的"凸模"操控板中单击 📁 按钮，系统弹出文件"打开"对话框；选择 D:\creo6.1\work\ch11.06 目录下的 sm_die.prt 文件为成形模具，并将其打开；

单击操控板中的 [放置] 选项卡，在系统弹出的界面中选中 ☑约束已启用 复选框并添加图
11.6.50 所示的三组位置约束；单击 [选项] 选项卡，在系统弹出的界面中单击排除冲孔模型曲面
下的空白区域，然后按住 Ctrl 键，选取图 11.6.51 所示的五个表面（一个背面、两个侧面和
两个圆角）为排除面；在操控板中单击"确定"按钮 ☑，完成凸模成形特征 1 的创建。

a）成形前　　　　　　　　　　　　　　　b）成形后

图 11.6.49　凸模成形特征 1

② 这两个零件表面对齐，并输入位移值-8

① 这两个零件表面重合

③ 这两个零件表面对齐，并输入位移值-5

图 11.6.50　定义成形模具的放置

选取这五个表面（一个背面、两个侧面和两个圆角）

图 11.6.51　选取排除面

　　Step21. 创建图 11.6.52b 所示的阵列特征 1。在模型树中选取上一步创建的成形特征 1，
再右击，从系统弹出的快捷菜单中选择 ⊞ 命令；在"阵列"操控板中选择以 [方向] 方式控制
阵列，选取 FRONT 基准平面为第一方向参照，设定第一方向成员数为 8，阵列成员间距值
为 8.0；在操控板中单击 ☑ 按钮，完成阵列特征 1 的创建。

阵列此成形特征

a）阵列前　　　　　　　　　　　　　　　b）阵列后

图 11.6.52　阵列特征 1

Step22. 保存零件模型文件。

11.7 钣金综合实例 2——手机 SIM 卡固定架

实例概述

本实例介绍了手机 SIM 卡固定架的设计过程。本设计过程较为复杂，使用了平整、钣金切削和折弯等命令。读者在学习本实例时，需要注意特征的先后顺序，以及其"折弯"命令中折弯线的绘制方法。本实例所使用的命令有一定代表性，尤其是折弯特征的创建思想更值得借鉴。该零件模型及模型树如图 11.7.1 所示。

图 11.7.1 零件模型及模型树

Step1. 新建一个钣金件模型，命名为 SIM_CARD_RIVET。

Step2. 创建图 11.7.2 所示的钣金壁平面特征 1。

（1）单击 模型 功能选项卡 形状 ▼ 区域中的"平面"按钮 平面。

（2）绘制截面草图。在图形区右击，从系统弹出的快捷菜单中选择 定义内部草绘... 命令；选取 TOP 基准平面为草绘平面，RIGHT 基准平面为参考平面，方向为 右；单击 草绘 按钮，绘制图 11.7.3 所示的截面草图。

（3）在操控板的"钣金壁厚"文本框中输入钣金壁厚度值 0.2。

（4）在操控板中单击"确定"按钮 ✔，完成平面特征 1 的创建。

图 11.7.2 平面特征 1

图 11.7.3 截面草图

Step3. 创建图 11.7.4 所示的附加钣金壁平整特征 1。

（1）单击 模型 功能选项卡 形状 ▼ 区域中的"平整"按钮。

（2）选取附着边。在系统 的提示下，选取图 11.7.5 所示的模型边线为附着边。

图 11.7.4 平整特征 1

图 11.7.5 定义附着边

（3）定义钣金壁的形状。

① 在操控板中选择形状类型为 矩形 ；在 后的文本框中输入角度值 90.0。

② 单击 形状 选项卡，在系统弹出的界面中依次设置草图内的尺寸值为 0、1.0、0。

（4）定义折弯半径。确认 按钮被按下，并在其后的文本框中输入折弯半径值 0.1，折弯半径所在侧为 。

（5）在操控板中单击 按钮，完成平整特征 1 的创建。

Step4. 创建图 11.7.6 所示的钣金拉伸切削特征 1。在操控板中单击 拉伸 按钮，确认 按钮、 按钮和 按钮被按下；选取图 11.7.6 所示的平面为草绘平面，RIGHT 基准平面为参考平面，方向为 右 ；单击 草绘 按钮，绘制图 11.7.7 所示的截面草图，在操控板中定义拉伸类型为 。单击 按钮，完成拉伸切削特征 1 的创建。

图 11.7.6 拉伸切削特征 1

图 11.7.7 截面草图

Step5. 创建图 11.7.8 所示的折弯特征 1。

（1）单击 模型 功能选项卡 折弯 区域 折弯 下的 折弯 按钮，系统弹出"折弯"操控板。

（2）选取折弯类型。在操控板中单击 按钮和 按钮（使其处于被按下的状态）。

（3）绘制折弯线。单击 折弯线 选项卡，选取图 11.7.8 所示的钣金面为草绘平面，然后单击 草绘... 按钮，进入草绘环境，绘制图 11.7.9 所示的折弯线。

（4）定义折弯属性。单击 止裂槽 选项卡，在系统弹出界面的 类型 下拉列表中选择 无止裂槽 选项；单击 按钮更改固定侧，在 后的文本框中输入折弯角度值 5.0，并单击其

后的 按钮更改折弯方向，在 后的文本框中输入折弯半径值 0.2，折弯半径所在侧为 ；固定侧与折弯侧方向如图 11.7.10 所示。

（5）单击操控板中的 按钮，完成折弯特征 1 的创建。

图 11.7.8 折弯特征 1

图 11.7.9 折弯线

Step6. 创建图 11.7.11 所示的折弯特征 2。

图 11.7.10 定义折弯侧和固定侧

图 11.7.11 折弯特征 2

（1）单击 **模型** 功能选项卡 折弯▼ 区域 折弯 下的 折弯 按钮，系统弹出"折弯"操控板。

（2）选取折弯类型。在操控板中单击 按钮和 按钮（使其处于被按下的状态）。

（3）绘制折弯线。单击 **折弯线** 选项卡，选取图 11.7.11 所示的钣金面为草绘平面，然后单击 **草绘…** 按钮，在系统弹出的"参考"对话框中选取图 11.7.12 所示的两条边线为参考，再单击 **关闭(C)** 按钮，进入草绘环境，绘制图 11.7.12 所示的折弯线。

（4）定义折弯属性。单击 **止裂槽** 选项卡，在系统弹出界面的 **类型** 下拉列表中选择 **无止裂槽** 选项；在 后的文本框中输入折弯角度值 90，并单击其后的 按钮，在 后的文本框中输入折弯半径值 0.1，折弯半径所在侧为 ；固定侧与折弯侧方向如图 11.7.13 所示。

（5）单击操控板中的 按钮，完成折弯特征 2 的创建。

图 11.7.12 折弯线

图 11.7.13 定义折弯侧和固定侧

Step7. 创建图 11.7.14 所示的附加钣金壁凸缘特征 1。

（1）单击 **模型** 功能选项卡 形状▼ 区域中的"法兰"按钮 ，系统弹出"凸缘"操控板。

（2）选取附着边。选取图 11.7.15 所示的模型边线为附着边线。

（3）选取平整壁的形状类型。在操控板中选择形状类型为 **I**。

（4）定义"法兰"附加钣金壁的轮廓。单击 **形状** 选项卡，在系统弹出的界面中设置的形状参数如图 11.7.16 所示。

图 11.7.14　凸缘特征 1

图 11.7.15　定义附着边

图 11.7.16　设置形状参数

（5）设置止裂槽。单击 **止裂槽** 选项卡，在 **止裂槽类别** 区域单击 **折弯止裂槽** 选项，在 **类型** 下拉列表中选择 **扯裂** 选项，其他参数设置接受系统默认设置值。

（6）定义折弯半径。单击 **┐** 按钮，确认 **┘** 按钮被按下，然后在后面的文本框中输入折弯半径值 0.1，折弯半径所在侧为 **┘**。

（7）在操控板中单击 **✔** 按钮，完成凸缘特征 1 的创建。

Step8. 创建图 11.7.17 所示的附加钣金壁平整特征 2。

（1）单击 **模型** 功能选项卡 **形状 ▼** 区域中的"平整"按钮 。

（2）选取附着边。选取图 11.7.18 所示的模型边线为附着边。

图 11.7.17　平整特征 2　　　　　　图 11.7.18　定义附着边

（3）定义钣金壁的形状。

① 在操控板中选择形状类型为 矩形 ；在 后的文本框中输入角度值 90.0。

② 在操控板中单击 形状 选项卡，在系统弹出的界面中设置的形状参数如图 11.7.19 所示。

图 11.7.19　设置形状参数

（4）定义折弯半径。确认 按钮被按下，并在其后的文本框中输入折弯半径值 0.1，折弯半径所在侧为 。

（5）在操控板中单击 按钮，完成平整特征 2 的创建。

Step9. 创建图 11.7.20 所示的钣金拉伸切削特征 2。在操控板中单击 拉伸 按钮，确认 按钮、 按钮和 按钮被按下；选取 TOP 基准平面为草绘平面，RIGHT 基准平面为参考平面，方向为 左 ；单击 草绘 按钮，绘制图 11.7.21 所示的截面草图；在操控板中定义拉伸类型为 ，并单击其后的 按钮，选择材料移除的方向类型为 （移除垂直于驱动曲面的材料）；单击 按钮，完成拉伸切削特征 2 的创建。

图 11.7.20　拉伸切削特征 2

图 11.7.21　截面草图

Step10. 创建图 11.7.22 所示的附加钣金壁平整特征 3。

（1）单击 模型 功能选项卡 形状 ▼ 区域中的"平整"按钮 。

（2）选取附着边。选取图 11.7.23 所示的模型边线为附着边。

图 11.7.22　平整特征 3

图 11.7.23　定义附着边

（3）定义钣金壁的形状。

① 在操控板中选择形状类型为 矩形 ；在 �△ 后的文本框中输入角度值 90.0。

② 在操控板中单击 形状 选项卡，在系统弹出的界面中依次设置形状参数值为 0.0、1.0、0.0。

（4）单击 止裂槽 选项卡，在系统弹出界面的 类型 下拉列表中选择 无止裂槽 选项。

（5）定义折弯半径。确认 ↵ 按钮被按下，并在其后的文本框中输入折弯半径值 0.1，折弯半径所在侧为 ↵ 。

（6）在操控板中单击 ✔ 按钮，完成平整特征 3 的创建。

Step11. 创建图 11.7.24 所示的附加钣金壁平整特征 4。附着边为图 11.7.25 所示的边线（具体操作步骤及有关参数参见 Step8）。

图 11.7.24　平整特征 4

图 11.7.25　定义附着边

Step12. 创建图 11.7.26 所示的附加钣金壁平整特征 5。选取图 11.7.27 所示的模型边线为附着边。平整壁的形状类型为 用户定义 ，角度类型为 平整 ；单击 形状 选项卡，在系统弹出的界面中单击 草绘... 按钮，接受系统默认的草绘参考，方向为 上 ；单击 草绘 按钮，绘制图 11.7.28 所示的截面草图，单击 ✔ 按钮，完成草图的绘制；再单击 ✔ 按钮，完成平整特征 5 的创建。

图 11.7.26　平整特征 5　　　　　　　　　图 11.7.27　定义附着边

Step13. 创建图 11.7.29 所示的折弯特征 3。

图 11.7.28　截面草图　　　　　　　　　图 11.7.29　折弯特征 3

（1）单击 模型 功能选项卡 折弯 ▾ 区域 💥折弯 ▾ 下的 💥折弯 按钮。

（2）选取折弯类型。在操控板中单击 按钮和 按钮（使其处于被按下的状态）。

（3）绘制折弯线。单击 折弯线 选项卡，选取图 11.7.29 所示的钣金面为草绘平面，单击 草绘... 按钮，在系统弹出的对话框中选取 FRONT 和 RIGHT 基准平面为参考平面，然后单击 关闭(C) 按钮，进入草绘环境，绘制图 11.7.30 所示的折弯线。

（4）定义折弯属性。单击 止裂槽 选项卡，在系统弹出界面的 类型 下拉列表中选择 无止裂槽 选项；在 后的文本框中输入折弯角度值 30.0，在 后的文本框中输入折弯半径值 0.5，折弯半径所在侧为 ；固定侧方向与折弯侧方向如图 11.7.31 所示。

（5）单击操控板中的 ✔ 按钮，完成折弯特征 3 的创建。

图 11.7.30 折弯线   图 11.7.31 定义折弯侧和固定侧

Step14. 创建图 11.7.32 所示的附加钣金壁平整特征 6。选取图 11.7.33 所示的模型边线为附着边。平整壁的形状类型为 用户定义，在 后的文本框中输入角度值 110.0，折弯半径值为 0.1；单击 形状 选项卡，在系统弹出的界面中单击 草绘... 按钮，接受系统默认的草绘参考，方向为 上；单击 草绘 按钮，绘制图 11.7.34 所示的截面草图；单击 止裂槽 选项卡，在系统弹出界面的 类型 下拉列表中选择 无止裂槽 选项；单击 ✔ 按钮，完成平整特征 6 的创建。

创建此附加钣金壁平整特征 6

图 11.7.32 平整特征 6

选取此边线为附着边

放大图

图 11.7.33 定义附着边

Step15. 创建图 11.7.35 所示的附加钣金壁平整特征 7。选取图 11.7.36 所示的模型边线为附着边。平整壁的形状类型为 用户定义，角度类型为 平整；单击 形状 选项卡，在系统弹出的界面中单击 草绘... 按钮，接受系统默认的草绘参考，方向为 上；单击 草绘 按钮，绘制图 11.7.37 所示的截面草图，单击 ✔ 按钮，完成草图的绘制；再单击 ✔ 按钮，完成平整特征 7 的创建。

Φ4.0

图 11.7.34 截面草图

创建此附加钣金壁平整特征 7

图 11.7.35 平整特征 7

选取此边线为附着边

放大图

图 11.7.36 定义附着边

放大图

草绘参考

图 11.7.37 截面草图

Step16. 创建图 11.7.38 所示的折弯特征 4。

（1）单击 模型 功能选项卡 折弯 ▼ 区域 折弯 ▼ 下的 折弯 按钮。

（2）选取折弯类型。在操控板中单击 按钮和 按钮（使其处于被按下的状态）。

（3）绘制折弯线。单击 折弯线 选项卡，选取图 11.7.38 所示的模型表面为草绘平面，然后单击 草绘... 按钮，绘制图 11.7.39 所示的折弯线。

选取此面为折弯特征 4 的草绘平面

图 11.7.38 折弯特征 4

草绘参考

折弯线

放大图

图 11.7.39 折弯线

（4）定义折弯属性。单击 止裂槽 选项卡，在系统弹出界面的 类型 下拉列表中选择 无止裂槽 选项；在 后的文本框中输入折弯角度值 30.0，在 后的文本框中输入折弯半径值 0.5，折弯半径所在侧为 ；固定侧方向与折弯侧方向如图 11.7.40 所示。

（5）单击操控板中的 按钮，完成折弯特征 4 的创建。

Step17. 创建图 11.7.41 所示的附加钣金壁平整特征 8。选取图 11.7.42 所示的模型边线为附着边。平整壁的形状类型为 用户定义，输入角度值 110，输入折弯半径值 0.1；单击 形状 选项卡，在系统弹出的界面中单击 草绘... 按钮，接受系统默认的草绘参考，方向为 上；单击 草绘 按钮，绘制图 11.7.43 所示的截面草图；单击 止裂槽 选项卡，在系统弹出界面的 类型 下拉列表中选择 无止裂槽 选项；单击 按钮，完成平整特征 8 的创建。

图 11.7.40 定义折弯侧和固定侧

创建此附加钣金壁平整特征 8

图 11.7.41 平整特征 8

图 11.7.42 定义附着边

图 11.7.43 截面草图

Step18. 创建图 11.7.44 所示的钣金拉伸切削特征 3。在操控板中单击 拉伸 按钮，确认 按钮、 按钮和 按钮被按下；选取图 11.7.44 所示的钣金面为草绘平面，FRONT 基准平面为参考平面，方向为 上 ；单击 草绘 按钮，绘制图 11.7.45 所示的截面草图（绘制此草图时，使用图 11.7.45 所示的圆弧边线作为参考将参考圆弧补齐为一个完整的圆，将其转化为构造线后绘制直径值为 1.5 的同心圆），在操控板中定义拉伸类型为 ，选择材料移除的方向类型为 ；单击 按钮，完成拉伸切削特征 3 的创建。

图 11.7.44 拉伸切削特征 3

图 11.7.45 截面草图

Step19. 创建图 11.7.46 所示的钣金拉伸切削特征 4。在操控板中单击 拉伸 按钮，确认 按钮、按钮和 按钮被按下；选取图 11.7.46 所示的钣金面为草绘平面，FRONT 基准平面为参考平面，方向为 上 ；单击 草绘 按钮，绘制图 11.7.47 所示的截面草图（绘制方法参考 Step18 中草图的绘制），在操控板中定义拉伸类型为 ，选择材料移除的方向类型为 ；单击 按钮，完成拉伸切削特征 4 的创建。

图 11.7.46 拉伸切削特征 4

图 11.7.47 截面草图

Step20. 创建图 11.7.48 所示的附加钣金壁平整特征 9。单击 模型 功能选项卡 形状 ▼ 区域中的"平整"按钮 ，选取图 11.7.49 所示的模型边线为附着边；在操控板中选择形状类型为 用户定义，在 后的下拉列表中选择 平整 选项；单击 形状 选项卡，然后单击 草绘... 按钮，接受系统默认的草绘参考，方向为 上 ；单击 草绘 按钮，绘制图 11.7.50 所示的截面草图，单击 按钮，完成草图的绘制；再单击 按钮，完成平整特征 9 的创建。

创建此附加钣金
壁平整特征9

图 11.7.48 平整特征9

选取此边线为附着边

放大图

图 11.7.49 定义附着边

放大图

草绘参考

图 11.7.50 截面草图

Step21. 创建图 11.7.51 所示的钣金拉伸切削特征 5。在操控板中单击 拉伸 按钮，确认 按钮、 按钮和 按钮被按下；选取图 11.7.51 所示的钣金面为草绘平面，RIGHT 基准平面为参考平面，方向为 左；单击 草绘 按钮，绘制图 11.7.52 所示的截面草图，在操控板中定义拉伸类型为 ，选择材料移除的方向类型为 ；单击 按钮，完成拉伸特征 5 的创建。

草绘平面

放大图

草绘参考

图 11.7.51 拉伸切削特征 5

图 11.7.52 截面草图

Step22. 创建图 11.7.53 所示的折弯特征 5。选取图 11.7.53 所示的钣金面为草绘平面，绘制折弯线（图 11.7.54），定义折弯侧和固定侧（图 11.7.55）。输入折弯角度值 90，输入折弯半径值 0.4，并按 Enter 键。

选取此面为草绘平面

折弯线

图 11.7.53 折弯特征 5

图 11.7.54 折弯线

图 11.7.55 定义折弯侧和固定侧

Step23. 创建图 11.7.56 所示的附加钣金壁平整特征 10。选取图 11.7.57 所示的边线为附着边；选择形状类型 **矩形**，输入角度值 90.0；输入折弯半径值 0.1；折弯半径所在侧为 **⤵**；单击 **形状** 选项卡，在系统弹出的界面中依次设置草图内的尺寸值为 0.0、1.5、0.0，并分别按 Enter 键。

图 11.7.56 平整特征 10　　　　　　　　图 11.7.57 定义附着边

Step24. 创建图 11.7.58 所示的折弯特征 6。

图 11.7.58 折弯特征 6

（1）单击 **模型** 功能选项卡 **折弯▼** 区域 **折弯▼** 下的 **折弯** 按钮。

（2）选取折弯类型。在操控板中单击 按钮和 按钮（使其处于被按下的状态）。

（3）绘制折弯线。单击 **折弯线** 选项卡，选取图 11.7.58 所示的模型表面为草绘平面，然后单击 **草绘...** 按钮，选取 RIGHT 和 TOP 基准平面为参考平面，再单击 **关闭(C)** 按钮，进入草绘环境，绘制图 11.7.59 所示的折弯线。

图 11.7.59 折弯线

（4）定义折弯属性。单击 **止裂槽** 选项卡，在系统弹出界面的 **类型** 下拉列表中选择 **无止裂槽** 选项；在 后的文本框中输入折弯角度值 60.0，在 后的文本框中输入折弯半径值 0.2，折弯半径所在侧为 **⤵**；固定侧方向与折弯侧方向如图 11.7.60 所示。

（5）单击操控板中的 **✔** 按钮，完成折弯特征 6 的创建。

图 11.7.60 定义折弯侧和固定侧

Step25. 本案例后面的详细操作过程请参见随书光盘 video 文件夹中对应章节的语音视频讲解文件。

学习拓展：扫码学习更多视频讲解。

讲解内容：主要包含钣金加工工艺的背景知识、冲压成形理论、冲压模具结构详解等内容。作为钣金设计技术人员，了解钣金工艺和冲压模具的基本知识非常必要。

学习拓展：扫码学习更多视频讲解。

讲解内容：钣金设计实例精选，包含二十多个常见钣金件的设计全过程讲解，并对设计操作步骤做了详细的演示。

读者意见反馈卡

尊敬的读者:

感谢您购买机械工业出版社出版的图书!

我们一直致力于 CAD、CAPP、PDM、CAM 和 CAE 等相关技术的跟踪,希望能将更多优秀作者的宝贵经验与技巧介绍给您。当然,我们的工作离不开您的支持。如果您在看完本书之后,有什么好的意见和建议,或是有一些感兴趣的技术话题,都可以直接与我联系。

策划编辑: 丁锋

为了感谢广大读者对兆迪科技图书的信任与支持,兆迪科技面向读者推出"免费送课"活动,即日起,读者凭有效购书证明,可领取价值 100 元的在线课程代金券 1 张,此券可在兆迪科技网校（http://www.zalldy.com/）免费换购在线课程 1 门。活动详情可以登录兆迪网校或者关注兆迪公众号查看。

兆迪网校　　　　　兆迪公众号

书名: 《Creo 6.0 快速入门教程》

1. 读者个人资料:

姓名: _____ 性别: ___ 年龄: ____ 职业: _____ 职务: _____ 学历: _____

专业: _____ 单位名称: _____ 办公电话: _____ 手机: _____

QQ: _____ 微信: _____ E-mail: _____

2. 影响您购买本书的因素（可以选择多项）:

□内容　　　　　　　　□作者　　　　　　　　□价格

□朋友推荐　　　　　　□出版社品牌　　　　　□书评广告

□工作单位（就读学校）指定　□内容提要、前言或目录　□封面封底

□购买了本书所属丛书中的其他图书　　　　　　□其他_____

3. 您对本书的总体感觉:

□很好　　　　　　　　□一般　　　　　　　　□不好

4. 您认为本书的语言文字水平:

□很好　　　　　　　　□一般　　　　　　　　□不好

5. 您认为本书的版式编排:

□很好　　　　　　　　□一般　　　　　　　　□不好

6. 您认为 creo 其他哪些方面的内容是您所迫切需要的?

_____

7. 其他哪些 CAD/CAM/CAE 方面的图书是您所需要的?

_____

8. 您认为我们的图书在叙述方式、内容选择等方面还有哪些需要改进的?

_____